重庆江湖菜发展促进会　策划

曾清华 主编　　雷开永 副主编

重庆江湖菜大典

每天一道江湖菜

必吃的159道网红重庆江湖菜

呼朋唤友去哪里吃最方便　自己动手怎么做最地道

林文郁　陈小林　编著

重庆出版集团 重庆出版社

图书在版编目(CIP)数据

每天一道江湖菜：必吃的159道网红重庆江湖菜 / 曾清华主编，雷开永副
主编. —重庆: 重庆出版社, 2020.4(2022.10重印)
ISBN 978-7-229-14573-6

Ⅰ.①每… Ⅱ.①曾… ②雷… Ⅲ.①菜谱—重庆 Ⅳ.①TS972.182.719

中国版本图书馆CIP数据核字(2019)第246156号

每天一道江湖菜:必吃的159道网红重庆江湖菜
MEITIAN YIDAO JIANGHUCAI: BICHI DE 159 DAO WANGHONG CHONGQING JIANGHUCAI
曾清华 主编 雷开永 副主编

责任编辑:赵仲夏
责任校对:杨 媚
装帧设计:林诗语
封面题字:唐荣刚

重庆出版集团
重庆出版社 出版

重庆市南岸区南滨路162号1幢 邮政编码:400061 http://www.cqph.com

重庆三达广告印务装潢有限公司印刷
重庆出版集团图书发行有限公司发行
全国新华书店经销

开本:787mm×1092mm 1/16 印张:24.75 字数:315千
2020年4月第1版 2022年10月第3次印刷
ISBN 978-7-229-14573-6
定价:58.00元

如有印装质量问题,请向本集团图书发行有限公司调换:023-61520678

重庆江湖菜大典

余远牧

重庆市人民政府原副市长余远牧为本书题写书名

序一：
漫谈重庆江湖菜

張正雄

　　1987年，我在《重庆晚报》周末版上发表了一篇《家常川菜纵横谈》的文章，文章中对家常川菜的形成因素、选材范围、影响力以及发展趋势等几个方面进行了分析和归纳。文章的结尾我写了这样一段话："家常川菜，重庆的老百姓对它有一个戏称，叫江湖菜。"此文发表后我不时听到议论，有的人批评说，怎么能叫江湖菜呢？江湖人不修边幅，江湖人社会习气重，江湖人说话做事不负责，江湖人来也匆匆去也匆匆……。也有人赞同说，"江湖"二字既贴切又随和，是重庆人幽默豪爽性格的体现，江湖菜使重庆码头文化和两江文化的内容更加丰富……。听到这些议论后我没有做任何解释。我认为，叫什么名字并不重要，因为，在重庆品尝美食，不论是草根布衣的家常便餐、路边"巴壁馆"或大排档的四季随炒，还是各类大中型酒楼饭店的招牌菜肴，只要味道一流，都会受到广大食客的认可和尊敬、青睐与追捧。在重庆地区的普通家庭中烹饪技艺普及程度较高，老百姓除了善于做菜以外，还个个都是美食鉴赏者，每个人的舌尖犹如一杆十分公平的秤，绝对能"称"得出每道菜品在色、味、形、质上究竟有几斤几两。老百姓是任何美食的真正主人，在菜品的定义上最有发言权。江湖菜最初来源于改革开放搞活经济带来的餐饮业迅猛发展势头。一时间，社会酒楼、大排档、夜啤酒、农家乐、烧烤店、火锅店等经营模式如雨后春笋般涌现，甚至在不少城乡接合部还形成了专供特色菜品的美食集散地。这些经营场所供应的菜肴品种中，有一部分具有对蹦、跳、叫等活鲜食材的倚重，具有敢为天下先的调味突破，具有不按常规"出牌"的创造力，具有不拘形式的奇特食法，具有颠覆传统的鲜明个性，等等。这些菜品几乎都是为迎合重庆人对口味的追求和满足重庆人在吃上的耿直、爽快、豪放而特意创制的，有着十分浓郁的江湖生活气息。有道是"得民心者得天下"，这句话用在餐饮经营上则叫"得大众口味者得市场"。江湖菜正是遵循"物无定味，适口者珍"的烹制精髓而赢得了广大食客的认可，并逐步占领市场。唐代王勃在《滕王阁序》中说："襟三江而带五湖，控蛮荆而引瓯越。"诗里那些有山有水的江湖，正是人们赖以生存的栖息之地。人们在大自然里生活实际上就是在江湖上行走，只有走进江湖中的岁月与红尘，才能够认识江湖，融入江湖。《庄子·大宗师》有言："泉涸，鱼相与处于陆，相呴以湿，相濡以沫，不如相忘于江湖。"江湖菜与我们的亲密接触，实际上就是这种相濡以沫的关系，将贴近大众、贴近生活、贴近市场、贴近消费并广接地气的此类菜品冠以"江湖"之名，也正是因为它是重庆老百姓发自肺腑的，最生动、最形象、最能代表重庆人性格的称呼。

1988年，我在商业部劳务技术合作总公司与重庆市饮食服务公司共同经营的北京味苑酒楼工作。其间，我曾经询问过北京的食客，他们心目中印象最深的川菜是哪些？他们的答案是麻婆豆腐、宫保鸡丁、回锅肉、鱼香肉丝等菜品。2008年我再次到了北京，又以同样的问题询问了喜欢川菜的朋友。这次，他们的答案为水煮鱼、毛血旺、辣子鸡、馋嘴蛙、酸菜鱼等菜品。他们的回答使我既吃惊又欣然。我吃惊的是，短短二十年时间，北京川菜老饕们所喜欢的居然全部都是风生水起的重庆江湖菜。我欣然的是，重庆人一贯追求的"让味跟着感觉走"所产生的江湖菜，源于重庆，兴于重庆，走出重庆，已经被其他城市的食客接受了。

有人将江湖菜与重庆街头随处可见的黄葛树相提并论。不论是岩石上还是城墙边，只要有一条缝，它就能串根、生长，枝繁叶茂。还有人把江湖菜与靓丽的重庆妹子相联系，认为重庆妹子雍容、大气、火辣的气质，正是江湖菜想表达的精神。

细究重庆江湖菜的发展轨迹，我们不难发现，江湖菜之所以能够在一个不太长的时间里收获赞誉无数，这离不开大山大水民风食俗的洗礼，离不开积淀深厚的家常菜基础，离不开重庆火锅热辣的启示，离不开人们生活节奏加快而导致的饮食结构变化，离不开越来越丰富的烹饪食材，离不开渝厨们勇于创新和开拓的精神，离不开日益增大的餐饮市场承载力，离不开厚重朴实的重庆饮食文化烘托，离不开部分非遗传统特色菜品和地方风味菜品的倾情加入。江湖菜通过三十余年从未间断的淬炼打磨、大浪淘沙，其品质得到了很大的提升，品种呈现出多元化态势。到目前为止，根据江湖菜所具有的性质和特点，逐步形成了辣子、酸菜、泡椒、烧煮、烧烤、腌腊、干锅、麻香八大系列。数不胜数的江湖菜是饮食与社会发展同步的必然产物，印证了"江湖之饶，生育无限"这个亘古不变的真理。

"人在江湖，身不由己；味在江湖，欲罢不能。"江湖菜的兴旺是重庆人所承袭的豪放、耿直、热情、张扬的秉性最实在的体现，它给渝派川菜带来了勃勃生机，为渝派川菜的丰富注入了新的活力，它已经在餐饮界中牢牢地站稳了脚跟。最初对江湖菜不屑一顾的人，在魅力无限的江湖风味感召下，纷纷成为了江湖菜的"铁杆粉丝"。更有甚者，如果三天不吃江湖菜，就感到心里面空落落的，觉得吃其他东西都没味。有些外地人吃江湖菜比重庆人还来劲，那阵仗连重庆人都甘拜下风……这些都是孟子所说的"口之于味，有同嗜焉"在21世纪最有说服力的写照。

重庆江湖菜的崛起得到了很多有识之士的关注和呵护。大家认为，要使江湖菜始终朝着良性和健康的方向发展，就应该进一步加大对江湖菜的宣传力度。对那些脍炙人口、具有影响力的江湖菜，要通过评佳树优、溯源立典的方式为其扬名，使菜品有出处、有传承、有故事、有创新、有前景、有文化。《重庆江湖菜大典》正是在这方面迈出步伐的可喜之举。

　　《重庆江湖菜大典》中收录的江湖菜，有些菜品我已经体验享用过，比较熟悉，有些菜品还没有来得及品尝领略，但书中对它们的制作过程、风味特色的描述，以及对它们的文化诠释，都强烈地吸引了我，使我在潜意识中萌生出无法抗拒的美食之"瘾"，使我忍不住猛吞口水，催促着我立马呼朋邀友、驱车前往，落座点菜、举箸平章。我渴望在江湖菜美味的刺激下，来一次"碗里江湖肝胆相照"的邂逅，来一次无拘无束个性张扬的宣泄。

　　本文作者为世界烹饪艺术大师、中国烹饪大师、重庆名厨联谊会会长、重庆江湖菜发展促进会顾问。

序二：
江湖的菜和厨中的侠

一

在食客的世界里，江湖和武侠、码头、恩怨无关；和那些摇橹东去，最终被虚构成小说的梁山无关。一口锅里的江湖，只和民间、游鱼、美食、老饕有关；只和厨中的人、盘里的芬芳、月亮下各种颜色的空酒瓶有关。

那么，江湖里的一尾游鱼究竟有多少种吃法？这个问题就像小姐姐有多少抽丝剥茧的心事，或者只有明月能够说清。我所居住的山城重庆，江河纵横，水源丰美，水边人烹鱼的手段各有短长。鱼的江湖，生煎、红烧、炭烤、水煮……运刀的人出手如风，一尾鱼被完美烹饪的过程，就像生活被晨光照亮的过程。只是多年来我偏激地认为：鱼是比流水还要柔软的事物。烹鱼最完美的做法应该是去鳞切块，用陈年泡姜、泡椒直接烹煮。那手段简单、民间，从流水里来，回到流水里去，远比油锅煎炸让人舒心惬意。如此一盆热气奔腾的鱼，加上半壶人约黄昏的酒，鱼汤泡饭，鱼肉佐酒，即使是在冷雨萧索的冬日江湖夜里，整个人也会快活得荡气回肠，想要敞开胸膛对世界轻啸一声。

所以说，有多少挑剔的食客，就有多少讲究的哈姆雷特。在我看来，所谓江湖菜八大菜系，也就是山野江湖和田间地头那些原初的味道，随着时光的流逝最终登堂入室。很多年过去，岁月已老，那味道仿佛还在，但形式上却难免有些沧海桑田。无论是氛围营造、雕花摆盘，还是旗袍浮动、莺声引路，时间送给古老美食的，是一个漫长的粉饰过程。简单来说，就像美人上妆或者工匠抛光。遗憾的是，真正的美人玩自拍、玩抖音，都是不需要滤镜的。所以，明白这个道理的人开始从雕梁画栋的酒店撤出来，重新回到民间和江湖的味道里，去热爱那些粗糙、简单、麻辣，甚至狂野、火爆的美食。作家二毛早些年写过一本《妈妈的柴火灶》，详细讲述过这些厨间野趣。只不知这么多年过去，远在北京的重庆人二毛，看着当年妈妈柴火灶上的佳肴，后来被粉饰进精致的器皿和雕花的房间，内心是否会有如糖醋白菜般的酸楚。

因为联手张正雄、曾清华两位兄长创办《重庆美食》杂志，我几乎认识大半个重庆的餐饮大亨。有趣的是，他们无一例外地会从自己灯火阑珊的酒店溜出来，前往深街雨巷的排档野店，扔掉原本不多的斯文，挽袖举箸，大喝一场。多年来，重庆的餐饮大亨曾清华，最喜欢干的事情就是拉着我和诗人梁平，呼啸在各种街头巷尾，去海吃琳琅满目的民间美食。我们曾经为一盆鸡杂驱车奔袭三小时，尽管用餐时间不到20分钟……在性格耿直的山水重庆，小店老板们的脾气和生意同样火爆。他们根本不认识业界大腕。有一次，在某个喜欢把回锅肉切得手掌那么大的排档，曾清华儒雅地小声质疑："这道菜是不是盐下多了？有点咸。"老板居然听见了，说："咸就不要吃，你不用买单，马上离开。"曾清华一改在数百名员工面前讲话的威严，讨好地说："兄弟脾气不要太大，我问一下都不行吗？"那边冷漠地回答："不行。"我和梁平在旁边直接笑出一嘴的肝腰合炒。

重庆的民间菜馆有傲骨，特立独行，装修和服务简陋到近乎没有，但味道却会让人一日三秋地相思。已故著名出版人吴鸿提出过一个有趣的问题。他说，这些菜很奇怪，在鸡毛店怎么做味道怎么好吃，结果搬到大酒店，味道立马就会变，总感觉缺了些什么。仿佛为了求证这个问题，吴鸿后来踏破铁鞋，写出一部著名的美食路书《舌尖上的苍蝇馆子》。夕阳昏黄，江湖很远，苍蝇斜飞，小店慵懒，唯有上好的酒肉可断愁肠。吴鸿的这部书，有着真正的江湖味道和民间精神。

其实吴鸿的这个疑问，我和梁平、曾清华都有过，但答案到底在哪一阵风里飘呢？某个雨凉如酒的夜晚，我就此请教川菜大师张正雄。他沉吟了良久回答："这和菜无关，这是心境问题。"听完此言，我的心微微生出禅意，而张正雄端着一杯红酒坐在那里纹丝不动，整个人仿佛老僧入定一般。

二

73岁的川菜大师张正雄胖得恰到好处，老爷子和蔼、稳健，有开山立派的宗师风度。我几乎是在少年时代的尾巴上和他相识。那时候我除了薄有一点诗名，最喜欢的事情就是下厨。我认为写诗和做菜都有创造性，一粒辣椒就像一个汉字那样有使命感和位置感，值得一生相拥。那些年，李亚伟、吴向阳、刘清泉、曾奇、白勇等各路诗人都在我家打过秋风，他们尤其对我操刀的鱼赞不绝口。母亲的同学在吃过我的一桌菜后曾经想把女儿许配给我。后来我发现那女儿长得实在太像厨师，于是赶紧把她介绍给刘清泉。

那些年的重庆温情脉脉，民间菜馆像春天拔尖的苦笋。年少的我和张正雄、曾清华等厨界名流啸聚。每当酒过三巡，张老爷子就要口吐莲花，布道讲厨经。有一回他讲"三蒸九扣八大碗"，怎样清蒸烧烩，怎样荤素肥美，怎样香气滂沱绕梁三日……所有人听得拍案叫绝。于是我动了拜师的念头。不过，老爷子当时已经挂印封刀，不授衣钵。但意外的是，真正的大厨行事绝非世间俗人所能理解：世纪之交的某个春日下午，张正雄居然跟我和曾清华在大江东去的朝天门擎香伫立，歃龟血为盟，结为桃园兄弟。年龄相差30岁的大厨和诗歌少年的结拜，绝对有惊世骇俗的老顽童、老先锋派行径。只是后来我有些恍惚，因为那之后走到很多酒楼，就会有厨师谦恭地过来，对我口称师爷，纳头便拜。

这个过程中我最大的感受是：古来七十二行，到现在依然有情义、讲规则、严守师道尊严的，首推厨帮。在重庆厨界，一日为师、终身为父的古训天经地义。从味的咸淡到人品的高下，师父高谈阔论，弟子束手而立，场面古意盎然。张正雄每年的生日宴，徒子徒孙按礼仪都会到场雅集。由于我当时年少，两杯酒一喝，就喜欢拍着张门弟子的肩高喊兄弟。对方闻言大惊："李师爷，辈分不能乱，这开不得玩笑。"于是大醉，醒后我对曾清华感叹："厨界的规矩很难得，不是守旧腐朽，更非结党营私，而是古人文的道德坚守。"

现代人嘴巴里缺的是味道，生活里缺的是规则和尊重。这些问题，奇妙地被厨师解决了。不过遗憾的是，尽管米其林餐厅带来了西装革履的变化，但厨中的人们依旧没有得到应有的社会地位和尊重。美国管理学家杰罗尔德说："人类中最有创造性的，当推厨师。"古法的传承和民间的味道，做人的规矩和做菜的规矩……我认识的那些厨中人，不只是在思考做菜，月满西楼时，他们思考的其实是人生。

成渝两地的川菜大师蓝光鉴、曾国华、陈志刚、李跃华、吴万里，全都是人品高洁的一代宗师。做菜先做人，哪怕有祖师爷赏饭的灵慧，如果有人品行不端，即使开枝也很难散叶。餐饮界泼辣耿直的女大厨金泉，在师父吴万里面前居然难得地腼腆，像个大家闺秀。老爷子晚年时，金泉喜欢把他接到邻近的山里避暑，每日嘘寒问暖。后来吴万里驾鹤西去，灵堂上，金泉哭得昏天黑地，嘴里只是念叨："师父走了，师父是到天上做菜去了。"

这样的时代，厨中藏有高义。他们信奉做人和做菜一个道理。人菜合一就是终极境界。没有谁相信，一个品行不端的人会做出一手好菜，就像冬天里你很难看见桃李芬芳。

三

如果是古龙，他会问："有人的地方就有江湖，那江湖上究竟有多少好菜？"如果是金庸，他会答："只要是阳光照耀的地方，就会有好菜生长、飘香，就会有三教九流的洪七公在食指大动。"其实我的意思是：好诗在民间，好菜在江湖，在那些简单、随意、偏激、狂乱，但又匠心独运的手法和思想里。

重庆城山水高远，店招灿若星辰。很多年来，无论是以爆辣爆麻为主的庖厨精神，还是将飞禽走兽混煮一锅的生活哲学，最终产生出的各路美食，都统一被本地人叫作江湖菜。这些菜全都味道重、分量足，形式上夸张大胆，手法上洒脱不群，盛菜的器皿要么整口锅上桌，要么有脸盆或银盘般大小。而菜的内容也具有想象力和创造性：麻丸可以炸成篮球一样大，烧白有筷子那么长，回锅肉和手掌一样宽……每次我吃着这样的巨型菜，就开始想，墩子玩刀和厨子玩勺的时候，内心该装着一个多么宽阔的麻辣世界。实际上，这些店的老板们大多是厨中高手，尽管有的人性格孤傲如同江湖里的隐者，有的人性格灿烂如同街巷边的邻居，但他们统一都在暗自琢磨新的刀法、菜品，很像武侠小说里那些闭关的高手，稍微一个不注意，江湖上就会流行出一个全新的传奇。

去年深秋，我有幸经历过一场真正的江湖盛宴。主事者曾清华，他最大的理想是把重庆的江湖菜菜品装订成册、出版发行，企图让全天下的巧妇都能够按图索骥，每天做一道江湖菜。所以，他向同行们发出了"江湖征集令"，邀请全重庆所有区县的江湖菜"霸主"们，带着餐具和厨师前来会盟。那是一个伟大的夜晚，也是餐饮江湖前所未有的夜晚，重庆城所有的江湖菜居然集合在了一起，大厨们烹煮煎炸、高火爆炒，令人眼花缭乱，各种飞禽走兽配合着众多神奇器皿，表现出一座古老城市的麻辣鲜香和艳色欲滴。后来，很多老饕朋友看过我保存的那份拉仇恨的菜单，每一道菜都让他们咬牙切齿：沙姜抄手、如意瓜丝、丰都麻辣鸡块、旱蒸牛肉、火锅鱼、大刀烧白、冰汤圆、歌乐山辣子鸡、黔江鸡杂、爆炒田螺……

那个深秋的夜晚，我幸福而快活地吃完了每一道菜，就像一个文艺青年一夜读完了全唐诗。那些来自民间的奇思妙想，那些舌尖上的化学反应，那些江湖的游鱼、厨间的梦，非常自然也非常深刻地打动了我。也许只有重庆，才有这样的味蕾逻辑，也许只有重庆的江湖菜，才真正让人欲罢不能，想要让人相思之余，操刀进入坊间，开始模仿、重拾、创造。所以说，做一个重庆人是幸福的，除了山水入怀美女婀娜，还有江湖菜让你刚刚离开就想回来。

最后我讲个小故事。我历来认为重庆火锅属于江湖菜，它起于民间，成于庙堂，但根子里仍然属于江湖。有一回我和诗人李钢、宋炜、何房子、吴沛等人在著名的解放碑吃火锅，那是一家古旧简陋的店，但生意好到要排长队。吃到中途的时候，吴沛眉头一皱说："这火锅是不是麻了点？"老板一言不发地过来，直接把食指放到沸腾的锅里煮了煮，然后伸进嘴里吮吸几下，回答说："不麻！"那一刻，举桌皆惊。何房子和吴沛同时喊了一声："大侠！"但大侠没有回头，他宽袖飘拂地离开，他要去处理店内的日常俗务。

是为序。

本文作者为著名诗人、作家、《环球人文地理》刊系总编辑、重庆江湖菜发展促进会顾问。

序三：
从江湖菜的"全世界"路过

(signature)

食客不怕路途难，

爬坡上坎无怨言，

水煮干烧腾热浪，

鱼鳅鳝段笑开颜。

诗里所指是那些为追寻千变万化的重庆江湖菜而不辞劳苦的重庆人，即使道路艰险、困难重重，他们也决不选择放弃，可见重庆人对重庆江湖菜的迷恋，正所谓"平生不食江湖菜，便称英雄也枉然！"

重庆江湖菜是与重庆火锅、重庆小面齐名的一张城市美食名片，它植根于民间，有着广泛兼容的气度，深受重庆人的喜爱，被重庆人孜孜追寻。重庆江湖菜终究会因为在全国开创了众多"第一"而被载入史册。

那么，重庆江湖菜创造了哪些"第一"呢？请随着我们的文字，慢慢走过江湖菜的"全世界"吧！

一、江湖菜现象首先在重庆出现

新时期的重庆江湖菜以璧山来凤鱼为鼻祖。1981年3月5日，《重庆广播电视报》刊载了记者杜渝所写的《鲜鱼为游者助兴》一文，对游客"途经璧山县来凤驿食店"时驻车就餐，"种种鲜鱼，当面过秤、下锅、顷刻入席就餐，味美价廉"的做法称赞不已。"大家皆感此店用鲜鱼为游者助兴之诚，建议更名为'鲜鱼美'食店"。3月14日，该报道又在重庆人民广播电台《重庆生活》节目中播出，由此拉开重庆江湖菜现象的序幕。璧山来凤鱼成为此后风起云涌的重庆江湖菜起点——"零公里"。1981年3月5日也成为新时期重庆江湖菜的诞生日。

二、江湖菜概念在重庆首先被提出

以璧山来凤鱼"吃活、吃鲜、吃跳"掀起的一场重庆烹坛新食风"狂飙"后，很长一段时间，人们对这种起源于"郊区城镇、江边渔船、路边小店"，使用"简单的炊艺、易得的原料、粗犷的就餐方式"的菜品类型，并没有从概念上进行概括或总结。1987年，国际烹饪艺术大师、中国烹饪大师张正雄在《重庆晚报》上发表《家常川菜纵横谈》一文，首次对这种菜品类型进行了精辟的概括。文章为当时"重庆餐饮界中的一些个性化酒楼所烹制供应而又未列入历代川菜典籍或菜谱的菜品，以及不按照传统烹制技法加工的非正宗家常菜"取了一个新的名称——江湖菜。该文重点强调了后来江湖菜定义中所涉及的诸多"独特"元素，如个性化、非传统、非典籍、非正宗及家常菜等。从此，江湖菜概念横空出世。

三、江湖菜餐馆首先在重庆诞生

时势造英雄，江湖竞风流。1992年春的重庆杨家坪横街，一家主营蛙、鳝段、胖鱼鳅的餐馆诞生了。这家店卖什么本不惊奇，惊奇的是它的招牌，这家店的老板破天荒地用红底黄字的门匾打出了"重庆江湖菜"的店招。常言道："红配黄，喜洋洋。"这块店招格外显眼，且颇为喜庆。重庆江湖菜以一个品类和门店的方式出现在餐饮界，这是有据可查的第一次，从而完成了江湖菜从"字面"到"门面"的转换。后来创办"易老头三样菜"品牌的重庆人易旭正是这家餐馆的老板。这家店也成为"易老头三样菜"的原型与出发点。

四、江湖菜特点在重庆首先被总结

重庆江湖菜是重庆菜的重要组成部分。重庆江湖菜与重庆传统菜、重庆火锅、重庆小面、重庆小吃及重庆烧烤这六大部分共同构成了完整的重庆菜体系，并且形成了自己独有的特色与风味。重庆江湖菜特征明显、风格鲜明，突显地域文化，具有风味上的麻辣鲜香烫、形式上的豪放与大气、人文特征上的"黄葛树精神"，等等。在重庆江湖菜发展壮大之后，重庆一大批专家学者对重庆江湖菜的文化、特点等及时进行了进一步的探讨与总结。2000年3月，在《四川烹饪》第3期上，著名学者、重庆饮食文化界资深专家陈小林的《重庆江湖菜》一文，第一次对江湖菜的特点进行了提炼、升华，概括出重庆江湖菜具有"土、粗、杂"的特质。"土"即是指江湖菜具有极其浓厚的乡土气息；"粗"是指江湖菜具有粗犷豪放的气质；"杂"则指江湖菜具有兼收并蓄的"杂交"手法和怪异离奇的烹饪技巧等。其后，在2000年4月出版的《重庆江湖菜》一书导言与2003年《四川烹饪》第10期发表的《永远的江湖流行的菜》一文中，陈小林也表达了同样的观点。从此，"土、粗、杂"成为迅速传播的江湖菜早期的突出特点。

五、江湖菜菜谱首先在重庆出版

2000年4月，重庆饮食文化资深专家陈夏辉、陈小林、龚志平、张吉富等编著的《重庆江湖菜》第一册由重庆出版社出版，并在全国发行。其后，该系列图书又陆续出版了第二册、第三册，先后印量达30万册。菜谱第一次以"重庆江湖菜"的名义出现，第一次全面、系统地展示了重庆江湖菜的整体形象，并率先将文化内涵引入菜品，对菜品的历史线索、传说故事、技艺特点、成菜特色等作了提纲挈领式的介绍，言简意赅、意味深长、引人入胜，使这本菜谱更为丰满，文化韵味更加浓厚。此书成为江湖菜书籍的开路先锋及集大成者，出版后影响深远、波及全国。其后，全国各地纷纷仿效，先后出版了《四川江湖菜》（2002年）、《东北江湖菜》（2002年）、《贵州江湖菜》（2004年）及《云南江湖菜》（2005年）等相关书籍。自此，"江湖菜"及"重庆江湖菜"的概念名声大振、传播深远。

六、江湖菜分类在重庆首先被划分

进入21世纪，重庆江湖菜发展迅猛，如日中天，各种味型层出不穷，菜品数量之丰让人应接不暇。由于未加以系统分类，或者分类近似传统分类法（如按食材划分的水产、禽肉类和按冷热划分的凉菜、炒菜类等），过于粗放与简单，缺少技术含量，令人一时难以辨别菜品风味，也难以对味型进行选择，不利于整体的规范化与理论化。针对这一现象，国际烹饪艺术大师、中国烹饪大师张正雄在2011年《四川烹饪》第3期《略谈重庆江湖菜的分类》一文及不久后发表于《母城渝中》的《漫谈重庆江湖菜》一文中，首次把江湖菜从烹饪技术与风味上进行了归类划分。他将江湖菜划分为八个主要系列，后来也被人们称为江湖菜的"八大门派"，即：（一）辣子系列，即以干辣椒、干花椒为主要调味料所烹制出的菜品；（二）麻香系列，即以干花椒或青花椒为主要调味料烹制出的菜品；（三）泡椒系列，即以泡辣椒为主要调味料所烹制出的菜品；（四）烧煮系列，即以干辣椒、干花椒，或泡辣椒、泡姜、郫县豆瓣、各种调味酱等为主要调味料所烹制的菜品；（五）烧烤系列，即采用杠炭火烤制，烤制前需将原料进行码腌、出坯，然后上架进烤池，采取吊膛、翻烤、刷油及撒调料粉等工序所烤制出来的菜品；（六）腌腊系列，即以自腌自熏的腌腊制品为主料，经过加工烹制后的菜品；（七）干锅系列，即事先将原料烹制至成菜后，再用特制的酱料进行调味，然后装入特定的锅（铁锅或石锅）内，直接入席置于火口上的菜品，因成菜汤汁较少，故称为干锅；（八）酸菜系列，即以泡酸菜、泡萝卜，或老咸菜等为主要调料所烹制出来的菜品。"八大门派"划分详细、明了、科学，极大地促进了重庆江湖菜的理论基础建设。在这一时期的理论总结中，张正雄的《漫谈重庆江湖菜》，唐沙波的《江湖论菜》，陈小林的《永远的江湖流行的菜》，林文郁的《这是我的菜——漫谈重庆江湖菜》，陈夏辉、陈小林等人的《重庆江湖菜》（精华版），卢郎、陈小林、朱国荣等人的《重庆江湖菜》（全新升级版）等，进一步奠定与丰富了重庆江湖菜的理论框架与分类体系，提升并展现了重庆江湖菜的文化内涵。

七、江湖菜行业首先在重庆做大

新时期的重庆江湖菜已有30多年历史，虽然历经许多坎坷，但它仍在砥砺前行。而今，重庆江湖菜好似一棵壮实的黄葛树，积淀厚重、深入人心、枝叶繁茂，值得及时地总结，并挖掘其更深层次的内涵。目前，重庆江湖菜馆有上万家，遍布大街小巷，足以与重庆火锅相媲美，其中名店、名牌、名师、名菜及风味特色众多。名店有顺风123、清华大酒楼、顺水鱼、易老头三样菜、徐鼎盛、杨二娃、百年江湖、杨记隆府、骏都源等；名牌有歌乐山林中乐辣子鸡、璧山大江龙来凤鱼、南山塔宝泉水鸡、老宋家河鲜、李子坝梁山鸡、受气牛肉、三斤耗儿鱼、茅溪家常菜、田氏翠云水煮鱼、邮亭刘三姐鲫鱼、九锅一堂酸菜鱼、北疆烤全羊、巫溪成娃子烤鱼等；名菜有垫江石磨豆花、黔江鸡杂、綦江北渡鱼、南川烧鸡公、合川陈蹄花等；名师有沈成兵、张钊、宋彬、龙大江、杨国栋、邢亮、郑宏、王清云及龙志愚等，从而构成了重庆江湖菜的立体形象，整个重庆江湖菜行业蒸蒸日上。迄今为止，重庆区域内，经营重庆火锅的店铺为17069家，而经营重庆江湖菜的餐馆已达15533家，数量与重庆火锅不相上下。在重庆，"江湖菜"这一类型菜品的餐馆，相较于其他省市江湖菜，其规模、数量都在全国数第一。

八、江湖菜组织首先在重庆成立

2018年11月22日，全国第一个江湖菜行业组织——重庆江湖菜发展促进会在重庆成立，1000余家江湖菜企业加入了自己的自律组织，它们将抱团发展，携手擦亮"重庆江湖菜"这块金字招牌。促进会创立后，响亮地喊出了"让重庆江湖菜开遍全球"的战略口号，并提出了"三纲五常"的战略构想。"三纲"即以强国为纲的美食优先战略；以发展为纲的餐银一体战略；以地域为纲的品牌塑造战略。"五常"即品牌连锁常态化，大厨推介常态化，跨界模式常态化，食材集约常态化，菜品食品常态化。同时，面对新情况及新发展，重庆江湖菜发展促进会也对重庆江湖菜的文化基因予以了定位，即以重庆市树黄葛树所象征的"耿直、大气、坚韧、担当"作为重庆江湖菜的文化基因，使重庆江湖菜具有了"大创大新、大盘大方、大真大味、大名大义"的文化属性。重庆江湖菜发展促进会的成立，使江湖菜企业在思想上有了统一指挥，理论上有了统一探讨，行动上有了统一步骤，形成了强大的抱团发展优势，为重庆创建"中国江湖菜之都"奠定了强大的历史、文化及舆论基础。2019年也注定将成为重庆江湖菜文化元年。这一年，促进会启动了《重庆江湖菜大典》编撰工程，启动了"悟伟人格局，寻发展思路"的游学模式，发起了具有图腾意义的"百鸟朝凤"创意雕塑……从此，重庆江湖菜步入了迎接新模式、锻造新形象的新里程。

九、江湖菜图腾在重庆首先被树立

中国，注定是吃的王国。重庆，注定要笑傲江湖。

四月芳菲尽，百鸟朝凤来。2019年4月27日，2019中国（重庆）国际美食节暨第十三届中国餐饮产业发展大会在重庆盛大举行。

也许，美食节上最大的亮点、最为惊艳的作品就是重庆江湖菜发展促进会带来的巨型雕刻——百鸟朝凤。它也是全体江湖菜企业的图腾。

总面积为333平方米的巨雕寓意深刻，内涵丰富。据传，凤凰本无羽毛，然擅贮藏食物且乐善好施，曾遇旱灾，但将所藏之物倾囊相助于百鸟，慷慨无私。百鸟感恩，纷纷回赠己之最美羽毛，凤凰得以霞光万道、光彩照人。这凤凰不正是重庆江湖菜吗？重庆江湖菜不正是为川菜的第二次涅槃与勃兴立下了头功，厥功至伟吗？这座巨雕正是体现了这一主题。它色白如水洗凝脂，质地晶莹剔透、润泽滑爽；众鸟的形态犹如被悠悠祥云所笼罩、淹没，若隐若现、似有似无。它一方面表现了百鸟感恩、朝拜凤凰的热闹场面；另一方面也寄托了全国人民对太平盛世的无限期盼与热情向往。展示墙中间"重庆江湖菜发展促进会"几个硕大的白底红字十分醒目。巨雕表达了重庆江湖菜的崛起意识以及对美食节的祝贺与期待，让人有一种"江湖亦风流，江湖亦细腻"的深切感受，从而成为重庆江湖菜人心灵休憩地与精神家园的代表。

念怀古之幽思，展江湖之宏愿。这座巨雕增加了重庆美食特别是重庆江湖菜的艺术感染力与魅力，也是对重庆江湖菜巨大贡献的一个必要的小结与艺术缩影。它为重庆江湖菜聚集了人气、释放了才气、看到了豪气，堪称重庆江湖菜文化的点睛之笔。

这正是：

凤乃江湖菜，百鸟重庆人。

千年渝味飨亲人，众亲奉味如神明。

凤乃中国梦，百鸟众人行。

凤鸣引吭朝阳路，九九归一奔前程。

是为序。

本文作者为重庆江湖菜发展促进会会长、《重庆美食》杂志社社长、重庆清华餐饮集团董事长。

▰▰▰▰▰ 目录

特牲单 ▦ 199

杂牲单 ▦ 241

【须知单】

学问之道，先知而后行，饮食亦然。作《须知单》。

——清·袁枚《随园食单》

释：求学问的道理，在于先掌握充分的理论知识，然后通过实践来检验知识，饮食烹调的道理也是如此。所以我撰写了《须知单》。

识得辣滋味

这里的辣，是辣椒的辣。重庆江湖菜虽然也讲究百菜百味，但那飞扬如帜的鲜红辣椒却是江湖菜中头等重要的辅料和调料。辣椒在江湖菜中，作主料、作配料、作调料，角色变换自如；炒煸爆蒸煮泡煨拌烧，十处打锣九处少不了；麻辣、香辣、干辣、酸辣、煳辣，辣得层峦叠嶂不重样。从辣椒与江湖菜结缘的那一刻起，就注定了川菜创新浪潮的来临。

辣椒家族兄弟姊妹很多，据说，世界上能够吃的辣椒至少有一百种。我们最常用的品种有，二荆条、小米椒、朝天椒和小尖椒等，这些辣椒有着各自的特色。二荆条肉质厚实，味道香浓但辣劲不足，色泽比较鲜亮，析出的红油艳丽通透。小米椒味道鲜辣，辣味很冲，却又香味不足。朝天椒香辣兼有，辣度比不过小米辣，香度不及二荆条。小尖椒很辣，但色气不够。

辣椒，有青辣椒和红辣椒之分；有干辣椒、鲜辣椒与泡辣椒之别，有整辣椒、辣椒节、刀口辣椒和辣椒粉之变；有糍粑辣椒、剁辣椒与红油辣椒之异；有重辣、中辣与微辣之说；还有本地辣椒与外地辣椒的区别。不同的辣椒种类，能给人以不同的味觉体验和视觉冲击力。根据不同辣椒的口味、辣度，香气和色泽，在烹饪中正确地、有选择性地使用或混合使用，就能够加倍地激发出主料食材的无限潜能，与辣味同时传达出的色、香、鲜、爽，让普通食材瞬间出落成款款美味。

有伟人说过，不吃辣椒的革命者，不是真正的革命者。那么，不识辣椒特性的厨师，就不是合格的江湖菜厨师。

2

麻你没商量

麻味是重庆江湖菜的基本味之一，属于菜肴中的特殊用味。花椒是产生麻味的唯一调味料，它那辛麻芳香的味道能给味蕾带来麻幽幽的愉悦刺激。

花椒品种不同，麻味的程度也就不同。我们最常见的花椒品种有红花椒、青花椒、藤椒。在麻味的刺激度和持久度上，青花椒优于红花椒，红花椒优于藤椒；在香度上，红花椒优于藤椒，藤椒优于青花椒。而鲜花椒麻味悠长柔和，在调味时即使超量一点也不会造成吃了麻得咧嘴的后果。花椒油麻味清淡，在烹调中起压腥增香作用，主要被用于热菜和凉菜的提香调味。

在烹调中，花椒麻味轻重程度变数较大，如果用于炝炒，只取它的麻香味，花椒可少用；若用于腌、卤、泡，花椒主要起压腥除异和辅助调味的作用，花椒用量要适中；而烹调麻辣火锅和水煮菜、霸王菜系列时，不仅花椒用量要多，还要让其麻味在烹调中充分被脂溶水解，使麻味最大限度地被释放，形成麻辣强烈的风味。

花椒的使用与油温有很大的关系。干辣椒、干花椒需要在油温达到150～180摄氏度时放入锅中以中火炒制5～8秒钟，让麻辣香味完全释放出来。油温过低、火力过小，辣椒和花椒的香味不易完全被释放，成菜麻辣香味不足。油温过高、火力过猛，辣椒和花椒的香味会发苦且色泽变黑，影响成菜味道和美观。

在无麻辣不欢的重庆，麻辣、椒麻、椒盐、香麻、炝麻、鲜麻……江湖菜特色尽在"麻"中。麻味被加入其他调料中调和成为一体，使麻味既清晰又难以捉摸，它有时甚至包容烘托了所有其他的味觉体验，使人产生迷幻和欲罢不能的感受。

豆瓣有点酱

地道的江湖菜离不开"三椒三香"，三椒是辣椒、花椒、胡椒；三香是姜、葱、蒜。这三椒三香就好像画家调色盘上的三原色，用三原色可调出五颜六色，用三椒三香能烹制出江湖菜的七滋八味。这七滋八味中的"主色调"是由辣椒和各种香料配合而成的豆瓣酱。

郫县豆瓣在江湖菜中的地位仅次于辣椒和花椒，其色泽红亮滋润，辣味浓厚，瓣子酥软，香甜可口。很多民间菜、家常菜都需要郫县豆瓣调味。制作水煮菜式和霸王菜式，如果没有豆瓣，无论是在色彩上面还是在味道方面，都将受到影响。重庆火锅也离不开郫县豆瓣，豆瓣酱的成色，直接关系着火锅底料的好坏。

用郫县豆瓣烹制菜肴，有两点必须掌握。一是要选两年以上的豆瓣，资格地道的郫县豆瓣除按其秘方配料外，还以其年份装缸摆放在晒场，按工序严格进行"翻、晒、露"，其产品至少摆放一年以上方可食用，摆放三至五年才算精品。郫县陈年豆瓣酱咸味并不重，豆子的香气很明显，酱的颜色虽然黝黑，制作出来的菜肴颜色却红艳艳的。据说这是拜二荆条辣椒天生的鲜艳色泽所赐。二是在使用豆瓣前，要将其剁细，豆瓣剁细后没有"渣翻翻"的感觉，成菜清爽美观，而且剁细的豆瓣炒制后风味会被释放得更好。

郫县豆瓣不神奇，却能把入烹食材的平凡化为神奇；郫县豆瓣也不霸道，但离开了色鲜味浓的豆瓣，江湖菜将丢失半壁江山。

姜是老的辣

"和之美者，阳朴之姜"，在中国姜的品种很多，所谓阳朴之姜，有人说是产于川西乐山的蜀姜，也有人说是今重庆北碚兴隆场所产之窝姜。姜与蒜、葱合称江湖菜调味原料"三剑客"。这里不讨论色如玉，形如指，质地细嫩无渣，入口姜香浓郁的子姜，也不考证阳朴之姜是蜀姜还是窝姜，只说说老姜。老姜做作料要的就是它的那种辣味绵长、香气浓郁的炽烈特性。

姜含有姜酮、姜醇、龙脑、姜辣素，具有一种特殊的香味，有去腥除膻、抑制异味的功能，很多食材，如猪牛羊鸡鸭鹅等家畜家禽，鱼虾蟹鳖参鲍翅肚等海鲜水产，烹制前总要用姜、葱、盐、料酒码味。

姜还有增味、提味、拌味、和味的功效，用于炒肉、炖汤、蒸鱼、烧鸡时，能使肉更香，汤更浓，鱼更鲜，鸡更补。烹调中，姜的形态变化多端，烧炖拌炒炝煨蒸炸焖爆卤，以及制味碟，贯穿于烹饪各法。以片入，其香百变、豪放委婉；以米入，其香点舌、婀娜多姿；以丝入，纷纷扬扬，袅袅婷婷；以块入，砥砺激荡、畅快无比；以汁入，丝丝入味，余香缠绵。

老姜在重庆江湖菜中起五味调和的重要作用，用量很大，多配合辣椒、花椒等使用。如没有姜，江湖菜将是怎样一个样子？可以肯定，那将不伦不类，"溃不成军"。由此看来，姜在烹调中所扮演的角色，虽不如盐，但能够比肩辣椒、花椒。

要味好蒜了

大蒜是最常用的调味料之一，在烹调中具有压腥去异味、杀菌去毒的作用。其味辛辣芳香，刺激食欲。在江湖菜中，大蒜是以蒜瓣、蒜粒、蒜片、蒜丝、蒜米、蒜泥甚至蒜水形式出现，多数时候是与其他调味料共同使用。以蒜为主味的主要有两种，一是蒜泥，二是蒜香。蒜泥主要用于冷菜；蒜香多用于热菜。

大蒜具有挥发性、脂水共溶性的特点，在烹调中应根据成菜的具体要求，掌握好火候、油温、加热时间以及下锅次序。比如：制作鱼香味菜肴，一般要把蒜片（或蒜米）与泡椒、葱花（或葱节）、姜片（或姜米）先在油中炒出香味，再下主料；制作以整个蒜瓣为小宾俏的菜肴，一般要先把蒜瓣"飙油"处理；制作水煮菜肴，蒜米要到最后炸油时使用；蒜香菜式是把蒜粒炒、炸至金黄色，再加入到菜肴中烹制；而做蒜泥冷菜，则一定要现拌现吃。

要想味道好，全靠大蒜了！大蒜在江湖菜中唱主角的时候很少，但是，即使当配角，也没有委曲求全的样子。有了蒜的存在，江湖菜的味道更生动了。

你算哪根葱

葱，既是烹饪常备的调料食材，又是一种风味独特、食疗俱佳的蔬菜。绝大部分江湖菜菜品，都有葱的影子。葱内含有丰富的维生素、植物杀菌素以及香精油，具有去腥、增香的作用。烹调中的各种滋味离不开葱来调和增香，有了葱，菜品的味道便更加融合香美。

江湖菜用的葱主要有大葱、小葱和洋葱，大葱又可分为鲜葱和干葱两种，鲜葱四季均有，干葱秋天收获经贮藏后冬季上市。大葱多作配料和调料使用，偶尔当一下主角，如：水豆豉拌黄葱，以及作为火锅菜品等。小葱虽然也是配角，但经常客串一下主角，如：小葱拌豆腐、葱香仔鸡、葱香鱼等。

烹调中所用的葱分为葱节、葱粒、葱花、葱丝、葱末，每一种都对应着不同的成菜要求。如：鱼香肉丝要用葱粒；肝腰合炒要用葱节；酥炸菜宜配葱丝；椒麻味汁要用葱末；蘸味碟要用葱花等等。虽然江湖菜没有那么多的讲究，但，见菜一把葱花，那就是"乱劈柴"了。

做菜放什么葱？放多少葱？什么时候放葱？为什么有些菜要先用葱炝锅？为什么有些菜在起锅时才下葱？"生葱熟蒜"的内涵是什么？这些问题看似简单，但，真正要把它们理"抻抖"，不下点真功夫是不行的。

泡菜坛水深

泡菜是一种诱人食欲的大众化食品。小小泡菜坛，内有大乾坤，红橙黄绿青白紫，一起挤在坛子里，享受着风味各异的盐水浸渍，最后出沐而成清雅爽脆的各式泡菜。而这些泡菜，除了满足人们口腹之欲外，在餐馆酒楼，泡酸菜、泡姜、泡辣椒还是须臾也离不了的调味食材。一些江湖菜馆为了保证菜肴口味醇正，甚至自己做泡菜，动辄几十坛、几百坛地泡。

泡酸菜是使用叶用芥菜（俗称笋壳青菜或大叶青菜）入泡坛内泡制一年以上，经乳酸菌作用形成的酸味泡菜。成品色泽深黄，酸味浓厚，是酸菜鱼、酸汤牛肉等酸菜系列菜式必不可少的调味原料。

泡酸萝卜，是将白萝卜放入泡菜坛内，用泡菜盐水密封浸泡而成。泡酸萝卜一般也要泡一年以上，成品酸味浓郁持久，主要用于炖汤，是烹制酸萝卜炖老鸭、酸菜鸭火锅的主要调味原料。

泡辣椒是一种非常富于特色的调味食材，因经过微生物的作用，辣椒中的糖类和蛋白质转化为醇类物质，一经高温便能产生芳香微辣的气味，所以使用泡辣椒烹制的菜肴，如泡椒鱼，就呈现一种辣味隽永、香鲜味美的独特风味。

泡姜保留了姜的鲜、香，辛辣味则有所减弱，但口感更加脆，加热油炒后，有种特殊的香味。在制作鱼香味菜肴时，除了泡辣椒以外，泡姜也是必需的，若用生姜代替，就会少了一种泡菜坛里带来的醇厚酸香。

近水先得鱼

人们常用"鱼米之乡"来描绘理想生活的富饶，在以水为兴的生息繁衍中，吃鱼，是一种与人类文明一样古老的饮食习惯。而在今天，鱼虽是再普通不过的食物，却也是现代都市人孜孜追逐的美味。辽阔的重庆大地，江河纵横，湖塘密布，盛产品类众多的河鲜，大众化的有鲤鱼、鲢鱼、草鱼、鲫鱼、鳝鱼、鳅鱼、鲶鱼、乌鱼等；高档的则有江团、水密子、青波、岩鲤、鳊鱼、胭脂鱼和团鱼。这些林林总总、形形色色的水产资源，为人们的菜篮子、饭桌子提供了取之不尽的素材。

要想烹制一道可调众口的美味鱼肴，有了上述的数十种鲜鱼还不够，还必须有好调料。重庆本地产的调料正好特别适合烹制鱼类菜肴。除了有传统的姜、葱、蒜、酒、醋、盐，还有既是鱼类河鲜的天然克星，更是相得益彰之知己的辣椒、花椒、豆瓣，以及泡酸菜、泡辣椒等。

鱼的品种丰富，烹鱼调料唾手可得，使得重庆江湖菜厨师把烹鱼的滋味演绎得变化无穷，有地标性代表的菜品：来凤鱼、酸菜鱼、水煮鱼、邮亭鲫鱼、太安鱼、北渡鱼；也有特立独行的：麻辣鱼、泡椒鱼、过水鱼、乌江鱼、童子鱼、六合鱼、罗非鱼、豆花鱼、麻花鱼、血旺鱼、粉蒸鱼……但无论是何种鱼烹，都深深地浸入了重庆这方地域的民风与习俗。重庆厨师恐怕是中国西部地区最会烹制鱼肴的厨师，烹鱼之雅，烹鱼之味，烹鱼之乐，烹鱼之明慧，沿着滔滔江河连绵不绝。

我们在日常烹鱼时要记住，不管烹什么鱼，用什么方法烹，烹鱼的根本，就是"烹得其时，烹得其鲜"，不能"捉麻麻鱼"！

靠山"鸡"会多

重庆人对鸡情有独钟，每当夕阳欲坠，夜幕低垂，三五成群的"鸡迷"从城市的各个角落驱车南山、歌乐山、铁山坪……花费几小时，走路几十里，为吃一道菜，又是何苦呢？可老饕们认为：只要能饱口福，一切值得。

辣子鸡、泉水鸡、花椒鸡、烧鸡公、尖椒鸡、柴火鸡、梁山鸡、芋儿鸡，这几道说贵不贵，说奇不奇的鸡肴背后竟都有一段传奇故事，出品这些佳肴的菜馆几乎都是从最初的一两家繁衍到几十上百家，炒热了一条街，炒富了一方人，成为重庆特有的饮食奇观。

重庆是一座山水城市，森林覆盖面积大，山区人家把鸡群敞放在林间地坝，任其啄食草间花籽、土中小虫，这种鸡能飞善跑，饱食终日，无忧无虑，吃得好，耍得好，自然就长得好！农家土鸡因遵循其天然习性自然生长而肉质细美，自然成为了人们口中美食、桌上佳肴。

鸡，肉质细嫩，味道鲜美，营养丰富，被广泛用于江湖菜菜肴的制作中。鸡的品种很多，据相关资料介绍有近百个品种，有野鸡与家鸡之异，有土鸡和饲养鸡之分，有肉鸡和蛋鸡之别。鸡的品种不同，肉质就有大的区别。一般来说，农家散养的土鸡比养鸡场圈养的鸡味道好。土鸡，又叫草鸡、笨鸡、柴鸡，有的地方叫跑山鸡、山地鸡。土鸡相对于饲料鸡头部更小；鸡冠偏小，颜色红润；脚更细，却显健硕，精神有力；掌底部肉比较老。下锅后，两种鸡的分别就更为明显，土鸡汤透明澄清，有香味，而饲料鸡汤较浊。仔公鸡宜炒、熘、炸、拌；仔母鸡宜烧、蒸、拌；老母鸡宜炖汤；老公鸡宜卤。

烹"认"三把火

三把火，指火力、火候、火功。火力，即燃料（包括木材、燃煤、燃油、燃气、电能等）在炉内燃烧的热能的强弱大小，一般分为旺火、中火、小火和微火。火候，是烹饪原料在加热至熟过程中所使用火力大小和时间长短的总称。火功，是指有识别炉灶中火力、掌握火候的能力，即"会用火"的功夫。

烹饪食材的质地软、嫩、老、绵千差万别，刀工成型后大、小、厚、薄形态各异，菜肴成菜后的质感松、酥、炟、嫩风味不同，因此要求厨师实际操作中"会用火"，即火力要强则强，该弱则弱；烹制时间该长则长，应短就短。

不同的烹调方法对火候的要求不同，例如爆须用旺火，而煨则要用小火。很多时候烹调过程中厨师需要交替使用几种火候。例如，干烧鱼要先用旺火炸，继用中火烧，然后用小火㸆，最后用中火收汁。不同的食材质地差异很大，在火候的运用上要因材而异，即使同一种原料也存在个体的质地不同，如鸡有仔鸡、老母鸡之分，因此在烹制时间上就要有所区别，老母鸡耐火，要久煮使其肉质酥烂，而仔鸡烹制的时间则要短。另外，食材形状不同，大小厚薄不一致，火候掌握也应有所变化，应根据食材不同质地、其形状的大小来决定入锅的顺序和时间。

炒菜要吃香

香味是构成菜肴的"色香味"三要素之一。急火短炒的江湖菜一锅成菜，浓香四溢，这菜肴的香味从哪里来？除了主料、配料自身所带的香味物质外，很大程度取决于掌瓢者的技术。

第一，要重视小宾俏的增香作用。小宾俏一般体积小，在高温条件下容易挥发出来香气，因此刀工处理要规范，蓉、粒、节、段，长短大小要一致，入锅后受热均匀出味快。厨师还要根据不同风味的菜肴，来确定小宾俏的用量，例如：泡椒风味就要重用泡辣椒、泡姜；椒麻风味就要重用鲜花椒或干花椒。另外，调味料的分量比例要恰当，使其发挥增香调味的功能，例如：辣香荔枝味就是辣椒、花椒、葱、姜、酱油、醋、酒在加热过程中，共同产生的一种香辣微麻中又混合了酯香和醋香的独特香味。

第二，要灵活运用火候。菜肴的香味是在加热过程中产生的，所以，急火短炒菜肴应根据其特点来运用火候。原料入锅时用热锅温油，中火烹炒，促使动物性原料中的蛋白质、脂肪发生变化；投入配俏和调料后用旺火快炒，逼出配俏中的香味物质，加速"釜中之变"，产生诱人的香味。

第三，要把握下料的顺序。菜肴在原料入锅炒散籽时，锅内原料温度不断升高，此时先烹入料酒去腥增香，然后放入配俏炒出香味，最后勾调料兑成味汁并让其在高温下发生化学反应生成香气，经过这三个步骤，强化香味的产生。

熘菜要吃嫩

熘菜怎样才能做到细嫩？"选料要细嫩无筋，码味要吃够水分，上浆要拌匀裹紧，烹调要注意油温"，这是制作滑熘菜的要诀。猪、牛、羊的里脊肉、尚头肉，鸡脯肉，兔肉以及鱼肉具有肌肉组织结构疏松，含水量多，吸水能力强的特点，均适宜制作滑熘菜。制作滑熘菜涉及码味、上浆、火候、油温等问题。

1.码味。通过码味，既使食材有了底味（行业术语称为"定味"），又充分吸收了水分，为烹制成菜时肉质保持鲜嫩做好了准备。码味时，厨师搅拌原料手上有一定力度，让食材充分吸收水分。食材变得有些黏手时表示水分已被其吸收，并在其表面形成牢固的水化层，这时就可以进行下一道工序。

2.上浆。盐水溶液提高了食材肌肉组织中蛋白质的水化能力，且使部分蛋白质变性，这时加入淀粉、蛋清拌匀后，蛋清糊紧紧地将食材包裹住，能防止食材所含水分和各种营养素在加热时外溢，这就为成菜的鲜嫩可口提供了保证。

3.油温。制作滑熘菜所需油温一般在90～130摄氏度（三四成油温）之间。食材在滑油时，因受热而发生蛋白质变性凝固和淀粉糊化，使食材外部形成保护层，加之在低油温中食材内部的水分挥发甚微，所以成菜口感特别细嫩。同时，因制作时油温低，食材受热膨胀的速度慢而均匀，成菜就显得挺括美观。

菜蒸一口气

蒸，是以蒸汽传导加热的烹调方法，同等压力条件下，蒸汽的温度可高达数百摄氏度，比水和油的最高温度高得多，再加上蒸汽"无孔不入"，因此蒸可使食材受热均匀，成菜速度快，保持食材的原汁原味。蒸制菜肴的火候应根据食材的质地和不同成菜要求而定。蒸菜的火候一般分为三种。

猛火，蒸汽猛烈袭人，气体（气流）稠如雾，径直上升，遇微风时不摇摆。猛火用于蒸海鲜、河鲜以及酿有馅料的菜肴，特别是虾饺，用猛火蒸出，才能结实而有弹性。苦瓜、南瓜、芋头等蔬菜也适合猛火蒸制。这样蒸出的菜，色鲜光洁、炟软适口。猛火蒸制的时间应根据不同食材的质地来掌握。体积较大又质地绵韧的蹄髈、老鸭、母鸡等蒸的时间长，活鲜的鱼虾一般蒸制时间在10分钟内，瓜类菜时间更短一点。

中火，蒸汽直上，但有微风时会摇摆。中火在烹制蒸菜时应用比较广泛，很多菜是先用猛火将气烧足，再改用中火蒸熟，加热的时间虽然较长，却能使食材熟透酥烂，像清蒸归芪竹丝鸡、荷香粉蒸牛蛙等这些食材，质地比较嫩，烹调时宜用中火。若用猛火蒸，肉质收缩过快，会泻油吐水，用慢火蒸，食材又会"枯萎"暗淡。

慢火，气体围绕着笼沿边缓缓上升，对于不耐火的食材类，就需用慢火，因为蛋白胶在60～70摄氏度之间就开始变性，由溶胶变为凝胶，如用火太猛，食材就会起海绵状的蜂窝眼。鸡蛋和各种糁类菜的兔糕、鱼糕、肉糕，就只能在慢火中蒸制至熟，才能保持成菜的平整光洁。

火中取爆菜

爆，是将质地脆嫩的食材用旺火高油温快速加热的一种烹制方法。火爆菜具有成菜迅速、质感脆嫩、紧汁亮油的特点，行业术语称为"火中取宝"。

由于爆菜烹制时用旺火沸油，成菜至熟时间短，因此对刀工要求非常严格。爆菜食材需在剞花刀后，改刀成整齐划一的条或块，这样增加了食材的受热面积，使食材受热均匀，迅速成熟。

火候是决定爆菜质量的关键，无论是中油量过油，还是小油量爆炒一锅成菜，都要求旺火滚油，油温八成（180～220摄氏度）左右，食材入锅后要迅速用炒勺拨散分离，以免起"坨坨"影响食材受热均匀。火爆菜被称为"火候菜"。因此要求在食材下锅前做好准备工作，如：把锅炙好，兑好调味汁等。由于火爆菜一般选用细嫩无骨的食材，含水分较多，这就要求厨师即时码味上浆，即时下锅，否则由于码味时间过长，食材"吐水"，造成脱芡吊浆现象，影响成菜质量。如果食材剞有花刀，码芡宜轻浆薄芡，用芡太重，淀粉受热糊化将粘住剞花的刀纹，不利于食材的翻花成型。火爆菜的味汁不能太稀薄，要稍浓稠一点，才利于紧汁巴味，成菜清爽。

炸收菜火候

炸收是将两种单独的烹制法结合运用的一种技法，涉及的食材既有细嫩无筋的猪、鸡、兔、鱼、虾肉等荤料，也有含汁水较多的菌菇以及绵实的豆制品。各种食材老嫩和吸水程度不同，就需要厨师运用不同火候。

荤料一般炸两次再收汁，肉质细嫩的食材在第一次炸制时用八成油温，使其外表迅速脱水收缩，定形，上色，第二次再用五成油温将食材炸酥。对于肉质紧密的食材则正好相反，第一次炸制时，油温要低一点，将其炸到软熟，第二次用八成油温炸至紧皮酥脆，内软外酥。素食食材只用中火炸一次，使其失去部分水分，以炸至表面稍硬，皮酥，浅黄为佳。

食材经过炸这道工序，外层皮脆酥香，内部则产生了无数微小的孔隙，能够在收汁过程中达到吸汁回软。食材无论荤素，在油炸时不能失水太多，失水过多，将无法回软入味。

熠和爆是炸收菜的又一个关键步骤，它主要是通过较长时间的加热，使油炸过的食材慢慢吸收味汁，重新变得滋润酥软。厨师首先根据炸后食材吸水的程度，来决定掺汤的量。瘦肉、豆制品等食材，因炸后失水多，内部的孔隙也多，吸水性能好，掺汤量要稍多一些，以淹没食材为度；而泥鳅、鸡肉等食材，掺汤量要适中；以淹没食材五分之四为宜。

在火候运用上，炸收菜在收汁时以小火慢爆为主，通过较长时间的加热，使味汁逐渐渗入到食材中去，使其形状滋润、饱满、细嫩。丝、丁、条这些体量小的食材，炸时失水较多，很容易回软入味，而质地紧密的鸡块、排骨等食材，则需要长时间的细熠慢爆才能酥软离骨。收汁现油要根据食材在锅中的具体情况来决定火候。有的食材在熠爆中味汁饱满，回软还原快，可用中火，有的食材形体干瘪，可继续用小火自然收汁，使其外酥内软。如菌菇类收汁菜，只要爆入味，外表油润，也可用中火加速收汁亮油。

水煮很江湖

翠云水煮鱼走红市场以后，好跟风的江湖菜厨师，还接着搞出了水煮牛蛙、水煮脑花、水煮蹄筋、水煮烧白等。随着水煮菜式的拓展与烹制主料的多样化，加之各种主料的质地性能各不相同，因此在烹制时所采用的方法也就存在着一些微妙差异。主料不同可用三种方式处理：

1.质脆柔嫩，焯水过油。猪腰、猪脑花、鱼片等质地细嫩、含血水较重的食材，就需要通过前期处理才能入锅烹制。猪腰片先在60~80摄氏度的温开水中浸烫2~3次，再下到滋汁中略煮，起锅时撒辣椒浇热油；脑花先加姜葱，上笼蒸半熟，再下到滋汁中多煮一会，起锅时撒辣椒浇热油；鱼片则既可水滑也可油滑后，下到滋汁中再烹调，起锅时撒辣椒浇热油。

2.生料下锅，区别对待。毛肚、鸭肠和鳝鱼这类食材都需要生料下锅，但它们煮的时间是有区别的，毛肚（鸭肠）下到滋汁中煮至刚起泡（圈），就要迅速勾薄芡起锅；而鳝鱼则需在滋汁中多熘一会再起锅。

3.绵韧原料，煮㸆入锅。过去水煮菜多用质地细嫩的主料。随着水煮菜主料选择范围的扩大，五花肉、肥肠、牛筋一类食材也加入水煮系列，这些原料质地韧绵不易煮㸆，如果要烹制成菜，就需要预加工至软熟。肥肠需加工至半熟再改刀，进行水煮；而牛筋则需要用小火煨至㸆软，再入锅水煮。

不管主料怎么变换，加工过程怎样调整，水煮菜大麻大辣、随意率性的根本不能变。特别是最后浇上去的那一大瓢带有辣椒节、花椒粒的热油，活脱脱地一泼一炸，很江湖。

味道无止境

重庆江湖菜味道多而广，有26种常见基本味型。随着与外地烹调技术相互交流，以及众多调味食材的应用，重庆江湖菜味型的内涵和外延不断延伸，呈细分趋势。此处以江湖菜最常用的三个味型为例：

1.家常味型。家常味型口感的基本特征是"咸鲜微辣"，因菜肴的风味不同，有的带回甜或醋香。家常味传统的调料主要是郫县豆瓣、元红豆瓣、泡辣椒、酱油、豆豉。而现在增加了水豆豉、剁椒、鲊辣椒、青椒等调味料，于是就有了豆瓣家常味、泡椒家常味、水豆豉家常味、鲊辣椒家常味、剁椒家常味、鲜辣椒家常味的味别细分。家常味型在重庆江湖菜中应用广泛，可用于家畜家禽，也可用于河海水产、瓜果蔬菜。

2.麻辣味型。麻辣味型是重庆江湖菜中最具代表性的常用味型之一，它以麻辣味浓味厚、咸鲜而香的特点著称。麻辣味在重庆江湖菜烹调中运用非常广泛，用于调味的麻辣食材达数十种。麻辣味按用料可分为：干椒麻辣味、复合麻辣味、红油麻辣味、鲜椒麻辣味。

3.酸辣味型。酸辣是重庆江湖菜常用味型之一，它具有醇酸带辣，清腻爽口的特点。过去的酸辣味主要用胡椒粉和香醋来调味，或以辣椒、色醋为主要调味料。随着烹饪原料的不断丰富，现在出现了红油酸辣味、鲜椒酸辣味、野山椒酸辣味、泡菜酸辣味、泡辣椒酸辣味和辣酱酸辣味。酸辣味的调料由食盐、醋、胡椒粉、辣椒等，扩大到如今的野山椒、小米辣、大红浙醋、白醋、泡酸萝卜、泡酸菜、泡辣椒、辣椒酱、柠檬、番茄、酸梅、山楂等。

另外，还出现了许多本地味与外来风味融合的新潮味。如：麻辣孜然味、茄椒孜然味；避风塘家常味、避风塘飘香味；沙爹辣酱味、野山椒味、茶香味、奇香味、可乐味以及"冬荫功"酸辣味，等等。

在重庆江湖菜的发展进程中，也许，原有的传统味型还会细分，还会有更多的新味别产生，也许，某一种新味别就产生于你的手中！

【戒单】

为政者兴一利，不如除一弊，能除饮食之弊则思过半矣。作《戒单》。

——清·袁枚《随园食单》

释：为官者，做一件好事，不如除掉一个弊端。能除掉饮食中的弊端，就已经领悟了大部分的饮食之道。我因此而作《戒单》。

17

戒"五嘿菜"

嘿，重庆方言，使劲的意思。五嘿，即：嘿起放海椒、嘿起放花椒、嘿起放鸡精味精、嘿起放油、嘿起装盘。

先看这边厨房：公鸡乱剁成小块，加菜油两斤，爆炒，加海椒六七瓢、花椒一瓢，再来味精、鸡精各半瓢，起锅的时候，放葱花两瓢，然后用大洗脸盆装起来，高叫"走菜"！

再看那厢餐桌：泡椒泡菜、花椒海椒、姜片蒜瓣、芫荽葱花，上桌作料一大盆，鱼片选完，还剩一大盆作料。桌边食客，吐舌嘘气，汗流浃背，泪涕齐飞。

平心而论，多数江湖菜是以大麻大辣、强刺激、重口味为特点。但口味重也要讲一定之规，也要有度，如果适量的调料能达到效果，就点到为止。并非十倍百倍的加三椒两精、把食客辣哭麻哈（傻）的菜，才算是好菜。

戒"乱劈菜"

在菜肴烹调过程中，刀工是非常重要的一个操作技术。刀工的作用是把食材加工成规格适宜、断连分明、均匀一致、形态美观的半成品。食材切割成型后，便于烹调，利于入味，有利造型，方便食用。如，横切牛、斜切猪、顺切鸡；又如，切凤尾腰花要先剞花刀，再三刀三叶凤点头。

很多江湖菜制作者从未受过专业培训，敢于率性胡为。除在调味上手重、味重，反传统、反平衡外，在刀工上也是"乱劈柴"，对食材快刀乱剁，丁不像丁，块不成块；长短不一，参差不齐；剞花刀深浅各异，宽窄不均，不讲规格，没有美感，不以为意，还自诩豪爽。

戒菜肴起锅必炸油

炸油，指菜肴装盘（盆）后在其表面淋上些许热（辣）油。炸油所用的油既有猪油、鸡油、菜籽油、芝麻油等常用油，还有辣椒油、花椒油、葱油、蒜油等风味油。根据烹调方法和菜肴的不同要求，炸油按温度还有热（辣）油、温油、凉油之分，这些油都必须是经过熟炼且没有特殊异味的油。

炸油可以增加菜肴的光亮度、滋味和香气，但并不是所有的菜肴都需要炸油。一般情况下，炒菜、爆菜、熘菜等脂肪含量较多的菜肴，烹调后可不必炸油，如果强行炸油，反而会"伤"油，就是画蛇添足了。

戒见菜撒一把葱花

加工成不同形状的葱有各自的专门用途，在烹调中根据菜品的不同，大体分为小宾俏、寸节葱和大俏头，细分更是多达十余种。例如：葱粒用于炒菜的配料，如宫保鸡丁等；鱼眼葱用于鱼香味菜肴的小俏头，如鱼香茄饼等；葱丝，既能增香，也可作点缀，如菊花鱼等；葱节用于炒熘炝拌等菜肴；葱花用于冷菜调味或撒于汤菜增香。

厨师用葱有相对应的成菜要求，不管是炒菜，还是烧菜、爆菜，不论是回锅肉还是葱烧海参，都绝不能起锅时统统撒上一把葱花。

戒炖汤中途加水

我们在炖汤或烧肉时，不论炖（烧）什么汤（肉），都要一次性把水加足，中途嫌水不够再加冷水，是炖汤（烧肉）的大忌。炖汤（烧肉）的基本要领是：先用中火或旺火烧开，拣净血沫后，马上改为小火慢慢煨炖（烧）。

食材在加热过程中，本来与水共热，热量均匀持续向食材内部传递，在火量基本不变的情况下，汤水的受热和水分子的运动，保持了一种均衡，有利于食材中的鲜味物质外溢。如果中途加入冷水，汤汁温度骤然下降，原有的均衡被打破，食材外层的蛋白质就会开始凝固。当水温再次上升时，原料内部的鲜味物质在外溢过程中，会受到食材外层已经凝固的蛋白质的阻碍，汤味的鲜醇大受影响。

戒炖鸡汤先加盐

鸡肉作为一种高蛋白低脂肪的食物，最常见的一种吃法就是炖汤。在烹调中，有的人习惯当鸡汤炖到一定程度就放盐；也有的人将盐等调味品与鸡一并放入高压锅后炖汤。这些做法其实不妥。

为什么呢？炖鸡汤如果先放盐，会直接影响到鸡肉、鸡汤的口味，也影响鸡汤中营养素的保存。鸡肉含水分较高，而食盐具有脱水作用，如果在炖制时先放盐，鸡肉在盐水汤中浸泡，组织中的水分向外渗透，蛋白质被凝固，鸡肉组织明显收缩变紧，影响营养成分向汤中溶解，降低汤汁的浓度和质量，致使炖熟后的鸡肉变硬、变老，汤无香味。

炖鸡汤正确的方法是：在炖好的鸡汤降温至80～90摄氏度时，再加适量的盐，这样鸡汤及肉质口感最好。

【江鲜单】

郭璞《江赋》鱼族甚繁。今择其常有者治之。作《江鲜单》。

——清·袁枚《随园食单》

释：东晋郭璞《江赋》中提到的鱼类有很多种。现在从中选择常见的汇集在这里，作《江鲜单》。

来凤鱼

江湖零公里，凤鸣变食风

缘 起 ▦ 　来凤，原是成渝古驿道上的"四大名驿"之一，自古为鱼米之乡。别看来凤驿是一块弹丸之地，它在重庆江湖菜历史上的身份却非同小可。新时期重庆江湖菜的兴起，就是从镇上的"来凤鱼"开始的。

抗战时期的璧山来凤，冠盖云集，名厨荟萃。厨师们见璧南河水清鱼美，争烹献艺，极大地促进了传统"来凤鱼"烹调技艺的进步。

20世纪80年代初，以"麻辣鲜嫩"为主要改良方向的新"来凤鱼"出现了。其烹制方法粗犷豪爽，鱼肉块大，用料多而足，鱼肉细嫩，辣而不燥，醇厚浓郁。一时间，食客不分远近，不论贵贱，云集来凤，共品佳肴，经营"来凤鱼"的酒馆生意火爆，乃至形成了一条美食鱼街。

2015年，"来凤鱼传统烹饪技艺"被列入重庆市级非物质文化遗产代表性项目，来凤本土名厨龙大江成为第11代传承人。

22

主 料 ⚏ 草鱼1尾（约2500克）

调 料 ⚏

特制老油1000克	泡辣椒150克	青花椒70克
红苕淀粉 100克	芝麻油 25克	大蒜 170克
干红辣椒 175克	花椒粉 25克	胡椒粉 5克
郫县豆瓣 80克	食盐 25克	味精 45克
熟白芝麻 5克	老姜 50克	香醋 30克
混合油 500克	料酒 50克	大葱 50克
泡姜 120克	白糖 25克	小葱 15克

制 作 ⚏

🏷 草鱼宰杀，去鳞、去内脏、去鳃，清洗干净，然后斩成大块。干红辣椒去蒂、去籽，切成节。老姜切成米。泡姜切成米。大蒜（70克）切成米。大葱切成节。小葱切成花。

🏷 鱼块用葱节、料酒、食盐、胡椒粉、味精、花椒粉腌制入味，然后用红苕淀粉抓匀上浆。

🏷 炒锅置于炉火上，放混合油烧至六成热，下干红辣椒节（75克）、青花椒（40克）、大蒜（100克）炒成酱色，下郫县豆瓣酱、泡辣椒、姜米、泡姜米、蒜米（20克）、葱节等炒香，掺入适量鲜汤烧沸，放入鱼块，加料酒、胡椒粉、白糖和香醋，烧至鱼肉入味，用湿红苕淀粉勾芡并调入味精，推匀便可起锅装盘，此时，撒上花椒粉、熟芝麻、小葱花和芝麻油。

🏷 锅洗净，置于旺火上，下特制老油烧至七成热，下干红辣椒节（100克）、青花椒（30克）、蒜米（50克）和少许香醋（注：蒜米和香醋放在炒瓢里一同倒入锅内），待辣椒节、花椒炸成酱色时，连同锅内的油一同淋在鱼面上，再撒上适量的小葱花即成。

特 点 ⚏ 麻、辣、鲜、香、嫩。

出 品 ⚏ 璧山／重庆老字号／大江龙鱼工坊

主 厨 ⚏ 中国烹饪大师／龙大江

酸菜鱼

股股辣味中，更有些许酸醇

缘 起 ▦ 酸菜鱼来源于江津邹鱼食店。一位叫邹开喜的厨师，在20世纪80年代初创制出酸菜鱼，以其味浓鲜香、酸辣适口、回味隽永，征服了食客的味蕾。后来，酸菜鱼店在江津遍街成市，一到"饭口"时间，成渝公路车水马龙，鱼店酒家座无虚席，晚到的人只好排"轮子"等候。

到了90年代初，重庆有位田姓女孩在北京新街口开了一家"田三酸菜鱼"菜馆，专卖重庆酸菜鱼。据说她烹鱼用的酸菜是专门从江津采购的。酸菜鱼的美味使京城的男女老幼为之倾倒，酸菜鱼自此从重庆走向全国各地，红透大江南北。

再后来，酸菜鱼因广受食客喜爱而被不断改良创新。目前，在重庆餐饮市场，酸菜鱼已有多种制法和吃法。其中，江津都市渔船的熊阿姨用翘壳鱼辅以笋壳酸菜烹制的酸菜鱼，鱼片细腻，质地如绸弹牙，光洁而柔嫩，鲜香醇酸，回味隽永，把酸菜鱼的特色发挥到极致，使这款江湖菜既可在食肆排档令食客"打拥堂"，也上得了宾馆的"殿堂"。

主　料 ▦ 翘壳鱼一尾 （约1250克）

辅　料 ▦ 泡笋壳酸青菜 300克　　　鸡蛋 2个　　　干细淀粉 75克

调　料 ▦ 青红泡椒100克　　薄荷鱼香5克　　料酒50克　　老姜25克
猪化边油300克　　菜籽油 50克　　大蒜50克　　大葱50克
干红辣椒 10克　　鸡精　 10克　　食盐 5克　　白糖10克
白胡椒粉 10克　　小葱　 15克　　白醋10克

制　作 ▦ 🏷将鱼剖杀，去鳞、去鳃、去内脏，洗净，鱼头剖开，鱼骨斩成块，鱼肉斜刀改成片。酸菜切成粗丝。泡椒切成片，老姜切成丝。大蒜去皮，切成片。鸡蛋取清，与干细淀粉调成蛋清淀粉。薄荷鱼香洗净，切成节。小葱切成花。干红辣椒去蒂，切成节。
🏷鱼片下盐、姜片、葱节、料酒码味后，再用蛋清淀粉拌匀，腌制10分钟。
🏷锅置于旺火上，掺入菜籽油烧热，放入鱼头、鱼尾、鱼骨，煎至两面金黄，然后掺入鲜汤1000克，用旺火煮至汤汁呈乳白色。将鱼头、鱼骨捞出装盆，汤汁待用。
🏷炒锅置于中火上，下猪化边油，烧至五成热时放入姜、蒜、泡椒、泡酸菜炒香，掺入鱼汤，加食盐、白糖、鸡精、胡椒粉、白醋大火烧开。下入腌制好的鱼片煮1分钟，起锅盛入装有鱼骨的盆里。
🏷锅洗净，放入猪油烧至五成热，下干辣椒、泡椒用小火炒香，倒在鱼片上，撒上葱花和薄荷鱼香即可食用。

特　点 ▦ 鱼肉细嫩，泡菜醇香。

出　品 ▦ 江津／国家四钻级酒店酒家／都市渔船

主　厨 ▦ 江湖菜名厨／熊晓莉

翠云水煮鱼

翠云水煮田氏创，美味殊绝齿留香

缘起 ▦ 在重庆，众多的江湖菜"各领风骚三五年"，常常是名噪一时，不久便销声匿迹，像水煮鱼这样集万千宠爱于一身，长久被人钟爱的不多。

重庆渝北那个叫翠云的小地方，马路边简陋的餐馆、热情的老板、"独门冲"的水煮鱼、满堂的"馋猫"……这些都成为老饕们不可磨灭的美食记忆。食客到店只需要根据人数，高喊一声，"田老板，10个人（或6人），来一条大的（或小一点儿的）"，片刻等待以后，就会有用洗脸盆装的麻辣鱼摆在你面前。吃尽了红艳艳一大盆作料中的鱼片，食客们还可以让老板把剩下的作料拿回后厨加菜，煮点青笋、苕粉、藕片再上桌。

后来，水煮鱼"北漂"到了京城，以它独特的个性和强烈的感官刺激赢得了京城老少爷们儿的"满堂彩"。再后来，水煮鱼更是在全国大红大紫，还被评为了"中国名菜"！

| 主　料 ▦ | 草鱼1尾（约1500克） |

| 辅　料 ▦ | 黄豆芽250克 |

调　料 ▦

干细绿豆淀粉30克	青花椒25克	老姜30克
干红辣椒　250克	胡椒粉 5克	大葱25克
郫县豆瓣　　15克	大蒜　30克	食盐10克
菜籽油　　　200克	鸡蛋　1个	料酒25克
猪化油　　　350克	味精　5克	鸡精 2克

五香粉（山柰5克，香叶3克，八角10克，白蔻5克，香茅草3克）

制　作 ▦

🥄草鱼宰杀治净，鱼头斩成块。鱼骨斩成节。鱼肉用斜刀片成片。鸡蛋磕破，取蛋清，用绿豆淀粉调匀成蛋清淀粉。老姜切成片。大蒜切成米。大葱切成节。黄豆芽去须根，洗净。干红辣椒切成节。郫县豆瓣剁成蓉。

🥄鱼片纳盆，用姜片、葱节、料酒、食盐码味10分钟，然后用蛋清淀粉上浆。

🥄锅置旺火上，掺水烧开，下黄豆芽、食盐煮断生，起锅，盛于盆内打底。鱼头、鱼骨放在开水锅中氽熟，起锅，摆放在黄豆芽上。

🥄炒锅置旺火上，掺菜籽油烧至六成热，下姜片、葱节爆出香味，再下郫县豆瓣炒出颜色，掺入适量清汤，下五香粉烧开，加料酒、食盐、胡椒粉、鸡精、味精调味，然后放入鱼片煮至八成熟，起锅，装入盆内，撒上蒜米。

🥄另锅置旺火上，下猪油烧至七成热，投入干红辣椒炸至棕红色，然后下青花椒炸香，起锅淋在鱼片上即可上桌。

| 特　点 ▦ | 咸鲜香辣，鱼肉脆嫩。 |

要　领 ▦ 煮鱼片时，切记不要煮得过熟，八九成即可，否则会使鱼肉失去其原有的鲜香脆嫩味道。

| 出　品 ▦ | 渝北／中华餐饮名店／两路翠云水煮鱼餐馆 |
| 主　厨 ▦ | 江湖菜名厨／田利 |

水煮活鱼

凡味之本，水最为始

缘 起 　水煮鱼最先出现在重庆渝北区。相传，嘉陵江边住着一户农家。有一次他们家来了一位厨师朋友，这位厨师朋友想为他们下厨做些好菜，却找不到称手的食材，于是把厨房木桶里面鲜活的鱼以火锅的形式煮了出来，第一盆水煮活鱼就诞生了。做好后，鱼肉鲜美，麻辣厚重，大家赞不绝口，厨师本人也为之一惊，从此这道菜就流传开来。后来经过厨师们不断地潜心研究，从鱼肉的特性、调料的搭配，到制作手法的创新呈现等多方面进行了精益求精的改善，最后形成了我们现在吃到的油而不腻、辣而不燥、麻而不苦、肉质滑嫩的水煮活鱼。

主 料 ⊞ 草鱼1尾（约1750克）

辅 料 ⊞ 黄瓜150克　　　黄豆芽150克　　　鸡蛋2个　　　海带结100克

调 料 ⊞ 秘制调料45克　　　大葱20克　　　水煮酱280克
　　　　　　干红辣椒50克　　　小葱10克　　　香辣油200克
　　　　　　青花椒　20克　　　生粉40克　　　白芝麻　25克
　　　　　　大豆油　200克　　　食盐　3克

制 作 ⊞ 🏷草鱼宰杀，去鳞、去鳃、去内脏，清洗干净，把鱼骨和鱼肉分离，鱼骨、鱼头切块，鱼肉切成约1毫米厚，10厘米长的鱼片。干红辣椒去蒂，切成节。黄瓜洗净，切成条。黄豆芽去根须，洗净。海带结水发，洗净泥沙。大葱切成节。小葱切成葱花。鸡蛋磕破，取蛋清。
🏷净锅掺入清水烧开，把鱼骨、鱼头氽水待用。鱼片纳盆，加入食盐、秘制调料、蛋清、生粉腌制入味。
🏷炒锅置于旺火上，掺高汤1800克，下水煮酱烧开，再把鱼头、鱼骨放入锅中熬煮出味。然后下黄瓜、海带结、豆芽、大葱，用小火煮至断生，起锅放入盆中垫底。
🏷鱼汤再烧开，把鱼片抖散放入，煮至"伸板"（刚断生）即起锅，连鱼片带汤汁转盆中，撒上小葱花。
🏷另锅置于旺火上，掺香辣油、大豆油烧至六七成热，放干红辣椒节、青花椒、白芝麻炸香，起锅淋在鱼片上即可。

特 点 ⊞ 麻辣鲜香，肉质嫩滑，油而不腻。

要 领 ⊞ 鱼片下锅不能久煮，刚"伸板"就要起锅，因为这一食材有后熟现象。另外，鱼起锅后还要"炸油"。只有掌握好火候，才能保证鱼片细嫩滑爽的口感。

出 品 ⊞ 福建福州／福建省100名知名餐饮企业／蜀都丰

主 厨 ⊞ 江湖菜名厨／冯政丰

綦江北渡鱼

烟雨蒙蒙舟自横，何不摆渡吃鱼去

缘起 到綦江的游客，总要吃一顿"北渡鱼"；到过綦江的人，总忘不了"北渡鱼"。北渡鱼出自綦江的北渡场，这里原来是一个乡，与县城近在咫尺，綦江河从这里流过。在此，有一个繁忙的渡口，所以人来人往，十分繁华，食肆林立。

过去，河边打鱼的人烧土灶、用粗碗、烹鱼食。他们将活鱼用快刀打甲去鳞后下入沸水锅内，锅中大把撒辣椒，大瓢加花椒、大蒜和一些特有调料，鱼在锅中打几个滚，起锅淋上沸油，装入大粗碗中，吃完鱼肉后加上素菜再吃，既营养又实惠。后来，这种带着浓郁江湖菜风味的吃法，由普通渔家进入餐馆、饭店，取名"北渡鱼"，并风靡巴渝大地。此菜一鱼三吃，麻辣鱼、番茄鱼、鱼头抄手，把一条鱼的美味发挥得淋漓尽致。

| 主　料 ▦ | 花鲢1尾（约2500克） | | | |

| 辅　料 ▦ | 西芹节100克 | 酸萝卜片50克 | 黄豆芽100克 | |
| | 老盐菜 50克 | 番茄片 250克 | 抄手 200克 | |

调　料 ▦	干细淀粉50克	花椒粉50克	胡椒粉10克	花椒50克
	香辣油1000克	辣椒粉50克	猪油 300克	料酒50克
	色拉油 200克	大葱节50克	小葱花20克	芫荽50克
	香辣酱 50克	老姜末50克	大蒜 200克	鸡蛋 2个
	豆瓣酱 50克	白糖 20克	食盐 20克	鸡精10克
	白芝麻 50克			

制　作 ▦

🍃鱼宰杀去鳞、内脏，洗净，将鱼一分为二，一半剁成1厘米见方的长条块，将另一半片成鱼片。鱼块用食盐、料酒、鸡蛋清、葱姜腌制备用。鱼片用食盐、料酒、鸡蛋清、淀粉腌制备用。

🍃麻辣鱼制作：锅置旺火上掺香辣油烧热，下姜末、大蒜、豆瓣酱、香辣酱炒香，掺鲜汤烧开，把鱼块放入煮2～3分钟，下西芹煮熟，把鱼块捞出放入钵中。另锅置旺火上，下香辣油烧至五成热，放入大蒜、姜末、大葱节、辣椒粉、花椒粉炒香淋入钵中，撒上芫荽节即可。

🍃番茄鱼片制作：锅置旺火上，掺色拉油、猪油烧热，下姜末爆香，把番茄放入，炒出香味，掺鲜汤1000克烧开，下食盐、鸡精、白糖、胡椒粉调味，然后把鱼片放入锅中煮1～2分钟，待鱼片熟透，转入钵中，撒上白芝麻、葱花即可。

🍃鱼头抄手制作：锅置旺火上下猪油、色拉油烧热，下葱节、姜末爆香，再把鱼头放入煸香，下黄豆芽、老盐菜、酸萝卜炒香。掺鲜汤用旺火烧开，下抄手煮熟，加食盐、鸡精、胡椒粉调味，转入钵中撒上葱花即可。

特　点 ▦

麻辣鱼：色泽红亮，麻辣鲜香。
番茄鱼：鱼片细嫩，味道鲜香。
鱼头抄手：鱼头肥腴，抄手细嫩。

| 出　品 ▦ | 綦江／沿河北渡鱼 |
| 主　厨 ▦ | 江湖菜名厨／袁小伟 |

太安鱼

诸味纷呈，变幻莫测的"坨坨鱼"

缘 起 ▦

太安鱼很有自己的特点。当一大盘太安鱼端上桌时，只见在金灿灿的鱼块上撒满了白白的芝麻与青青的芹菜叶，油香、芝麻香与芹菜香交织在一起，弥漫在空气中，撩人味蕾，使人食欲大增。聚集在餐桌前的"馋虫"们也不说话了，开始专注于盘中诱惑人的鱼肉。一阵咀嚼后，他们几乎同时赞叹："安逸，好吃！"饭桌上又恢复了热闹与活跃。

太安鱼鲜、咸、嫩、香、甜均齐备，老少咸宜。鱼块咀嚼后略有微酸，稍带回甘。它是和了厚厚的一层豆粉及调料后，再进锅里用油酥，最后加汤汁及调料"焖"过的，所以吃起来很是松软入味，难怪大家都喜欢。

主　料 ▦　鲶鱼1尾（约1000克）

辅　料 ▦　独蒜50克　　泡萝卜50克

调　料 ▦

红苕淀粉100克	胡椒粉1克	老姜15克	泡姜15克
泡红辣椒 25克	酱油 10克	料酒50克	醋 20克
干红辣椒 10克	芹菜 20克	食盐 2克	味精 3克
大葱白　20克	花椒 5克	白糖 5克	

色拉油 1500克（实耗250克）

制　作 ▦

🥢鲶鱼宰杀，去鳃、去内脏、刮净腹腔壁上的黑膜，洗净。泡萝卜切成粒，泡红辣椒切成末。干辣椒去蒂、去籽，切成节。大葱切成节。泡姜切成末。芹菜切成花。老姜切成片。

🥢锅置炉火上，掺清水烧开，下姜片、葱节、料酒熬味，待水温降至70摄氏度时加醋，然后用瓢舀起淋烫至鱼身上，刮去表皮上的黏液，再用温热水冲洗干净。

🥢鲶鱼去掉头尾，切成块，用食盐、姜片、葱节、胡椒粉、料酒码味10分钟。然后拣去姜、葱，用红苕淀粉上浆。

🥢锅置于旺火上，掺入色拉油烧至七成热，放入鱼块炸至色泽发黄捞出，锅中留油，待油温降至五成热时，放入独蒜炸至微黄捞出，然后放入干辣椒节、花椒炸香捞出。

🥢当锅中油温度为五成热时，下泡红辣椒末、泡姜末、泡萝卜粒，用小火炒至色红出香，然后掺入鲜汤500克烧沸，下料酒、白糖、味精、酱油、醋、干辣椒节、花椒、独蒜，放入鱼块，用小火烧至收汁亮油时起锅装盘，撒上芹菜花即成。

特　点 ▦　皮糯肉嫩，独蒜熟软。

出　品 ▦　潼南／潼厨味道

主　厨 ▦　中国烹饪大师／石英

椒麻鲜椒鱼

鲜辣幽麻，回味悠长

缘 起 ⚏ 江津，长江之畔，花椒之乡。在祖孙三代心口相传、具有30年烹鱼历史的渝畔小鱼馆，我们见识了掌门人黄健以其独门秘方烹制的"镇店之宝"——椒麻鲜椒鱼。

汤锅中，只见鱼片宽厚一致，片片如一、片片考究，雪白而滑嫩，青红两色的鲜辣椒与粒粒干花椒、鲜花椒彼此呼应；汤色清亮，作料多，又麻又辣，鲜麻、鲜辣的味道直抵胸腔，沁人心脾，让食客麻得过瘾，辣得痛快，意外的是汤底还可以直接享用——汤是拿来喝的！

作为"烹鱼世家"的渝畔小鱼馆采用的原材料全部是私人订制，不仅在选料上精益求精，还在烹制的技法上有严格要求。他们相信，只要秉承匠人之心，坚守古法技艺，就能缔造出汤鲜鱼美、回味无穷的佳肴。

主 料 ▦ 花鲢1尾（约4500克）

调 料 ▦

红小米辣150克　　泡姜50克　　野山椒50克　　贡椒200克
青小米辣150克　　榨菜50克　　胡椒粉20克　　大蒜 50克
泡红辣椒150克　　白酒75克　　干花椒30克　　食盐 30克
红苕淀粉100克　　鸡精30克　　鲜花椒50克
菜籽油　500克

制 作 ▦

🔖 花鲢宰杀，去鳞，去鳃，去内脏，斩下鱼头对剖两半，鱼骨斩块。两扇净肉斜刀片成鱼片，洗净。青红小米辣去蒂，切成圈。泡红辣椒切碎。泡姜切成片。榨菜洗净，切成片。

🔖 鱼片纳盆，加食盐、胡椒粉、白酒拌匀后腌制10分钟，然后用清水洗净，沥干，再加食盐、胡椒粉、白酒码味，用红苕淀粉上浆。

🔖 炒锅置于旺火上，掺菜籽油烧至六成热，依次下入干花椒、泡椒、泡姜、大蒜、青红小米辣、贡椒、野山椒炒干水分，当香味溢出时，掺入适量鲜汤烧开，下榨菜片熬煮5分钟，放食盐、鸡精调味。然后把鱼头、鱼骨放入汤汁中煮熟，捞出盛入盆中垫底。

🔖 锅中汤汁用小火烧开，把鱼片抖散，下入锅中焖煮2分钟，然后改旺火冲开，起锅连汤带鱼片转入盆中。

🔖 另锅置于炉火上，掺菜籽油烧至七成热，下青红小米辣圈、干花椒、鲜花椒炒香，起锅淋在盛有鱼的盆中即可。

特 点 ▦ 鱼片细嫩滑爽，味道鲜辣幽麻。

出 品 ▦ 江津／渝畔小鱼馆

主 厨 ▦ 江湖菜名厨／黄健

铜梁特色酸菜鱼

欲把铜梁比江津，浓蒜淡酸也相宜

缘起 ▦ 20世纪90年代初，同其他长途公路旁容易形成饭店聚集地一样，在重庆至旅游热点大足石刻的必经之路上，铜梁南门村算是占尽了天时地利——旅游业兴起，带来更多人流。一位姓周的村民利用自己临公路的住房率先做起了餐饮生意，他以自家喂养的土鸡、兔子及草鱼为主要食材，现杀现烹，卖起了独家特色的五香油烧兔、泡姜烹土鸡和酸菜鱼。生意做大后，老伴负责在堂前招呼客人，两个儿子就在后厨打下手。由于周家老太婆精明能干，又善于应对，深得客人称赞。久而久之，人们就以"老太婆"来称呼这家小餐馆了。由于生意太好，不久，全村的村民也纷纷办起了餐馆，拿出自己的看家本领来烹制鸡、兔、鱼。于是，客人们戏称该村为"三活村"。而村民为不忘这"三活"给他们带来的致富春天，便自称本村为"三活春"。如今，"三活春"鸡兔鱼烹制技艺已被列入重庆市非物质文化遗产目录。

主　料 ⚏	草鱼1尾（约1500克）		
辅　料 ⚏	酸菜400克	大蒜200克	泡辣椒200克
调　料 ⚏	干细淀粉25克	猪化油300克	泡姜10克　　大葱30克
	干红辣椒10克	白芝麻　10克	白酒50克　　食盐　5克
	白胡椒粉10克	老姜　　25克	

制　作 ⚏

🏷草鱼宰杀、治净，鱼头、鱼骨剁成块，鱼肉片成片。酸菜切成片。干红辣椒切成节。大蒜150克切成蒜米，50克切成片。泡辣椒切成碎粒。泡姜切成姜米。老姜切成片。大葱切成节。

🏷鱼片纳盆，下食盐、白酒腌制3分钟，用清水冲洗干净，沥干水分。然后往鱼片中加入食盐、姜片、葱节、白胡椒粉码味后再加入白酒、清水拌匀，15分钟后拣去葱节、姜片，将鱼片用干细淀粉上浆。

🏷锅置于旺火上，放猪油烧至六成热，下鱼头、鱼骨进行"飙油"。然后加入清水，大火烧开，下姜片、葱节、白胡椒粉，烧至鱼汤呈乳白色，捞出鱼头鱼骨，鱼汤待用。

🏷另锅放猪油烧至六成热，下酸菜炒干水分，加入泡椒、干辣椒节、姜片、蒜片、葱节炒至香味浓郁，掺入鱼汤，用大火煮至出味，用抄瓢捞出酸菜，盛入大盘，再把鱼头鱼骨放在酸菜上。然后将鱼片抖散放入鱼汤中，当鱼片刚刚"伸板"，立即用抄瓢将其舀入盘内。

🏷锅再置炉火上，放入猪油烧至六成热，下蒜米、泡椒碎粒，炒至油脂呈金黄色，浇在鱼片上，再撒芝麻即可。

特　点 ⚏　鱼片细嫩滑爽，汤汁酸醇辣香，蒜香浓郁适口。

出　品 ⚏	铜梁／全国绿色消费餐饮名店／老太婆三活春餐馆
主　厨 ⚏	中国烹饪大师／周辉

椒麻顺水鱼

顺风又顺水，渝人爱吃鱼

缘 起 ▦

说起顺水鱼的由来，那可是一段开天辟地的传奇。江湖菜从一开始的酸菜鱼、太安鱼，到乌江鱼、艄翁鱼，一路"升级打怪"，再到现在名声大噪的顺水鱼，开创了时尚鱼肴餐饮先河。

顺风顺水顺君意，安神安心安天地。以打造国际养生鱼肴第一品牌为目标的顺水鱼，把健康美食做到了极致，每一条新鲜活鱼，都是见证者。不伤胃只留味的同时，它还具有开胃健脾、益智养颜的功效，实乃鱼肴中的上品。

如今，顺水鱼在重庆、西安、云南、新疆等地都备受好评。下面就介绍顺水鱼中最受欢迎的椒麻锅底的做法。

主 料 ▦	活鲜草鱼1尾（约1500克）	
辅 料 ▦	魔芋150克　　黑豆腐70克　　苕粉(宽苕皮)70克	
调 料 ▦	顺水鱼底料300克　　泡椒末30克　　蒜苗节20克 干红灯笼椒　3克　　小葱节12克　　藤椒油10克 鱼香草节　13克　　去腥包12克　　鱼粉　10克 大葱节　　20克　　姜片　15克　　蒜片　15克 青花椒　　20克　　芹菜节15克　　白糖　5克 白芝麻　　10克　　淀粉　12克　　食盐　9克 混合油　　150克　　料酒　60克	

制 作 ▦

🏷 将活鱼宰杀，去鳞、去鳃、去内脏，清洗干净，鱼头、鱼骨剁成块。鱼肉切成片。魔芋切成块，放在开水锅中汆水。红苕粉皮用清水浸发回软。黑豆腐切成块。

🏷 鱼片加入食盐2克、料酒、去腥包、淀粉，码味上浆。

🏷 锅置于旺火上，掺混合油烧至六成热，下姜片、蒜片、大葱节炒香，加泡辣椒、顺水鱼底料炒出味，掺清水烧开，下鱼头，烧开煮20秒，下鱼骨煮20秒，然后下食盐7克、鱼粉、白糖、青花椒15克、藤椒油、芹菜节调味。

🏷 把苕粉、豆腐、魔芋放入鱼头、鱼骨汤中，改小火，把鱼片抖散下锅，待鱼肉颜色变白"伸板"即可离火，然后把蒜苗节、小葱节、蒜片放在鱼片之上。

🏷 另锅加油，烧至八成热，放入青花椒5克，干红灯笼椒，加白芝麻炸香，然后连油带料淋入鱼锅中蒜片之上，最后放上鱼香草即成。

特 点 ▦　肉质细嫩爽滑，麻辣鲜香。

要 领 ▦　滑鱼片入锅时，切忌搅动，可用勺背轻压使其熟透。

出 品 ▦　渝中／中国餐饮品牌力百强品牌／顺水鱼馆

鑫缘豆花鱼

豆花素无敌，江鱼美可求

缘起 被长江和嘉陵江环抱中的重庆城，像一只整装待发的舟船，翘首昂视，期待远方。而闻名遐迩的豆花鱼，便在这碧波粼粼的两江之上应运而生。江中鲜鱼活吃，以干辣椒、泡红椒、豆瓣、花椒烧鱼，无论是整鱼，还是鱼块、鱼片，都是辣中见鲜，麻中见醇。为了增加不同的口感，船家又在麻辣的鱼汤中加入豆花等辅料以及油酥黄豆，用大盆装、大钵盛，烹制方法简单粗犷，吃法却也新颖。听滔滔江水之声，览万家灯火之色，把酒品野鱼，可言诗，可及艳，可笑谈天下，这对于大都市的多数居民来说，是一种可望而又可即的理想享受！

山美、水美、人美、鱼美。"中国名菜"鑫缘豆花鱼传承三代，以其鱼肉嫩滑，豆花细绵，麻辣鲜香，口味醇和的特色，得到了中外客人的衷心赞赏，众多食客慕名而来，争相尝鲜。

主　料 ▦　　三峡鲶鱼1200克

辅　料 ▦　　豆花400克　　　油酥黄豆10克

调　料 ▦

豆花鱼底料100克	榨菜30克	大蒜50克	花椒粉3克
红苕淀粉　50克	蒜粒30克	醪糟40克	胡椒粉3克
干红辣椒　7克	大葱20克	白糖10克	食盐　10克
花椒油　　25克	酱油25克	小葱40克	醋　　25克
红油　　　350克	料酒40克	花椒　4克	

制　作 ▦

🏷三峡鲶鱼宰杀，去鳞、去鳃、去内脏，洗净，切成2厘米宽的条块。榨菜洗净，切成片。大葱切成葱节。小葱切成葱花。干红辣椒去蒂，切成节。

🏷鱼条纳盆，用食盐、料酒码味15分钟，用红苕淀粉上浆，氽水备用。

🏷锅置于旺火上，掺红油150克烧至六成热，加大蒜、榨菜炒香，再把豆花鱼底料炒至出色出味，掺入适量鲜汤熬味，然后把鱼条、豆花放入，烧开，下醪糟、大葱、白糖、花椒粉、胡椒粉、酱油、醋、花椒油等调料煮8分钟，起锅装盆，撒上葱花40克。

🏷另锅置于火上，下红油200克烧至七成热，下蒜粒、干红海椒、花椒炸香，起锅淋在盆中，撒上油酥黄豆、葱花即可。

特　点 ▦　　鱼肉嫩滑，豆花细绵，麻辣鲜香，口味醇和。

要　领 ▦

豆花鱼底料制作方式是先将菜籽油烧热，下泡椒、泡姜及老姜，用小火翻炒，使酸辣味充分释放，再加入郫县豆瓣、干红辣椒、花椒炒制，再下茴香、香叶、陈皮等10多种香料，炒5分钟，待香料慢慢散发香气，即可出锅。随后将炒好的底料置于不锈钢桶内密封7天，待各种材料充分融合即可使用。

出　品 ▦　　南岸／国家白金五钻级酒店酒家／鑫缘渔港

主　厨 ▦　　江湖菜名厨／张学海／张学兵

垫江豆花鱼

一种情怀，两样滋味

缘 起 ▦ 在素有"牡丹故里""千年古县"之称的垫江，不仅可以欣赏到美丽的牡丹，还有美味可口的豆花及豆花鱼等着你。

垫江豆花为全手工制作，白嫩的豆花香滑绵软，配上白米饭和红油辣椒，口感奇妙，老少咸宜，让人回味无穷。

豆花鱼是20世纪90年代开始流行于垫江的一道江湖菜。此菜在原料使用上，独具匠心，把当地"佳肴陈列，豆花第一"的石磨豆花与鲜鱼相联系，开发出深受消费者喜爱的豆花鱼，堪称重庆江湖菜一绝。垫江豆花鱼是家常的泡椒味型，菜品绿色健康，营养丰富，吃法独特。鱼片嫩滑、豆花绵软，深受广大食客的喜爱。

主　料 ▦　　草鱼1尾（约1500克）　　垫江豆花500克

辅　料 ▦　　榨菜10克　　黄豆15克

调　料 ▦
麻辣鱼调料100克	泡姜100克	老姜15克
泡红辣椒　150克	小葱 20克	食盐 5克
干细淀粉　25克	味精 10克	鸡精15克
混合油　　100克	料酒 适量	

制　作 ▦

🥄 鲜活草鱼宰杀，去鳞、去鳃、去内脏，洗净，取净肉片成片，鱼头剁成块，鱼骨剁成节。榨菜洗净，切成碎粒。黄豆入油锅炸至酥脆。泡红辣椒剁成末。泡姜切成末。老姜切成姜米。小葱洗净，切成葱花。

🥄 鱼片加食盐、料酒、姜片腌制10分钟，用干细淀粉上浆。

🥄 锅置于炉火上，掺混合油烧至六成热，下泡椒末、泡姜末、麻辣鱼调料、姜末炒至出色出味，加入适量鲜汤烧开，下鱼头、鱼骨熬制出鲜味。

🥄 把上浆的鱼片抖散下到锅中，煮至"伸板"，起锅盛在汤碗中。

🥄 另锅掺少许鱼汤，下豆花烧至入味，下鸡精、味精，起锅舀在汤碗中的鱼片表面上，撒上榨菜碎粒、油酥黄豆和葱花即可。

特　点 ▦　　色泽红亮，豆花绵扎，鱼片嫩滑，味浓酸鲜。

出　品 ▦　　垫江／国家三钻级酒店酒家／垫江石磨豆花

主　厨 ▦　　中国烹饪大师／袁荣／荣昌华

掌门过水鱼

麻辣要过瘾，掌门要封神

缘起 过水鱼，一道非常受欢迎的重庆江湖菜，顾名思义，就是先把鱼在锅里过一下水，然后淋上作料，这种做法能最大程度地保留鱼肉的营养和鲜美度。然而，过水鱼常有，懂过水鱼的人不常有。一品红掌门人谢武就是一位懂得过水鱼的"伯乐"。曾经有一段时间，重庆的过水鱼菜馆多如过江之鲫。为了研制出有自家特色的过水鱼，谢武经常外出考察、学习，由于他善于取长补短，经过不断烹制试味，他终于创制出口味独特的过水鱼。他的朋友们品尝后都大呼过瘾，麻辣鲜香带来的冲击与众不同，几乎可以"封神"了！于是朋友们称谢武这道过水鱼为"掌门过水鱼"。从此，色泽红亮、鱼肉嫩滑、鲜辣宜人、略带回甜和醋香的掌门过水鱼在重庆叱咤风云、笑傲江湖。

| 主　料 ⊞ | 草鱼1尾（约900克） | | | |

| 辅　料 ⊞ | 青红小米椒75克 | 大葱节50克 | 老姜60克 | 白芹50克 |

调　料 ⊞	干红苕淀粉100克	混合油250克	白糖40克	食盐5克
	郫县豆瓣　50克	大蒜　50克	料酒25克	味精3克
	泡红辣椒　50克	酱油　10克	香醋60克	鸡精2克
	自制剁椒　50克	胡椒粉　2克		

制　作 ⊞

🏷草鱼宰杀，掏鳃、刮鳞、去内脏，洗净。老姜切成丝。青红小米辣去蒂，对剖。大葱洗净，切成节。白芹菜洗净，切成节。郫县豆瓣剁细。泡红辣椒切成末。大蒜切成蒜米。

🏷鱼身剞一字花刀，用食盐、姜丝、葱节、胡椒粉、料酒码味10分钟后拣去姜葱，揿干，扑上干红苕淀粉。

🏷锅置于旺火上，掺清水烧开，加姜丝、葱节、料酒熬味3分钟，然后把鱼放入焖煮约6分钟至熟，起锅，沥水，装入鱼盘中。

🏷炒锅放入混合油烧热，下蒜米、豆瓣、泡红辣椒末、自制剁椒炒香，再加入青红小米椒和姜丝翻炒，然后掺入适量的鲜汤烧开，下葱节、白芹菜节、食盐、鸡精、味精、白糖、酱油、香醋、胡椒粉调味，用干红苕淀粉勾芡，大火收浓汤汁，起锅淋在煮好的草鱼上即可。

特　点 ⊞ 色泽红亮，鱼肉嫩滑，鲜辣略带回甜、醋香。

要　领 ⊞ 鱼去鳞洗净后要撕去鱼腹内的黑膜。若黑膜没处理好，成菜后鱼腥味很重，影响口感。本菜烹制时间短，鱼不宜过大，并要在鱼表面上剞上花刀，便于入味。烫鱼时，浸泡时间要掌握好，长了，鱼肉老绵，短了，则鱼肉不熟。

出　品 ⊞ 沙坪坝／中华餐饮名店／一品红

主　厨 ⊞ 中国烹饪名师／谢武

老陈铜锅鱼

沸腾一锅，精彩满桌

缘 起 ▦　用石烹法制作饮食，自古有之。火的作用被认识之后，人类结束了茹毛饮血的生活。《礼记·礼运》注说："中古未有釜甑，释米捭肉，加于烧石之上而食之耳……"石烹阶段是烹饪史上的第一个发展阶段。受石烹法的启迪，人们利用火山石吸收热能后保温性能好的长处，创制出用高温加热后的火山石对食物进行烹调的方法。

铜锅鱼，长寿区老陈菜馆制作的一道江湖菜，就是用高温把火山石加热，再装进铜锅，端上餐桌，当着顾客的面现场烹制长寿湖鲜鱼。热油倒在火山石上的一瞬间，香气四溢，旋即，一道美食呈现在食客面前，鱼肉细嫩，麻辣鲜香，令食客们赞叹不已。

铜锅鱼把原始烹调韵味与现代调味技术相结合，既满足了食客的视觉、听觉、嗅觉、触觉、味觉的生理需要，又迎合了现代人饮食求新、求奇、求特的心理需求。

主　料	花鲢鱼1尾（约2000克）

辅　料	火山石适量

调　料

泡红辣椒300克	泡姜100克	菜籽油125克	大蒜25克
郫县豆瓣 25克	老姜 15克	鲜花椒 8克	料酒10克
秘制红油350克	大葱100克	芹菜 60克	食盐 3克
青小米辣 60克	白糖 5克	味精 5克	鸡精 5克
八角 4克	山柰 3克	白术 3克	香叶 2克

制　作

🏷 花鲢宰杀，去鳞、去鳃、去内脏，洗净、对剖，然后斩成鱼肉断开鱼骨相连的连刀块。老姜切成片。大蒜去皮，切成片。大葱洗净，切成节。芹菜洗净，切成节。泡红辣椒剁碎。泡姜切成米，郫县豆瓣剁细。

🏷 鱼肉纳碗，用食盐、料酒、葱节码味，腌制5分钟。火山石洗净，消毒，放在250摄氏度的高温油锅中炸烫，起锅装在铜锅中，盖上锅盖待用。

🏷 炒锅置于中火上，掺菜籽油烧至七成热，下姜片、蒜米、郫县豆瓣、泡姜、泡辣椒炒出香味，再加入秘制红油，下香叶、八角、山柰、白术等香料以及青小米辣、鲜花椒炒至出色出味，掺适量鲜汤烧开，下白糖、味精、胡椒粉、鸡精调味，改小火熬制10分钟，打去料渣，制成泡椒红油汤汁，盛装在盆内待用。

🏷 将装有高温火山石的铜锅端上桌，揭开锅盖，先把大葱节、芹菜节放入，然后把鱼肉放在锅中的葱节、芹菜节上，最后迅速把泡椒红油汤汁倒入锅中，加盖煮5分钟，利用火山石散发的热量将鱼肉烹熟。

特　点	麻辣，鲜香，细嫩，爽口。

要　领	火山石入烹前必须洗净，消毒。现场操作时，必须注意安全，油汁不能溅到客人身上。

出　品	长寿／老陈菜
主　厨	中国烹饪大师／陈波

47

八味歪嘴鱼

最好的味道给唯一的你

缘起 ▦ 上八味之说源于江湖传说中的"上八位",即最尊贵、最好的位置,引申为对客人的尊崇——把最尊贵、最好的位置留给食客们。当然,这个说法也蕴含着本店菜品味道好、受人待见的意思。

自然界中的歪嘴鱼是一种长相怪异、可供烹饪的食用鱼,而这道菜所说的"歪嘴鱼"其实是人们吃鱼时的众生相。只要走进那些味道好、口碑佳的鱼菜馆,无论档次高低,里面坐着的男女老少一个个都低着眉、垂着眼、歪着嘴、啃着鱼,那种令人忘我、忘形的滋味真是"落雨天的地摊——不摆了"!围观者难免忍俊不禁、啼笑皆非却又深感共鸣。

上八味民间菜的歪嘴鱼就具有这种特质,敢取这个名,足见味道好极了!

主 料 ▦	生态草鱼1尾（约1200克）	

辅 料 ▦	芋儿粉150克

调 料 ▦

泡红辣椒100克	鲜花椒50克	老姜25克	泡姜50克
青小米辣100克	水淀粉15克	大葱50克	小葱15克
红小米椒 50克	啤酒 100克	料酒25克	白糖10克
郫县豆瓣 25克	味精 15克	鸡精15克	食盐适量
菜籽油 250克			

制 作 ▦

🏷草鱼宰杀，去鳞、去鳃、去内脏，洗净。芋儿粉洗净，放在开水锅中氽透，放在盆中打底。泡红辣椒切碎。泡姜切成米。郫县豆瓣剁碎。青、红小米辣去蒂，切成节。老姜切成片。大蒜去皮切成片。小葱洗净，切成葱花。

🏷在鱼身上剞一字花刀，加姜片、葱节、料酒、食盐腌制15分钟。

🏷炒锅置于旺火上，掺菜籽油烧至七成热，把草鱼放入锅中炸至金黄色起锅。

🏷锅留底油放入郫县豆瓣、泡椒、泡姜炒至出色出味，掺适量鲜汤烧开，放啤酒、鸡精、味精、白糖调味，然后打去料渣，把炸好的鱼放入，改小火烧约5分钟，用水淀粉勾芡起锅装盆。

🏷另锅置于旺火上，掺菜籽油烧至六成热，下青、红小米辣、花椒炒香，起锅淋在鱼上，撒上葱花即可。

特 点 ▦ 鱼肉外酥里嫩，味浓香辣。

要 领 ▦ 为使鱼肉的美味释放得尽善尽美，须在鱼体上轻剞5至6刀。再用盐、姜片、葱节、料酒等多种增香、提鲜、压腥的食材码味。在鱼身上剞花刀时，要注意保持鱼的形体完整。

出 品 ▦	南岸／上八味民间菜
主 厨 ▦	中国烹饪大师／龙志愚

乌江榨菜鱼

榨菜之乡乌江鱼，美味良品总相宜

缘 起 ⊞ 涪陵，地处长江、乌江交汇处，盛产鲜鱼及涪陵榨菜。历经百年沧桑的涪陵榨菜为重庆市特产，中国国家地理标志产品，与法国酸黄瓜、德国甜酸甘蓝并称世界三大名腌菜，也是中国对外出口的三大名菜（榨菜、薇菜、竹笋）之一。其传统制作技艺被列入第二批国家级非物质文化遗产名录。涪陵榨菜于2000年4月被核准注册为地理标志证明商标；"Fuling Zhacai"于2006年4月被核准注册为地理标志证明商标，2010年1月15日被认定为"中国驰名商标"；2004年12月13日，原国家质检总局批准对涪陵榨菜实施原产地域产品保护。

俗话说"一方水土出一方特产"。涪陵榨菜配以鲜活乌江鱼烹制的乌江榨菜鱼，鲜嫩香脆、鲜香可口，汤鲜味美，鱼肉细嫩爽滑，深受食客喜爱。

主　料 ▦	野生鲤鱼1尾（约1000克）			
辅　料 ▦	涪陵榨菜500克	箐箕豆腐500克	鸡蛋2个	
调　料 ▦	红苕淀粉50克	猪油300克	香葱油100克	泡姜100克
	泡辣椒 100克	大蒜 50克	泡萝卜100克	大葱100克
	白胡椒粉 3克	小葱 40克	料酒 25克	白酒 25克
	鲜汤 2000克	食盐 3克	味精 3克	白糖 3克
	熟白芝麻10克	鸡精 4克		

制　作 ▦

🏷 鲤鱼宰杀，刮去鱼鳞，去鱼鳃，去内脏，清洗干净，鱼肉片成大片，鱼头、鱼骨剁成块，冲洗干净。鸡蛋磕破，取蛋清，加红苕淀粉制成蛋清淀粉。

🏷 鱼片加食盐、料酒、蛋清淀粉腌码上浆，鱼头、鱼骨用白酒腌制10分钟。

🏷 箐箕豆腐切成厚片，放在开水锅中余水待用。榨菜洗净，切成片，用清水浸泡15分钟。大葱洗净，切成节。小葱洗净，切成葱花。泡姜切成片。泡辣椒切成节。泡萝卜切成片。大蒜去皮，拍破。

🏷 锅置于旺火上，下猪油烧至六成热，放葱节、大蒜、泡姜、泡辣椒、泡萝卜炒香出味，再放入鱼头、鱼骨块炒片刻，倒入鲜汤烧开，下榨菜、豆腐，改小火熬煮10分钟，加食盐、鸡精、味精、白糖、胡椒粉调味，然后捞出鱼头、鱼骨、豆腐、榨菜放在盆内打底。

🏷 锅内汤汁用中火烧开，把鱼肉片抖散下锅，煮至八成熟，连同汤汁倒入盆内鱼骨上，撒上小葱花和熟白芝麻。

🏷 另锅置于中火上，掺葱油烧热，起锅淋在鱼片上即可。

特　点 ▦	鲜嫩爽滑，咸鲜酸辣，汤鲜味美。
要　领 ▦	榨菜切片后需用清水漂洗，除去多余的盐分。

出　品 ▦	涪陵／龙王坊
主　厨 ▦	中国烹饪大师／孙朝林

卤水鱼

执着坚守，创新鱼肴之风尚

缘 起 ▦

时下，重庆食风骤变，盛行"卤"菜，无论传统、江湖，乃至火锅、小面，均纷纷与"卤家"攀上"亲戚"或扯上"关系"，好像唯有如此，才不会被"撸"掉似的。其实，卤菜与正餐配伍早已有之，只是不像目前这样全方位爆红而已。

茅溪家常菜是在茅溪卤菜的基础上发展而来的，迄今已有近30年历史。坚守一地，滋养一方百姓几十年的老店如今似乎不多了，但茅溪家常菜绝对算个中豪杰。它还领风尚之先，在人们吃厌了泡辣椒、泡酸菜、泡萝卜、泡子姜、鲜花椒、干辣椒等口味的鱼肴之后，率先让草鱼与卤水"沾亲带故"，创制出了卤味飘香、麻辣有致、别有风格的卤水鱼。

茅溪卤水鱼外酥里嫩，味走中和，菜品香味突出，既有油香、酥香，还有麻香、辣香、豉香及醋香。

主　料 ▦　草鱼1尾（约1000克）

辅　料 ▦　花生米100克

调　料 ▦

秘制卤水适量	水淀粉50克	老姜40克	大蒜20克
混合油 250克	豆豉 150克	洋葱15克	食盐 3克
辣椒粉 15克	大葱 50克	味精 7克	白糖10克
干花椒 10克	料酒 50克	香醋10克	鸡精10克

制　作 ▦

🏷草鱼宰杀，去鳞、去鳃、去内脏，洗净。豆豉剁成粒。老姜15克切成片，25克切成粒。大蒜去皮，切成粒。洋葱切成粒。大葱20克切成节，30克切成粒。

🏷在鱼身上刽一字刀，加食盐、姜片、葱节和料酒腌制入味。然后用水淀粉上浆。花生米下锅油酥，剁成碎粒。

🏷锅置于旺火上，掺混合油烧至七成热。把上好浆的鱼下锅炸至金黄色起锅，沥干余油。

🏷另锅里掺入适量秘制卤水烧开，放入炸好的鱼，浸卤7～8分钟，起锅装盘。

🏷炒锅再置于旺火上，下入姜粒、蒜粒炒至干香，放入豆豉粒炒至酥香，然后加洋葱粒、辣椒粉、花椒炒至上色入味，烹入料酒，下鸡精、味精、白糖、香醋，起锅淋在盘中鱼身上，撒上葱粒和花生碎粒即可上桌。

特　点 ▦　鱼肉酥香细嫩，味咸鲜，微带卤香。

要　领 ▦　鱼肉先以油炸方式处理，是为了让鱼身变得坚挺，避免在卤制时碎烂。

出　品 ▦　江北／重庆市著名商标／茅溪家常菜馆

主　厨 ▦　江湖菜名厨／唐光川／张建

农家传说鱼

一条传说了千年的鱼

缘 起 ▦　　"青青竹笋迎船出，日日江鱼入馔来。""家家养乌鬼，顿顿食黄
鱼。"诗圣杜甫喜欢吃鱼，也写了不少关于鱼的诗歌。据说，他最早不
吃鱼，也不知鱼如何烹饪，都是到四川及重庆以后才知道并开始吃鱼
的。有一年春节的傍晚，孤身寄居于三峡夔门的杜甫，冒雨到溪边集市
购买山里红，见一农妇在卖鱼，便上前打听是什么鱼以及如何烹制。农
妇告诉他，这是草鱼，用水煮熟后蘸姜、蒜及醋拌和的作料即可。杜甫
购得农妇的草鱼回家后照做，再添加了一点自己喜欢的蜂蜜。朋友们吃
后都觉得味道不错，纷纷询问此种吃法的名称。杜甫道："此乃农家鱼
也！"并赋诗赞美道："草阁柴扉星散居，浪翻江黑雨飞初。山禽引子哺
红果，溪女得钱留白鱼。"从此，此种吃法便在巴渝地区流传开来，并
被不断改良，出现了各种新的风味。

主 料 ▦	草鱼1尾（600克）		
调 料 ▦	秘制鱼调料150克	老姜15克	大蒜20克 大葱25克

调 料 ▦

秘制鱼调料	150克	老姜15克	大蒜20克	大葱25克
红苕淀粉	15克	蒜苗15克	白糖10克	食盐 5克
芹菜梗	15克	鸡精 5克	味精 7克	小葱15克
花椒油	15克	酱油15克	香醋10克	料酒25克
鲜汤	100克	薄荷10克	猪油适量	

制 作 ▦

🍃草鱼宰杀，去鳞、去鳃、去内脏，洗净。老姜切成片。大蒜去皮，切成粒。大葱10克切成节，15克切成粒。蒜苗洗净，切成粒。芹菜梗洗净，切成粒。小葱洗净，切成花。薄荷洗净，切成花。红苕淀粉制成水淀粉。

🍃草鱼身剞一字环刀，用苕粉水淀粉上浆。

🍃锅置于旺火上，掺清水烧开，下姜片、葱节、食盐和料酒，然后把鱼放入，水再开即熄火，鱼在水中浸泡至刚断生即起锅，装在条盘中。

🍃炒锅置于炉火上，放猪油烧至五成热，下秘制鱼调料炒香，加少许鲜汤，下味精、鸡精、白糖烧开，下葱粒、蒜粒、蒜苗粒、芹菜粒，然后用水淀粉勾芡，起锅加少许醋、酱油、花椒油调味。

🍃将炒制好的作料淋在鱼面上，撒上葱花、薄荷即可食用。

特 点 ▦

鱼肉细嫩、鲜美，味道浓厚。

要 领 ▦

草鱼的烹调时间要掌握好，水烧开后即关火，再下鱼，鱼下锅再次烧开，烧开即关火，浸泡时间要注意，长了，鱼肉老绵，短了，则鱼肉夹生。本菜是"火工"菜，鱼的大小以不超过600克为佳。

出 品 ▦　　沙坪坝／中国原生态菜馆／婆婆客生态菜馆

主 厨 ▦　　江湖菜名厨／李金华

麻麻鱼

麻上头，辣过瘾

缘 起 ▦ 有个重庆言子儿叫"捉麻麻鱼"，意即趁别人不清醒、注意力不集中时下手，捞得好处，有浑水摸鱼的意思。至于"麻麻鱼"这道菜，则有三种解释：一是言小，说的是鱼小，如同我们说麻参及麻麻参一样；二是说这种鱼以麻味为主，如同老麻抄手一般，"麻嘎嘎"的；三是谓"大杂烩"，形容煮一大锅，大家一起嗨的吃法。

据说麻麻鱼的吃法源自于渝北水煮鱼，是在原风味基础上的一道创新菜，采用的是生活于近海区、营养丰富、俗称"纸板鱼"的龙利鱼，它的口感更加滑爽细腻，如今正流行于巴渝大地。麻麻鱼的做法看似简单，但实际上非常考验厨师的选材、烹饪手法等基本功。一锅辣而不燥、麻而不苦且"麻上头，辣过瘾"的麻麻鱼上桌，那鱼肉之鲜嫩、爽滑，汤汁之麻辣、滚烫，吃法之粗犷、酣畅，既解馋意又饱口福。

主　料 ▦　龙利鱼500克

辅　料 ▦　白芹菜50克　　海白菜100克

调　料 ▦

青、红泡辣椒各300克	泡姜20克	花雕酒15克
青、红干花椒各 20克	味精 5克	花椒油 8克
青、红小米辣各 20克	白糖 3克	胡椒粉 5克
姜、蒜片 各10克	食盐 3克	生粉 10克
糍粑辣椒 25克	鸡精 5克	陈醋 2克
菜籽油 100克		

制　作 ▦

🥢将龙利鱼洗净，切成薄片，用食盐、胡椒粉、鸡精、味精、花雕酒腌码入味，加入生粉拌匀。白芹菜去老叶，洗净，切成5厘米的节。青、红泡辣椒切成2厘米的粒。老姜切成指甲片。大蒜去皮，切成指甲片。青、红小米辣改刀2厘米的粒。泡姜切成末。

🥢炒锅置旺火上，掺入菜籽油烧至六成热，下青红泡辣椒，花椒，泡姜末，糍粑辣椒，姜、蒜片炒香，掺入适量高汤，下海白菜烧开，改小火熬制出味，下鱼片煮1分钟，放白芹菜煮断生，加鸡精、味精、胡椒粉、白糖、陈醋、花雕酒、花椒油调味，起锅装盘，撒上青、红小米辣粒。

🥢另锅置于旺火上，放菜籽油烧至八成热后起锅，泼在青、红小米辣上即成。

特　点 ▦　肉质细嫩，麻辣酸鲜。

要　领 ▦　本菜调料以泡辣椒、花椒为主，泡椒麻辣味浓厚。主料选用龙利鱼，这种鱼无刺，久煮不老，嫩滑爽口。

出　品 ▦　渝北／重庆餐饮30年优秀企业／张记兴隆

主　厨 ▦　江湖菜名厨／蔡龙海

巴山怪味鱼

鱼与熊掌不可得兼，舍熊掌而取鱼者也

缘 起 ▦　巴山，北碚缙云山的古称。巴山怪味鱼出自以"巴山野厨"自称的中国烹饪大师刘小荣之手。巴山怪味鱼"穿别人的鞋，走自己的路"，主要使用清蒸鱼的烹制方法，却在调料上大胆创新，由多种调料复合成爽口的怪味，酸、甜、咸、麻、辣五味俱全，融合在一起，有一种说不出的"奇奇怪怪"的安逸劲，加之鱼肉细嫩，广受男女老少的喜爱。凡是吃过此肴的食客，无不为这独特的味道"点赞"，纷纷向老板打听要诀。老板笑而不答，一脸"天机不可泄露"的样子。一位老饕食后，更是大呼："鱼与熊掌不可得兼，舍熊掌而取鱼者也！"他极力建议老板全力以赴主推这道怪味鱼，老板依言行之，遂宾客盈门，这道口味特别的鱼肴，就这么流行起来了。

主　料 ▦	生态草鱼1尾（约1000克）	

调　料 ▦	红小米辣12克	香醋25克	白糖15克	老姜18克
	川香汁　25克	鸡精 4克	味精 5克	食盐 3克
	花椒油　5克	大蒜 8克	大葱25克	小葱10克
	猪油　　25克	料酒适量		

制　作 ▦

🏷草鱼宰杀，去鳞、鳃、内脏，洗净。老姜10克切成片，8克切成米。大蒜去皮，切成粒。红小米辣去蒂，切成末。大葱洗净，15克切成节，10克顺切成长丝。小葱洗净，切成葱花。

🏷在鱼身上剖一字花刀，纳盆，加姜片、葱节、食盐、料酒码味15分钟后拣去姜葱。

🏷锅置于旺火上，掺适量清水烧开，把鱼放入蒸盘，加姜片、葱节蒸9分钟。熄火，焖2分钟出锅，拣去姜葱，盛入条盘。

🏷炒锅置于旺火上，放猪油烧热，下姜米、蒜粒炒香，放入川香汁、香醋、白糖、鸡精、味精、花椒油、小米辣和适量鲜汤调成味汁，起锅均匀地浇在草鱼身上，撒上葱花、葱丝即可。

特　点 ▦　鱼肉细嫩，酸、甜、咸、麻、辣五味俱全。

要　领 ▦　要保证鱼肉细嫩鲜美，必须等蒸锅水开后，再把鱼入锅（千万别在水还凉时将鱼上锅蒸，那就砸锅了），蒸9分钟即熄火，焖2分钟即可出锅。

出　品 ▦　北碚／留恋江湖

主　厨 ▦　中国烹饪大师／刘小荣

泡椒鳊鱼

到老宋家吃泡椒鳊鱼，必须的！

缘 起

泡椒，俗称鱼辣子、泡海椒，重庆泡菜中的顶尖角色，做鱼香味离不开的特殊调料。它以新鲜的青、红辣椒为材料，加上盐、白酒及花椒等，在泡菜水中腌制而成。泡椒维生素含量较高，具有开胃、去腥、增鲜、调味的作用，加之其辣而不燥、辣中微酸的特点，成为重庆江湖菜的"必需品"。

鳊鱼，古名鲂鱼，鱼类精品。民间有"一鳊二岩三青鲅"的说法，就是说最好的鱼是鳊鱼，可以想象其味道之鲜美。

老宋家河鲜馆的专用泡椒基地，坐落于遮天蔽日的深山丛林之中，几百口大坛子纵横排列，好不阵仗。这里远离尘嚣，空气洁净，山泉飞溅，昼夜温差大，所腌制的泡椒独具特色，咸鲜、清香、微甜、略酸，用此泡椒烧制野生鳊鱼的味道，不说，你应该猜得到……

主　料 ▦	鳊鱼1尾（约1300克）		
辅　料 ▦	泡红辣200克　　猪筒子骨1000克 猪排骨500克　　泡姜　　　100克		
调　料 ▦	干红花椒20克　　大蒜50克　　老姜25克　　大蒜25克 干细淀粉50克　　大葱25克　　白糖10克　　食盐 3克 色拉油 200克　　白酒20克　　鸡精10克　　味精 5克 猪油　　200克　　料酒适量		

制　作 ▦

🥄鳊鱼宰杀，去鳞、鳃、内脏，洗净，斩成块。泡红辣椒切成末。泡姜切成末。老姜切成片。大蒜去皮，切成米。大葱洗净，切成粒。

🥄鱼块纳盆，加食盐、白酒、姜片码味15分钟，然后拣去姜片，用干细淀粉上浆。

🥄猪排骨、猪筒子骨放入开水锅中汆水，然后用清水冲去血沫，锅掺入清水烧开，加入猪排骨、猪筒子骨再次烧开，拣尽浮沫，下姜块、料酒，改用中火煮炖2小时，滤净残渣，制成鲜汤。

🥄锅置于旺火上，放猪油、色拉油烧至五成热，下干红花椒炒香，然后下泡红辣椒末，泡姜末、蒜米炒至出味出色，掺鲜汤烧开，下鸡精、味精、白糖调味，然后把鳊鱼块放入，煮2分钟，撒上葱粒起锅即可。

特　点 ▦　　色泽红亮，辣香酸醇，鱼肉鲜嫩。

出　品 ▦	江北／重庆餐饮创新企业／老宋家河鲜
主　厨 ▦	中国烹饪大师／宋彬

花椒飘香桂鱼

文武皆备是桂鱼，椒香远飘唯吾尊

缘 起 ▦

花椒，具有温中止痛、除湿止泻的作用，特别适用于环境潮湿、湿热较重的重庆地区。桂鱼，鱼类中比较高档的品种，肉质细嫩、味鲜，或清蒸，或干烧；清蒸桂鱼、花椒飘香桂鱼，皆可。

花椒飘香桂鱼，以油麦菜垫底、青花椒铺面，一路"绿灯"，畅通无阻，大有"椒当被，菜当床，飘香桂鱼当干粮"的味道，给人以强烈的视觉与味觉的冲击，印证了"一菜一格，百菜百味"的"醒食"格言。

主　料 ▦	桂鱼650克			
辅　料 ▦	油麦菜450克			
调　料 ▦	干细淀粉5克	色拉油300克	食盐12克	小葱200克
	青花椒 15克	料酒　适量	鸡蛋 1个	味精 1克

制　作 ▦

🍃桂鱼宰杀，去鳞、鳃、内脏，洗净，斩下鱼头、鱼尾，鱼骨斩成节。鱼净肉片成薄片。油麦菜洗净，切成长节。鸡蛋磕破，取蛋清。小葱洗净，切成葱花。

🍃鱼片纳碗，放食盐5克、蛋清、淀粉，码味1分钟。鱼头，鱼尾，鱼骨纳盆，加食盐、料酒码味5分钟，待用。

🍃锅置于旺火上，掺纯净水800克烧开，把鱼头、鱼尾、鱼骨放入煮2分钟，取出鱼头、鱼尾、鱼骨待用，然后锅中放入油麦菜、食盐、味精煮断生，转入盛器。

🍃锅中汤汁再烧开，把鱼片放入，滑至断生，起锅。连鱼片带汤汁转入盛器，撒上葱花，另将青花椒盛在炒瓢内。

🍃另锅再置于旺火上，掺色拉油烧至六七成热，起锅倒在装有青花椒的炒瓢内，然后将其淋在葱花上面即可。

特　点 ▦　　鱼片滑嫩，麦菜清香，味道鲜美，椒麻幽香。

要　领 ▦　　鱼片转盛器时，要注意造型，鱼片应堆在油麦菜和鱼骨上面，两端分别摆上鱼头、鱼尾。花椒炝油时要掌握好油温，油温低了，花椒味析不出来，油温过高，花椒容易焦煳。

出　品 ▦　　渝中／九重天旋转餐厅

主　厨 ▦　　中国烹饪大师／杨长江

萄汁怪味桂花鱼

尚有桂花香气在，此中风味胜莼鲈

缘 起

怪味是重庆菜的重要味型之一。其主要应用于以家禽、家畜、水产、野味、蔬菜、果仁等为原料的菜肴。其口味特点主要体现为：咸甜酸辣麻鲜香，入口先是极富冲击力的麻味、辣味和酸味，慢慢品出甜味，然后是基础的咸味，七味并重而和谐，各味互不压抑而相得益彰。

中国烹饪大师吴云伟在其父用草鱼创制的"怪味鱼"基础上，改用了品质更好和价值更高的桂鱼来烹制这道菜品。在后来的烹饪经历中，他发现烹制怪味桂鱼时，如果加入青葡萄汁，葡萄天然的水果酸甜味，对这道菜能起到一个画龙点睛的作用。于是他又对怪味桂花鱼做了一个大胆创新，在使用传统怪味调料的基础上，鱼出锅时烹入青葡萄汁，使这道菜的味道更加优雅别致。

主 料 ⚏ 桂鱼1尾（约600克）

辅 料 ⚏ 白秆芹40克　　青辣椒30克　　红辣椒30克　　洋葱30克

调 料 ⚏ 泡红辣椒末10克　　大蒜20克　　老姜10克　　胡椒粉5克
香水鱼调料30克　　香醋40克　　食盐 5克　　白糖 30克
青葡萄汁 100克　　芫荽10克　　味精 5克　　芝麻油8克
野山椒　　10克　　猪油40克　　鸡精 5克　　泡姜 20克
水淀粉　　15克　　小葱10克　　花椒 5克　　藤椒油8克
菜籽油　　1060克（实耗60克）

制 作 ⚏ 🏷桂鱼宰杀，治净，刽花刀。白秆芹菜洗净，切成细粒。青、红辣椒去蒂，切成粒。洋葱切成粒。泡姜切成末。野山椒切成末。泡红辣椒切成末。大蒜去皮，切成米。老姜切成米。小葱切成葱花。芫荽切成节。
🏷炒锅置于旺火上，掺菜籽油烧至八成热，把鱼放入锅中，炸至定形，然后转中火浸炸至熟，沥油出锅待用。
🏷锅中留余油（50克），加猪油，用中火烧至四成热，下花椒爆香，加入姜蒜米炒出香味，再下入野山椒末、泡姜末、泡椒末，改小火炒香出味，加入香水鱼调料，炒转出香味后加入适量高汤烧开。然后把炸好的鱼下锅，加鸡精、味精、食盐、胡椒粉调味，下白糖、香醋用小火烧入味，起锅装入盘中。
🏷把白秆芹粒，青、红椒，洋葱粒放入烧鱼的滋汁中，加葡萄汁烧开，用水淀粉勾二流芡收汁，放藤椒油、芝麻油起锅，均匀淋在鱼上，然后撒上葱花、芫荽即可。

特 点 ⚏ 鱼肉外酥里嫩，酸、甜、麻、辣、咸、香、鲜。

出 品 ⚏ 巴南／乡邻食风

主 厨 ⚏ 中国烹饪大师／吴云伟

干烧水密子

嘉陵水中鱼肴好，老宋烹技更招摇

缘 起 ▦ 　水密子，又称"圆口铜鱼"，生活在长江上游主支河槽的水流环境中，以嘉陵江水域的最为肥美。水密子一身细鳞光滑细密，泛着金属光泽。油炸后鱼皮金黄酥香、肉嫩骨酥；成菜后无论红味白味，都有外酥内嫩的口感，是其他长江鱼所不具有的特色。水密子的传统烹饪方法有干烧、红烧、清蒸等几种。使用不同的烹制方法，调料和配俏都有相应的讲究，制作也有一定的程式，但每一款都能尽显独特的风味，历来占据着餐桌上的主菜地位。

老宋家河鲜馆的大厨宋彬制作的干烧水密子，原料来自无污染水域，味道鲜醇浓厚，质地酥软炝糯，营养丰富。

主　料 ⠿　水密子2尾（1000克）

辅　料 ⠿　肥肉30克

调　料 ⠿
泡红辣椒150克	大蒜50克	小葱15克	大葱40克
郫县豆瓣 40克	食盐 2克	味精 3克	白糖14克
鲜汤　500克	麻油 3克	料酒50克	醋 14克
猪油　150克	老姜50克		
菜籽油 1000克（实耗50克）			

制　作 ⠿
　🥄 水密子宰杀后去鳃，剖腹，去内脏，清洗干净。肥膘肉洗净，切成0.8厘米见方的粒。老姜15克去皮，切成0.8厘米见方的粒，10克切成片，25克切成末。大蒜去皮，15克切成0.8厘米见方的粒，35克切成末。大葱洗净，25克切成粒，15克切成节。泡红辣椒切成末。小葱切成花。
　🥄 在鱼肉厚的背脊两面用刀各轻剞五至六刀。用食盐、姜片、葱节、料酒将鱼码味10分钟后，拣去姜葱。
　🥄 净锅置于炉火上，掺入菜籽油烧至六成热，放鱼炸至紧皮（定形）呈金黄色，捞起沥油。另锅放猪油烧至三成热，投入肥膘肉粒爆香，起锅。
　🥄 锅中下郫县豆瓣、泡红辣椒末、姜末、葱粒、蒜米，用小火炒至色红发亮，掺入鲜汤烧开熬味，然后打去料渣，烹入料酒，下姜粒、蒜粒、肥膘粒、白糖和炸好的鱼，烧开，移至小火上，烧至鱼已熟透，汁水快干时，下醋、味精推转，将鱼起锅装入盘内，再把姜、蒜粒、肥膘粒放在鱼上面。
　🥄 将锅中剩余的汤汁用中火收汁亮油，下葱粒，勾入麻油推转起锅，挂于鱼身上，撒上葱花即可。

特　点 ⠿　味道鲜醇浓厚，质地酥软𤆵糯。

要　领 ⠿　干烧水密子在收汁时要用中火，不能用小火，因经过长时间烧𤆵后，鱼体已经变得酥软，此时再用小火收汁，鱼肉会粉塌失形。

出　品 ⠿　江北／重庆餐饮创新企业／老宋家河鲜馆

主　厨 ⠿　中国烹饪大师／宋彬

鼎盛飞龙鱼

一飞冲天，鱼跃龙门

缘 起 ▦

飞龙，飞舞的龙，可比喻帝王，在菜肴名称中借用以表达对菜品的赞誉，言其菜品的色、香、味、形、器达到了极致。徐鼎盛的飞龙鱼，观之，其外形层次分明，酥脆有致的鱼肉瓣粒酷似立体感十足的龙鳞，色泽金黄，高昂的头、上翘的尾，犹如一神气活现的巨龙正欲飞天，自由自在翱翔于晴空。它放置于盛有鲜红浓汁的瓷盘中，周围点缀着雪白的葱丝，像片片白云萦绕。食之，此菜鲜香醇厚，糖醋味浓厚，风味独特，让食客食欲大开。虽然鼎盛飞龙鱼是一道民间江湖菜，但其做工精湛、细腻，搭配精当、得体，呈现了中华文化的传统底蕴，也展现了龙的传人——中华民族对龙图腾的崇拜和热爱。

主　料 ▦	草鱼1尾（约1000克）
辅　料 ▦	鸡蛋2个　　干细淀粉50克

调　料 ▦

二荆条红辣椒30克	白糖200克	老姜20克	大葱15克
色拉油　　50克	啤酒450克	大蒜20克	醋 150克
菜籽油　　1500克（实耗200克）		食盐 7克	

制　作 ▦

🏷草鱼宰杀，去鳞、鳃、内脏，洗净。老姜切成米。大蒜去皮，切成米。大葱洗净切成花。二荆条红辣椒去蒂，去籽，洗净，切成碎粒。鸡蛋磕破，取蛋清，加干细淀粉制成蛋清淀粉。

🏷顺着两扇鱼肉剞上花刀，然后放入盆中，用食盐4克遍抹鱼身，再用啤酒浸泡约10分钟。

🏷锅置于旺火上，掺菜籽油烧至七成热，将鱼用蛋清淀粉挂糊，手提鱼尾，先将鱼头下锅稍炸一下定形，再慢慢将整条鱼放入油锅炸至金黄，鱼肉外酥内嫩时捞出，沥干余油，盛在条盘内。

🏷炒锅置旺火上，下色拉油烧至五成热，下姜米、蒜米、辣椒炒至出色出味。此时加清水，推搅均匀，下白糖、香醋、食盐3克，改用小火收汁，待滋汁浓稠亮油，撒上葱花，起锅浇在鱼身上即可。

特　点 ▦　色美观，外酥脆，内细嫩，鲜香醇厚，糖醋味浓。

要　领 ▦　鱼肉剞花刀时从鱼肉一侧切开，进刀深度只能到鱼皮，不能剞断鱼皮。在制作滋汁时，要用小火收汁，忌用大火，成菜要见汁不见油。

出　品 ▦	沙坪坝 / 重庆老字号 / 徐鼎盛民间菜
主　厨 ▦	江湖菜名厨 / 徐小黎

焖烧长江鱼

焖住香，烧出味

缘 起 ▦ 焖烧之法始于鲁菜，鲁式焖烧鱼就是以汤汁浓郁、鱼肉入味见长。重庆厨师、特别是江湖菜厨师善于学习，倡导"拿来主义"，将外地菜品及其做法与当地的食材及味型相融合，一道亮眼的创新菜肴便横空出世了。焖烧长江鱼就是这样诞生的。

长江盛产"回游鱼"，即我们常常说的"肥头"。其实它就是江团。江团质地细嫩，味道鲜美，用于干烧妙不可言。焖烧长江鱼这道菜将江团加汤焖烧，与干烧江团异曲同工，都是鲜味十足、香气浓郁。山城老堂口出品的这道焖烧长江鱼，汤汁更多，泡椒味更浓，更有层次感，其味让人念念不忘。

主　料 ▦　江团750克

辅　料 ▦　杏鲍菇50克

调　料 ▦

青小米辣25克	鲜红辣椒5克	胡椒粉3克	洋葱15克
红小米辣25克	色拉油100克	大葱 50克	豆瓣30克
糍粑辣椒50克	水淀粉 20克	老姜 25克	大蒜10克
泡青辣椒20克	老咸菜 30克	料酒 25克	食盐 2克
泡红辣椒50克	红油 50克	味精 3克	鸡精 3克

制　作 ▦

🖎江团宰杀，刮洗干净，去鳃、内脏，洗净血水。杏鲍菇洗净，切成粒。洋葱切成粒。老咸菜洗净，切碎。青、红小米辣去蒂，切成粒。大葱20克切成葱丝，30克切成葱节。鲜红辣椒切成丝。老姜10克切成姜米，15克切成姜片。大蒜去皮，切成蒜米。泡青、红辣椒分别切成末。豆瓣用刀剁细。

🖎在鱼身上剞十字花刀，用食盐、姜片、葱节、料酒将其腌制5分钟去腥。

🖎炒锅置于旺火上，掺入色拉油烧至八成热，把鱼放入锅中炸成金黄，捞出备用。

🖎锅中留油少许，下姜米、蒜米炒香，下糍粑辣椒，泡青、红辣椒末，豆瓣，炒香出色，掺入高汤250克烧开，再下鸡精，味精，胡椒粉调味，然后把杏鲍菇、洋葱粒、老咸菜和经炸制的鱼放入，用小火烧爆入味。

🖎把烧入味的鱼捞出，盛在条盘中。在烧鱼的汁水中放入青、红小米辣粒，用水淀粉勾芡，加入红油，制成滋汁，然后把滋汁均匀地挂在鱼身上，再撒上葱丝、鲜红辣椒丝即成。

特　点 ▦　色泽红亮，鱼肉细嫩，味道鲜浓，略带辣香。

出　品 ▦　渝中／山城老堂口重庆老菜

主　厨 ▦　江湖菜名厨／袁宗强

泡椒沙泥鳅

一道难寻的珍馐美味

缘起 ▦ 沙泥鳅，一种很像泥鳅却不是泥鳅的鱼，是中国长江上游（如重庆、四川东部及澜沧江流域）特产的优质珍稀鱼种，也是唯一的野生鱼类，学名中华沙鳅。因常常与泥沙为伴，所以人们又称它为沙泥鳅。

沙泥鳅为小型鱼类，一般体长9～18厘米，体态纤细，体色艳丽，体表有美丽的斑纹，吻长而尖。沙泥鳅十分珍贵，就重庆而言，仅长江铜锣峡5公里流域能捕获，市场价一般为900元左右一斤。它食用价值高，刺少肉多，肉质细嫩，味道鲜美，烧烤、油炸、煎炒及水煮均可，去腥开胃，佐酒下饭。用泡椒、沙泥鳅等同煮，味道别具一格，是不可多得的珍馐美味。

主　料 ▦	沙泥鳅500克			
辅　料 ▦	泡红辣椒250克			
调　料 ▦	猪化油150克	泡萝卜80克	酸菜60克	泡姜80克
	色拉油150克	小葱　15克	鸡精10克	味精10克
	大蒜瓣　60克	花椒　10克	白糖15克	

制　作 ▦

🏷 沙泥鳅宰杀，去内脏，洗净。泡红辣椒去蒂，切成末。泡姜切成末。泡萝卜切成粒。酸菜用清水浸泡5分钟，去除部分盐分，沥干，切成粒。小葱洗净，切成葱花。

🏷 炒锅置于旺火上，放猪化油、色拉油烧至六成热，下花椒炒香，放入泡姜末、大蒜瓣煸炒出香味，再把泡红辣椒末、酸菜粒、泡萝卜粒放入炒至出色出味，加适量鲜汤烧开。撇去汤中浮沫，下鸡精、味精、白糖调味，然后把沙泥鳅放入汤中，用小火煮4～5分钟，煮至泥鳅炽软入味，撒葱花，起锅装盘即可。

特　点 ▦　色泽红亮，泥鳅炽嫩，酸鲜适口。

出　品 ▦	江北／重庆餐饮创新企业／老宋家河鲜馆
主　厨 ▦	中国烹饪大师／宋彬

麻辣江团

天子呼来不下船，自称麻辣鱼中仙

缘 起 ▦ 重庆是一座江湖味十足的城市，江湖儿女身在江湖，自然要吃江湖鱼，有宋彬等精明人窥得商机，利用嘉陵江边闲置趸船，略加粉饰，往船上挂一块"××渔船"的招牌便招摇开市，专销豆花鱼、魔芋鱼等，堂而皇之地把泊船之处称为"渔湾""渔港"。于是乎，满城"馋猫"闻香上船，流连忘返。

后来，宋彬把渔船"搬"上了江岸，创办"小渔船"老宋家河鲜馆，河鲜馆用的尽是江河鲜鱼：江团、胭脂、鲶鱼、水密子、翘壳……其以干辣椒、泡红椒、豆瓣、花椒烧鱼，无论是整鱼，还是鱼块、鱼片，都是辣中见鲜，麻中见醇，不同种类的鱼儿任君挑选，风格各异的菜式随你品尝。这些鱼鲜并非一时一地所获，而是鱼帮老大组织渔民沿江捕捞收购而来。宋彬把它们暂时豢养在河鲜池中，等待来宾落座，然后临席举网，当客烹鲜。

主　料 ▦	江团1尾（约1100克）			
调　料 ▦	郫县豆瓣90克	花椒20克	老姜50克	菜籽油150克
	泡红辣椒90克	白糖10克	食盐 3克	猪油　100克
	干红辣椒90克	鸡精10克	味精 5克	白酒　30克
	干细淀粉25克	大蒜25克		

制　作 ▦

🥄江团宰杀，烫皮，去鳃、内脏，洗净，斩成块。郫县豆瓣剁细。泡红辣椒切成末。干红辣椒去蒂，去籽，剪成节。老姜25克切成片，25克切成米。大蒜去皮，切成米。

🥄鱼块纳盆，加食盐、料酒、姜片码味15分钟，然后拣去姜片、用干细淀粉上浆。

🥄锅置于旺火上，放猪油，加菜籽油100克烧至六成热，下干红辣椒节50克炸至微变色，把花椒10克放入炒香，然后下郫县豆瓣、泡红辣椒末，姜米、蒜米，炒至出味出色，掺鲜汤1000克烧开，下鸡精、味精、白糖调味，然后把江团块放入煮熟，起锅转入盆中。

🥄另锅下菜籽油50克烧至七成热，投入干红辣椒节，加花椒10克炸香，起锅浇在鱼块上即成。

特　点 ▦　质地肥腴细嫩，味道醇厚鲜香。

要　领 ▦　因为江团是无鳞鱼，表面含有大量的黏液，宰杀后要及时放在开水中浸烫，然后刮去鱼皮表面的白色膜，清洗干净。烫江团的水温要在80摄氏度左右，烫5秒即可，动作要快，否则成菜口感不好。此外，江团肉质鲜嫩爽滑，短时间煮一下，就能让鱼味的鲜美自然散发出来。所以，烹饪时间不宜太长，鱼肉断生即可起锅。

出　品 ▦	江北／重庆餐饮创新企业／老宋家河鲜馆
主　厨 ▦	中国烹饪大师／宋彬

邮亭鲫鱼

古道驿站去，邮亭鲫鱼来

邮亭，史称"邮亭铺"或"邮亭驿"，是古代传递文书的交接站或中转点。邮亭盛产鲫鱼。当地村民喜欢煮鲫鱼、烧鲫鱼，使邮亭鲫鱼成为本地一道美味的乡土菜。

20世纪90年代初，刘著英依托大邮公路和大足石刻旅游发展的优势，创制出麻辣鲜香、汤汁浓稠、口感独特的"邮亭刘三姐鲫鱼"。它汤鲜鱼嫩，滋味深透，麻辣香浓，越吃越香，令人欲罢不能。八方食客纷至沓来，一夜之间，大邮路街道两旁冒出十几家专卖鲫鱼的食店。

后来川渝两地刮起了一股"邮亭鲫鱼"旋风，其势头之强劲令人瞠目结舌，仅在重庆渝中区滨江路一带就集中了十几家大中型的邮亭鲫鱼店，每天的生意一直要持续到第二天凌晨。水产市场的鲜活鲫鱼价格也不断上涨。在成都，有不少大型火锅店、中餐馆摇身一变经营起邮亭鲫鱼来。据说，吃邮亭鲫鱼必备的鱼形味碟在蓉城餐具市场上卖断了货。

主 料 ▦   活鲫鱼8条（约1000克）

调 料 ▦

泡红辣椒100克	泡酸菜50克	泡姜40克	大葱60克
郫县豆瓣 50克	胡椒粉 3克	豆豉25克	芫荽15克
油酥黄豆 50克	辣椒粉20克	老姜20克	小葱20克
混合油 300克	花椒粉 3克	味精10克	鸡精15克
牛油 200克	料酒 40克	榨菜30克	麻油 5克
精盐 5克			

制 作 ▦

🍃鲫鱼剖洗干净，泡红辣椒、泡姜、豆豉、郫县豆瓣分别斩细。泡酸菜切成丝，然后再用清水冲一下沥干。老姜切成粒。大葱切成节。小葱切成花。芫荽切成节。

🍃鲫鱼用泡红辣椒、料酒和少许精盐码味10分钟。

🍃炒锅置于旺火上，下牛油和混合油烧至五成热，下泡红辣椒、郫县豆瓣、豆豉、姜粒炒出香味，炒至油呈红色，制成底料，起锅待用。另锅加油少许，烧热后下泡姜、泡酸菜丝，炒出香味，然后掺清水，用小火熬煮30分钟制成酸汤汁。

🍃把火锅盆置于炉火上，倒入熬煮好的酸汤汁烧开，放味精、鸡精、胡椒粉和料酒调味。然后把腌制好的鲫鱼放入锅中煮5～10分钟，当鲫鱼断生，下芫荽节、油酥黄豆即可上桌。

🍃取味碟，放干辣椒粉、榨菜粒、油酥黄豆、味精、精盐、小葱花、芫荽末、麻油、大葱节，然后舀入鲫鱼火锅原汁调配。

🍃可配荤素菜品与鲫鱼锅同上，鲫鱼食完，火锅炉点火供食客烫食荤素菜品。

特 点 ▦   鲫鱼细嫩，麻辣鲜醇。

出 品 ▦   大足／重庆老字号／邮亭刘三姐鲫鱼

主 厨 ▦   江湖菜名厨／刘著英

耳光鲫鱼

海棠依旧，鲫鱼传情

缘 起 ▦　"啪"一记响亮的耳光从大堂中传来，只是不知道打在了谁人的脸上……

"好吃打别人的耳光，不好吃打自己的耳光！"这句宣传语，道出了司厨者的满满自信。常有"不信邪"的食客与朋友打赌上八味民间菜耳光鲫鱼不过尔尔。赌输了，只好自罚"耳光"——只是重重举起，轻轻拍下，外加"音响"效果而已。

曾几何时，多刺的鲫鱼令人裹足不前。但"爱厨艺，爱美食，爱鲫鱼"的大厨龙志愚硬是颠覆了食客们的"三观"。让人们爱上了消去了鱼刺之苦的耳光鲫鱼的美味。

主　料	野生鲫鱼10尾（约1500克）

辅　料	番茄150克

调　料

老坛泡辣椒100克	猪油150克	大葱100克	味精10克
农村土菜油200克	芫荽 10克	泡姜 30克	大蒜25克
老坛酸菜 150克	白酒15克	啤酒50克	食盐 5克
水发木耳 150克	鸡精 10克	老姜 适量	
青干花椒 25克			

制　作

🍃土鲫鱼宰杀，细刀划破，去鳞、鳃，内脏，洗净。番茄去皮，切成块。老坛酸菜用清水浸泡5分钟，捞出挤干，切成块。泡红辣椒去蒂，切碎。泡姜切碎。大葱洗净，切成节。芫荽洗净，切成节。

🍃鲫鱼加食盐、白酒、姜片腌制10分钟，去姜片待用。

🍃炒锅置于旺火上，掺农村土菜油烧热，加猪油烧至六成热，下大蒜、泡酸菜、泡姜、泡辣椒、干青花椒炒出香味。掺适量鲜汤烧开，加鸡精、味精调味，然后把鲫鱼、番茄放入，改小火慢慢烧煮，鱼熟时放大葱节，推转起锅，撒上芫荽即可。

特　点	鲫鱼细嫩爽口，乳酸香味浓郁。

要　领	鲫鱼初加工，要经过宰杀、刮鳞、去内脏、抠鳃、洗涤五个程序，每道程序不能忽略，都要做得认真细致，保证鲫鱼形态的完整，使成菜视觉效果更好。

出　品	南岸／上八味民间菜
主　厨	中国烹饪大师／龙志愚

火把鲫鱼

红艳似炬，把握鱼生

缘 起 ▦

火把，似乎能够与云南的少数民族相联系。每逢火把节，成千上万的云南少数民族同胞载歌载舞，欢聚一堂，热闹非凡。当然，火把节自然离不开火把，火既可以照明，也可以用于烹饪，也是少数民族图腾的一种。

火把鲫鱼的名称既有古趣，也有新意，更具形象。每一条火把鲫鱼身上都串有一根竹签，再加上鱼身上沾满了红辣椒、红汤汁，红如火把，惟妙惟肖。炸得火候到位的鲫鱼非常脆，就连鱼骨头都是酥的，这样就不用担心被鱼刺卡喉咙了！食客们一口一支"火把"，如同吞进一团火焰，火辣辣的感觉，妙哉，快哉！

主　料 ⫶⫶⫶　野生鲫鱼5尾（750克）

辅　料 ⫶⫶⫶
青小米辣150克　　洋葱50克
红小米椒150克　　鸡蛋 1个

调　料 ⫶⫶⫶
干红辣椒30克	辣椒酱10克	芫荽30克	大蒜100克
糍粑辣椒30克	孜然粉30克	白糖10克	老姜 20克
混合油 500克	芝麻油 5克	大葱25克	香醋 5克
豆豉酱 30克	吉士粉20克	小葱50克	生粉 20克
藤椒油 5克	白芝麻 5克	料酒25克	鸡精 20克
味精 30克	食盐 15克	花椒适量	

制　作 ⫶⫶⫶

🏷鲫鱼宰杀，去鳞、鳃、内脏，洗净，用刀剖开，鱼身剞一字花刀。青红小米辣去蒂，切成粒。洋葱切成粒。老姜切成片。大蒜去皮，切成片。芫荽洗净，切成粒。干红辣椒去蒂、去籽，切成节。鸡蛋磕破，调散。

🏷鱼肉用少许食盐、姜片、葱节腌制5分钟，然后冲洗干净，加吉士粉、鸡蛋、辣椒酱、生粉拌匀，再用竹签从尾穿到头。

🏷炒锅置于中火上，下混合油烧至六成热，把鲫鱼下油锅炸至金黄色捞出装盘。

🏷另锅下油，烧至五成热，下姜、蒜片炒香，续下辣椒节、花椒、糍粑辣椒、豆豉酱炒香出色，然后加青、红小米辣、洋葱炒出香味，下鸡精、味精、孜然粉、白糖、醋、料酒调味，烹入芝麻油和藤椒油后起锅，淋在炸好的鲫鱼上，最后撒上葱花、芫荽和芝麻。

特　点 ⫶⫶⫶　外酥内嫩，味浓鲜香。

要　领 ⫶⫶⫶　本菜要选用土鲫鱼，个头要均匀，每条重约3两（150克）。

出　品 ⫶⫶⫶　石柱／国家三钻级酒店酒家／陈田螺海鲜大酒楼

主　厨 ⫶⫶⫶　江湖菜名厨／陈德勇

鲜椒鲫鱼

花椒与辣椒齐飞，清香共鲜辣一色

缘 起

鲫鱼，人人爱吃，只恨刺多。厨师改用小花刀剖鱼后，正好免除了"鱼鲠在喉"的困扰。当一盘色泽清亮、肉质细嫩、口感舒适、鲜辣爽口的鲜椒鲫鱼端上桌后，只见满满一大盘鲜辣的剁椒铺盖在黑白相间的鱼身上，四周有浓稠的汤汁围绕，散发着亮亮的油光，独具风采。一小块鱼肉入口，鱼肉嫩滑鲜香，青椒、红椒和花椒的香味也十分浓郁。鱼肉伴着剁青红椒吃，特别鲜辣，这种鲜椒味清新脱俗，辣得劲爆，清香爽口，下酒、下饭都不在话下，让人爱不释口！

主　料 ▦　生态鲫鱼2条（约700克）

辅　料 ▦　青小米辣250克　　红小米辣25克

调　料 ▦

干红花椒15克	色拉油180克	食盐10克	味精10克
青花椒　30克	混合油　90克	大葱26克	老姜50克
水淀粉　25克	大蒜　15克	蚝油15克	鸡精10克
花椒油　15克	白糖　2克	小葱适量	

制　作 ▦

🏷选用生态鲫鱼宰杀，去鳞、鳃、内脏，洗净。在鱼背两边斜刀均匀改3刀。青小米辣去蒂，切成薄圈。老姜15克切成姜片、35克切成姜米。大蒜去皮，切成蒜米。大葱切成节。

🏷锅置于中火上，掺清水，加姜片、葱节、红花椒、混合油、食盐、味精、鸡精烧开，把鲫鱼放入再烧开，撇尽浮沫，改用小火煮6～7分钟，起锅盛入条盘。煮鱼的汤汁保留待用。

🏷炒锅置于旺火上，下色拉油、混合油烧至八成热，下青花椒，青、红小米辣，姜米，蒜米炒香，当尖椒紧皮，即下蚝油，掺适量清水，调入味精、鸡精、白糖和煮鱼的汤汁烧开，用水淀粉勾芡，当锅中起鱼眼泡时，滴入花椒油，起锅淋在鱼上，撒上葱花即可。

特　点 ▦　鲫鱼细嫩，鲜香清辣。

出　品 ▦　合川／重庆餐饮名店／陈蹄花

主　厨 ▦　中国烹饪大师／陈永红

万州烤鱼

古法烹制有方，红遍全国有道

缘 起 ▦ 在万州，毫不夸张地说，烤鱼店几乎满街都是，到了晚上，也几乎家家爆满。

说起万州烤鱼，据说还与历史上三国时期的蜀国有关。相传蜀国丞相诸葛亮家中有一位来自万州的家厨，所做的烤鱼非常受欢迎。刘备听说后，就叫诸葛亮把家厨送给自己做御厨。从此，刘备也喜欢上了烤鱼，百吃不厌，并将此肴列入皇家御宴中。有感于此，刘备当着众大臣的面，嘉奖了家厨。蜀国灭亡后，家厨历经艰险，回到了万州老家，并将这种方法传授给了自己的子女。慢慢地，这种烤鱼的方法流行起来，开始在万州民间盛行，并一直传承到现在。2019年，万州烤鱼技艺已被列入重庆市非物质文化遗产保护目录。

主　料 ⠿	鲤鱼1尾（约1250克）			
辅　料 ⠿	黄瓜100克	水发豆皮100克	土豆150克	
	莲藕150克	水发木耳150克	魔芋150克	

调　料 ⠿	秘制腌鱼水1000克	豆豉酱15克	蚝油15克	熟芝麻5克
	秘制红油　100克	干花椒15克	老姜15克	白糖　5克
	干辣椒节　75克	豆瓣酱40克	香醋　5克	大蒜25克
	麻辣鲜露　10克	香辣酱20克	芫荽15克	料酒50克
	青美人椒　50克	大葱 100克	味精20克	鸡精10克
	色拉油　200克	花生 适量		

制　作 ⠿

🏷 鲤鱼宰杀，去鳃、刮鳞，从鱼背剖开，去内脏，刮净腹腔壁上的黑膜，清洗干净，放入腌鱼水浸泡5分钟，取出拍打按摩，再投入腌鱼水继续浸泡15分钟，取出拍打按摩，使其肉质鲜嫩。

🏷 黄瓜切成片。水发豆皮切成块。土豆切成片。莲藕切成片。魔芋切成条。干红辣椒切成节。老姜切成粒。大蒜切成粒。大葱50克切成节、50克切成粒。芫荽切成节。美人椒切成节。

🏷 黄瓜片、豆皮、土豆片、莲藕片等放在专用煮盘中铺菜垫底。把腌码好的鱼放在烤盘中入电烤炉，温度控制到300～380摄氏度，用双面火烤制8～10分钟，当鱼体表面呈金黄色时取出，摆放在铺好的菜上面。

🏷 锅置于旺火上，掺入色拉油和秘制红油烧至四成热，下姜粒、蒜粒、大葱节，以及干辣椒节30克、花椒10克炒香，再加入豆瓣酱、香辣酱、豆豉酱、蚝油炒至出色出味，掺鲜汤250克，下入白糖、醋、麻辣鲜露、料酒、味精、鸡精炒转后起锅淋在鱼身上，再将锅置火上放少许油，下干辣椒节、花椒、青美人椒炒香后淋在鱼上，再撒上花生、芫荽、葱粒、熟芝麻。

🏷 把专用煮盘架在电炉上，端上桌即可。

特　点 ⠿ 色泽金黄，外皮香脆，肉质软嫩，鲜腴味美。

要　领 ⠿ 烤鱼的调味汁可做成不同风味，如麻辣味、酱香味、泡椒味、尖椒味、香辣味、豉汁味等几十种不同的口味，还可根据食客的爱好配制辅菜，如土豆、魔芋、豆腐、金针菇、腐竹、莴笋、木耳等，还可以加入时令蔬菜。

出　品 ⠿ 万州／老盐坊中餐馆

主　厨 ⠿ 江湖菜名厨／尹晶

巫溪烤鱼

大宁河中鱼，烧烤美无比

缘 起 ⊞　巫溪烤鱼发源于大宁河边，已有2000余年的历史。最早是有一位纤夫突发奇想将随身携带的咸菜、豆豉加入鱼中，一边烤一边吃，味道竟然鲜美无比，别的船工、纤夫纷纷仿效。此后，烤鱼加油汁、加辅料的方法广为流传，成为一道名菜。直到现在，巫溪的很多烤鱼店铺都设于河边。

传统烤鱼是把鱼直接放到炭火上烤制，边烤边加味，熟而食之。巫溪烤鱼却融合腌、烤、煮三种烹饪技术，充分借鉴了传统川菜及重庆火锅的烹饪特点。现在巫溪烤鱼的吃法类似火锅，甚至比吃火锅还要过瘾。

在巫溪只要提到"成娃子"，可以说无人不知，无人不晓。"成娃子"制作烤鱼独树一帜，被誉为"烤鱼王"。其烤鱼已经发展为泡椒味、香辣味、双椒味、豆豉味、酸菜味、麻辣味等多种味型。2019年，巫溪烤鱼技艺已被列入重庆市非物质文化遗产保护目录。

主 料	草鱼800克		

辅 料	芫荽头25克	芹菜梗20克	洋葱25克

调 料	泡红辣椒50克	老姜25克	泡萝卜25克	料酒15克
	郫县豆瓣15克	大蒜15克	干花椒 5克	大葱50克
	鲜青花椒10克	芫荽10克	芝麻油25克	食盐 5克
	混合油 100克	香料15克		

制 作

🥄草鱼宰杀，去鳞、鳃、内脏，治净，泡萝卜切成粒。泡红辣椒切破。老姜10克切成片，15克切成米。郫县豆瓣剁成末。大蒜去皮，切成蒜米。大葱洗净，切成节。芫荽头洗净，切成节。芫荽洗净，切成节。芹菜梗洗净，切成节。洋葱切成丝。

🥄在鱼身上剞一字花刀，然后从鱼的背部剖开成腹部相连的片，用食盐、料酒、姜片码味腌制15分钟。

🥄把芫荽头、芹菜梗、洋葱丝铺在专用煮盘中待用。

🥄使用烤鱼专用铁架或铁夹子将鱼夹好，在木炭火上烧烤，边烤边刷芝麻油、撒香料并翻动，烤至鱼的两面金黄，下架放在煮盘中。

🥄炒锅置旺火上，放混合油烧至六成热，下豆瓣末、姜蒜米、干花椒炒至出色出味，下泡萝卜粒和泡红辣椒炒转，掺适量鲜汤熬出味，起锅倒在煮盘中的烤鱼上，再放上大葱节和鲜青花椒。

🥄另锅置于旺火上，掺混合油烧至七成热，起锅浇在煮盘中的食材上，撒上芫荽节。把煮盘架在木炭火盆上（或电炉上）即可上桌。

特 点	外皮香脆，肉质软嫩，味浓鲜香。

要 领	烤制鱼时，要适时翻动，切忌烤煳烤焦。

出 品	巫溪／中华餐饮名店／成娃子烤鱼王

主 厨	江湖菜名厨／张宗成

霹雳火香辣豆腐烤鱼

三代传承百年香，豆腐烤鱼人人爱

缘　起

霹雳火，一个响亮的名字。比它名头更响的是一道三代传承的美味佳肴——豆腐烤鱼。这道烤鱼传承自刘伯承元帅的家厨阳炳春大师，至今已有逾百年的历史。豆腐烤鱼有麻辣孜香味、陈坛泡椒味、经典蒜香味三种味型，风味各异，自有风韵。霹雳火豆腐烤鱼，其豆腐是自家秘制而成，鱼选用新鲜活鱼，端上桌时，还"吱吱"冒着热气。鱼上面铺着的豆腐一看就是专门针对重庆人重口味喜好的，那厚厚的一层辣椒，五颜六色的作料全都浸到豆腐里，洋溢着生活的热情。再来两杯自酿啤酒，就着烤鱼，一口下去，鲜嫩、丝滑、入味儿，而且鱼刺少，辣椒与鲜嫩的豆腐完美结合，味道麻辣鲜香，引得食客"啧啧"赞叹。

香辣豆腐烤鱼是霹雳火的招牌菜，几乎每桌必点。

主 料 ▦ 草鱼1250克

辅 料 ▦ 豆腐100克　　黄瓜150克　　芹菜150克　　洋葱150克

调 料 ▦
秘制烤鱼油150克　　鲜汤400克　　大蒜50克　　十三香5克
烤鱼香辣酱 80克　　大葱 50克　　白糖10克　　辣椒面5克
秘制腌料 150克　　味精 15克　　鸡精20克　　芫荽 15克
干辣椒 100克　　花椒 5克　　孜然 5克

制 作 ▦
🏷 草鱼宰杀，去鳞、鳃、内脏，从脊背处下刀剖开至头部，洗净血水，沥水，置于案板上，在鱼身上剞一字花刀。黄瓜洗净，切成条。芹菜切成节。洋葱切成丝。干红辣椒去蒂，切成节。芫荽切成节。豆腐切成条。大葱切成葱粒。

🏷 把鱼放在盆中，加入秘制腌料码匀，搓揉5分钟，取出放在专用烤鱼夹子上，送入炭烤炉，翻烤6分钟左右至鱼肉熟且鱼皮金黄酥脆，撒孜然、辣椒面。黄瓜条、芹菜节分别用开水氽断生。豆腐用鲜汤煨热。干红辣椒用开水煮2分钟，捞出沥干。大蒜放入油锅炸至皱皮。

🏷 烤鱼盘内用洋葱丝、黄瓜条、芹菜节垫底，把烤好的鱼从炭烤炉中取出，摆在盘中，然后在鱼身上摆上豆腐条。

🏷 炒锅置于旺火上，掺秘制烤鱼油烧热，下干红辣椒节、花椒炸至金黄色，再加秘制烤鱼香辣酱、大蒜、葱粒，炒出颜色，掺适量鲜汤烧开，下白糖、鸡精、味精和十三香调味。然后起锅浇在烤盘中的鱼和豆腐上，加芫荽节点缀即可。

特 点 ▦ 鱼肉外酥里嫩，豆腐细腻绵扎，味道香辣鲜美。

要 领 ▦ 秘制腌料配方：清水、食盐、十三香、鸡精、味精、胡椒粉、一品鲜、米酒、啤酒、花椒、干红辣椒、老姜、大葱、芫荽、大蒜、米醋、芹菜、洋葱、蚝油等。烤鱼时要注意掌握火候，适时翻动鱼身，以使整条鱼均匀熟透，避免烤煳。

出 品 ▦ 渝中／重庆老字号／霹雳火

主 厨 ▦ 江湖菜名厨／雷开永

水晶鱼丸

光洁滑嫩，满腔柔情缠绵如丝

缘 起 ▦　　鱼丸，又名鱼圆、鱼球、鱼余。鱼丸，以其色之白、肉之鲜、质之嫩、食之美被称为菜中佼佼者，可余汤、可红烧，可煎炸，还可以烫火锅，吃法不同，口味各异。

制作鱼丸，工序繁多，既是一道力气活，又是一道细致活，每一步都需要耐心。做鱼丸要剔去鱼刺、剁碎鱼肉、搅拌鱼蓉、揉捏鱼丸，直至下锅煮熟，起锅送入食客口中。

水晶鱼丸，是在传统鱼丸的基础上大胆创新而来，丸子光洁滑嫩、晶莹剔透、圆润可爱。它细嫩化渣、富有弹性，一口下去，万般滋味涌心头，丸子中那满腔的柔情如丝丝春雨拂面，缠绵悱恻，让人欲罢不能。

| 主　料 ▦ | 草鱼1尾（约1500克） |

| 辅　料 ▦ | 猪夹心肉100克　　鸡蛋3个 |

调　料 ▦

干细淀粉25克	老姜35克	大葱50克	食盐15克
猪化油　25克	鸡精20克	味精20克	白糖 5克
胡椒粉　 5克	料酒25克	小葱适量	

制　作 ▦

🏷 草鱼宰杀，去鳞、鳃、内脏，洗净，鱼头斩成块，鱼骨斩成节，鱼肉剔尽鱼刺。老姜去皮，15克切成片，20克磨蓉制成姜水。大葱洗净，25克切成节，25克制成葱水。鸡蛋磕破，取蛋清。小葱切成花。

🏷 鱼肉切成片，用姜、葱水腌制5分钟，然后用刀背反复捶松，剔净骨刺筋络，再轻捶成细腻无筋的蓉。置于碗内。鸡蛋清用竹筷轻轻调散，倒入鱼肉蓉，加食盐、干细淀粉和适量清水，搅拌均匀，再按顺时针方向搅匀上劲。

🏷 猪夹心肉洗净，切成条，剁碎，加姜葱水、食盐制成肉馅。把肉馅包在鱼蓉中，制成鱼丸。

🏷 炒锅置旺火上，放猪化油烧热，放入姜片、葱节爆炒出香味，把鱼头、鱼骨放入炒断生，然后掺适量高汤烧开，烹入料酒，烧至汤汁乳白后捞出鱼头鱼骨。

🏷 用小火把鱼汤烧开，再把鱼丸放入锅中，改用中火煮10分钟，撒上葱花、胡椒粉、味精，即可起锅装盘。

| 特　点 ▦ | 鱼丸洁白油亮，滑嫩滋软醇香。 |

| 出　品 ▦ | 合川／中华餐饮名店／鼎宏大酒楼私家菜 |

| 主　厨 ▦ | 中国烹饪大师／熊方兵 |

子姜干煸鳝段

传统谱新篇，子姜鳝段香

缘 起 ▦

干煸是最具重庆菜特色的烹制法之一，即把经刀工处理的丝、条、片等形状的食材，放入锅中加热翻炒，使其脱水至熟并具有干香酥软的特点。干煸菜主要运用中火中油温，且油量较少，原料不易勾芡，加热时间较长，将原料煸炒至见油不见水时，方加入辅料、调料烹制成菜。由于干煸技法火候掌握难度大，行业内把干煸称为"火中取宝"。

干煸鳝鱼是一道传统菜，其配俏是香芹段和红辣丝。友谊大酒楼的大厨们不断创新，利用色如玉，形如指，质地细脆无筋，入口姜香浓郁的子姜与细嫩味美的鳝鱼配伍，用干煸技法成菜，把两种食材的优势发挥得淋漓尽致。先把食客的胃打开，接着浸润到心胸，然后深入到全身，贯穿血脉经络，让人吃饭倍儿香，做事倍儿精神。

主　料	土鳝鱼500克			

辅　料　嫩子姜100克　　小米椒150克

调　料　泡辣椒20克　　食盐5克　　白糖5克　　芝麻油10克
菜籽油50克　　味精7克　　醋　5克　　料酒　15克

制　作

🍃土鳝鱼宰杀，去骨、内脏、头，从脊背切花刀，再切成长6厘米的段，洗净血水。嫩子姜切片。小米辣对半切。泡辣椒切碎。

🍃炒锅置于中火上，掺菜籽油烧至七成热，把鳝鱼段放入煸炒，当鳝鱼表皮发酥时，加料酒、泡辣椒继续煸炒片刻后起锅。

🍃另锅下菜籽油少许，下子姜、小米辣略炒，把鳝鱼段下锅炒转，再下食盐、白糖、味精、醋调味，然后淋入芝麻油，起锅装盘即可。

特　点　成菜咸鲜辣香，鳝段外酥里嫩，子姜味突出。

要　领　此菜宜用中火热油煸炒，使鳝鱼逐渐脱水而干香酥软。因鳝鱼血水较重，受热后易焦糊成"锅蚂蚁"，在将其煸至脱水吐油后，换干净锅加辅调料烹炒，可以使成菜清爽。

出　品　渝中／中华餐饮名店／友谊大酒楼

主　厨　中国烹饪大师／吴强

干烧鳝段

你不吃，我不怄，你吃了，我不够

缘 起 ▦▦ 当人们回顾重庆江湖菜的缘起时，"易老头三样菜"是一个绕不开的话题。当年，易旭用干烧鳝段、口福胖泥鳅、水煮美蛙以及墙上的诙谐段子，还原了巴渝民间寻生计、混江湖的人们大碗喝酒、大块吃肉、极致麻辣、极其豪爽的饮食江湖：你哥子，我兄弟；你不吃，我不怄，你吃了，我不够；你不吃我酒，就是嫌我丑……

人们在品尝细嫩鲜香、麻辣火爆、回味隽永的三样菜之余，"冒烟的是好烟，喝醉的是好酒"以及"五不接待""五收服务费"等幽默语录，也成为其饭后茶余的谈资，正是因为有谈资，三样菜也就多了一种"味道"。

"三样菜"从20世纪80年代末演变至今，老三样、新三样、大三样、小三样，精品迭出。其中，干烧鳝段绝对算得上是江湖三样菜中的"第一菜"。

主 料 ⦿　鳝鱼250克　　猪三线肉100克

辅 料 ⦿　莲藕100克　　花菜100克　　西芹50克　　青椒50克

调 料 ⦿　干红辣椒250克　　菜油300克　　青花椒20克　　料酒50克
　　　　　　　干细豆粉 15克　　大葱 50克　　大蒜 50克　　食盐 5克
　　　　　　　干锅料　1包　　老姜 50克

制 作 ⦿
🏷 鳝鱼剖杀，去头、尾、肠、骨，洗净沥干，切成5厘米长的段。莲藕洗净，切成条。花菜洗净，择成朵。西芹洗净，切成节。青椒去蒂，切成块。老姜切成指甲片，大蒜切成蒜米。干辣椒切成约3厘米的节。葱切成马耳朵形。

🏷 鳝段用食盐2克码味，扑上干淀粉。三线肉制成红烧肉，待用。

🏷 炒锅置旺火上，掺菜油烧至六成热，下鳝段炸至金黄色、有干香，用抄瓢捞起沥去余油。锅中油再次烧至六成热，把藕条、花菜放入过油，待用。

🏷 锅中留油50克，放入干锅料、干辣椒节，炒至油呈棕红色，下青花椒、蒜米炒香，放入鳝段、藕条、花菜，炒转，下干锅料炒上色，然后把红烧肉放入，烹入料酒，下西芹节、青椒块、大葱炒香即成。

特 点 ⦿　色泽棕红，外酥里嫩，香辣咸鲜，口感丰富。

要 领 ⦿　炸鳝鱼时油温要掌握好，切忌炸煳。干红辣椒节可略炒焦一些，其味才能体现出来。

出 品 ⦿　南岸／中华餐饮名店／易老头三样菜

主 厨 ⦿　江湖菜名厨／易旭

烧椒鳝片

依然江湖，依然美味

缘 起 目前，烧椒越来越多地被运用于江湖菜，如烧椒兔、烧椒鱼、烧椒鸡、烧椒茄子、烧椒豇豆，等等。之所以广泛采用此种创新的烹饪方法，是在于满足人们吃新、尝新的美食追求。对于烧椒系列所呈现出来的新异、清香味感，食客自然络绎不绝。

烧椒，过去多用于凉菜，如今经江湖菜师傅们的大胆革新，也被用于热菜。顺风123是重庆江湖菜的典范，在菜品的精致、细腻方面十分突出，深受食客们喜爱。其舒适自然的环境也成为人们宴请的高频率场所。其"依然江湖，依然美味，依然顺风123"的口号，让人感受到重庆的"侠气"，而这种侠义的"江湖味"，在其大气磅礴的菜品中可以品味到，如麻辣鲜香、脆嫩润口、清香突出的烧椒鳝片，就是很好的一例。

主　料 ▦　土鳝鱼180克

辅　料 ▦　洋葱150克　　白秆芹菜110克

调　料 ▦

麻辣鲜露18克	烧椒115克	蒜片15克	姜片15克
菜籽油 50克	胡椒粉2克	食盐 2克	味精 6克
小葱花 25克	花椒 2克	蚝油 8克	白糖 2克
芝麻油 15克	料酒 25克		

制　作 ▦

🌿用拇指、食指和中指捉住活鳝鱼，在硬物上敲昏，再用长铁钉把鳝鱼头钉在案板上，用刀在头颈处斜划一刀，然后用刀尖从背脊部至尾慢慢划开，平刀剔去脊骨、内脏，改切成4厘米长的段，用清水洗去血水。芹菜洗净，切成段。洋葱洗净，切成丝。

🌿炒锅烧热，下少许菜籽油，放芹菜、洋葱炒香起锅，装入瓦钵内垫底。

🌿炒锅再置旺火上，掺菜籽油烧至六成热，下姜片、蒜片炒出香味，放鳝鱼片炒至六成熟，烹入料酒，下花椒、炒转，然后加食盐、辣鲜露、蚝油、白糖、味精、胡椒粉调味，簸转，起锅盛在装有芹菜的瓦钵内。把烧椒浇在鳝鱼上，然后撒上葱花。

🌿另锅置于炉火上，下芝麻油烧至六成热，起锅淋在烧椒、葱花上即可。

特　点 ▦　鲜辣脆嫩，略带清香。

要　领 ▦　烧椒制作：将小米辣（500克）和二荆条青辣椒（1200克）放在铁锅中，用中火煸炒至起"仔锅巴"，即起锅，加入大蒜瓣（300克），鲜花椒（100克），食盐（25克），用刀剁碎，装碗，淋入烧至八成油温的菜籽油（100克）拌匀，晾凉即可装瓶，随时取用。

出　品 ▦　渝北／国家五钻级酒店酒家／顺风123

主　厨 ▦　中国烹饪大师／邢亮

家乡炒大鳝

一盘炒鳝段，乡愁正浓时

缘 起 ▦ 一筒矿石灯，两片竹夹板，成就儿时乘夜抓黄鳝的欢愉与乐趣。夜深，一篓鳝鱼入盆，在一阵"血雨腥风"后，一节节鲜活的鳝段入锅，加点蒜薹，加点辣椒，又一阵"噼里啪啦"后，一碗简单的炒鳝段起锅了，又咸又辣，又鲜又香，好不解馋。这种儿时的幸福至今常入梦来。

家乡炒大鳝以土鳝鱼入馔，再加上青、红美人双椒及蒜薹混炒，加点花椒，麻得舒心、麻得通畅。多吃两口，碗里、心里都是童年的回忆与家乡的滋味。

主　料 ⚏　土鳝鱼200克

辅　料 ⚏　青美人椒95克　　红美人椒30克　　蒜薹50克

调　料 ⚏　干红辣椒50克　　小米辣20克　　大蒜35克　　酱油8克
　　　　　　　干红花椒15克　　辣椒粉15克　　豆瓣20克　　食盐7克
　　　　　　　色拉油 150克　　花椒粉 5克　　老姜15克　　白糖5克
　　　　　　　菜籽油 30克　　味精 10克

制　作 ⚏　🍃鳝鱼宰杀，去骨、内脏、头，洗净血水，改刀切成鳝片。
青、红美人椒洗净，去蒂，切成马耳朵形。小米辣洗净，切
成马耳朵形。蒜薹洗净，切成节。干红辣椒去蒂，切成节。
豆瓣用刀剁细。老姜切成细粒。大蒜去皮，切成细粒。
🍃炒锅置于旺火上，掺色拉油烧至六成热，鳝鱼片下锅滑
油，当鳝鱼片"伸板"时，即起锅沥去余油。
🍃锅再置于旺火上，放菜籽油烧至六成热，下姜、蒜粒、
豆瓣炒香，放辣椒节、辣椒粉炒至出色出味。然后把鳝鱼、
蒜薹放入锅中炒转，再把青、红美人椒，小米辣放入炒香，
下酱油、食盐、白糖、味精调味，簸转起锅装盘，撒上花椒
粉即成。

特　点 ⚏　鳝鱼细嫩，麻辣鲜香。

出　品 ⚏　渝中／九重天旋转餐厅

主　厨 ⚏　中国烹饪大师／杨长江

手撕盘龙鳝

一丝心意，一缕情怀，一种美味

缘 起 清末曾有人作诗赞美盘龙鳝鱼："山珍海错不须供，富水春香酒味浓。满座宾客呼上菜，装成卷曲号蟠龙。"手撕盘龙鳝鱼要撕掉内脏及骨头，吃起才有滋味，也不会苦涩。一撕一嚼，一丝心意，一缕情怀，一种美味，岂不乐哉！关于手撕盘龙鳝鱼有一件趣事：一天，几位客人到一家盘龙鳝鱼餐馆就餐。一会儿，一盘热气腾腾的盘龙鳝鱼被端上餐桌，空气中顿时飘荡着一股刺激味蕾的香气，只见被炸得金黄酥脆的鳝鱼卷曲着，犹如蟠龙升天，好看又好吃。大家迫不及待拿起筷子品尝，外焦里嫩、麻辣爽口的口感让大家吃得眉开眼笑，唯独一位女士连声叫苦。一问才知道，原来她不懂方法，没有撕掉内脏及骨头，一条整鳝鱼都咬进了嘴里，所以叫"苦"不迭。大家一听，都乐了……

主　料 ▦	野生鳝鱼500克		

辅　料 ▦	花生米30克		

调　料 ▦	秘制卤水1000克	干辣椒粉10克	花椒粉10克
	干红辣椒　100克	孜然粉　6克	大蒜　50克
	干红花椒　50克	熟芝麻　5克	味精　10克
	菜籽油　2000克	鸡精　15克	小葱　15克

制　作 ▦

🏷将野生鳝鱼放在清水中喂养7天，水里滴几滴菜籽油，使鳝鱼吐尽泥沙。干红辣椒去蒂，切成节。老姜切成片。大蒜去皮，切成片。小葱洗净，切成葱花。

🏷锅中掺卤水烧开，把鳝鱼放入，卤至熟透，捞出待用。

🏷炒锅置于旺火上，掺菜籽油烧至八成热，把卤鳝鱼放入锅中炸至酥软、卷曲，起锅沥去余油。花生米放在油锅中炸至酥脆，起锅待用。

🏷锅中留油烧热，把鳝鱼再次下锅，放入干红辣椒节、干花椒、姜片，蒜片炒香，然后下孜然粉、辣椒粉、花椒粉、鸡精、味精炒转，放油酥花生米、葱花，簸转起锅，装盘撒上熟芝麻即可。

特　点 ▦ 麻辣鲜香，外焦里嫩，滋味浓郁。

出　品 ▦	长寿／张记水滑肉
主　厨 ▦	江湖菜名厨／张波

乡村土泥鳅

水中人参，带着一股泥土的芬芳

缘 起 ▦ 　泥鳅，一种特殊的鱼类，在全国各地河川、沟渠、水田、池塘、湖泊及水库等天然淡水域中均有分布，是如今城市乡村里常见的大众食材，被称之为"水中人参"，其蛋白质、糖类、矿物质、维生素含量均比其他鱼虾高，脂肪成分较低，胆固醇较少，并含有不饱和脂肪酸，有补中益气、祛毒化痔、消渴利尿、保护肝脏及养肾生精的功效，具有很高的营养价值。泥鳅入馔，由来已久，它肉质细嫩、味道鲜美，深受大众喜爱，特别是在乡村，更是一种容易获得的餐桌佳肴、筵席常客。

　泥鳅有多种烹饪方法，如炸泥鳅、椒盐泥鳅等，能给人以多种的味觉享受。红厨乡村土泥鳅的独到之处，是采用传统烹饪方法，以野生土泥鳅为主料，再以新鲜的野生折耳根垫底。其香味特殊，具有浓郁的山野气息。

主　料	⊞	活土泥鳅500克

辅　料	⊞	野生折耳根200克

调　料	⊞	泡红辣椒10克　　　鸡油350克　　　泡姜20克　　　小葱10克
		秘制酱料10克　　　陈年老坛酸菜50克

制　作 ⊞

🏷 将活土泥鳅用清水喂养2天，宰杀，去内脏，清洗干净。野生折耳根去老叶、须根，清洗干净。陈年老坛酸菜切成片。泡姜切成丝。泡红辣椒切成马耳朵形。小葱洗净，切成葱花。

🏷 锅置于旺火上，放鸡油烧至五成热，下泡姜、泡椒、酸菜炒香，加入鲜汤1000克烧开，然后下秘制酱料，用小火熬出味。

🏷 将杀好的土泥鳅放入高压锅内，加入熬好的汤汁，加盖，用中火焖压3分钟。

🏷 将洗好的折耳根放入盆中垫底，然后把压好的鱼鳅带汤汁淋在折耳根上，撒上葱花即成。

特　点 ⊞　泥鳅细嫩，折耳根浓香，乡村味道浓郁。

出　品	⊞	大渡口／中华餐饮名店／红厨食府
主　厨	⊞	中国烹饪大师／郑宏

九村功夫炆泥鳅

厨艺真功夫，泥鳅炆软酥

缘 起 ▦

泥鳅是巴渝人的家常菜品，乡土气息十分浓郁。九村的功夫炆泥鳅选泡椒作配料，吃起来毫无土腥味，泡椒味醇香酸辣，泥鳅入口即化。

《四川烹饪》上曾登载过一篇《在陈爷家吃炆泥鳅》的文章，写出了陈爷所烹炆泥鳅的好处："我赶到陈爷家门口时，一阵奇特的香味扑面而来。进得屋，只见一大盆炆泥鳅已放置在桌子中央，先期到达的几个朋友已围坐四周。不知是他们等饿了，还是被炆泥鳅的色香味所诱惑，几个不'厚道'的家伙早已在那里大快朵颐、狼吞虎咽了，嘴里还直说：'在等你，在等你。'我连忙坐下，抓起筷子，一篙竿撑进盆里，'嗖'的一声，一条泥鳅已放进我的碗中，顷刻之间，炆炆的泥鳅肉已滑进'肚家坝'。"可见炆泥鳅之美味。

主　料 ⊞	活泥鳅350克			
辅　料 ⊞	黄瓜150克	豆腐100克		
调　料 ⊞	香水鱼调料15克	菜籽油250克	大蒜50克	大葱30克
	泡青小米辣50克	青花椒　10克	泡姜25克	食盐　5克
	泡红小米辣50克	藤椒油　5克	料酒10克	味精　5克
	郫县豆瓣　10克	芝麻油　2克	白糖　3克	
	干红辣椒　5克	熟芝麻　5克		

制　作 ⊞

🔖 泥鳅宰杀，去头、内脏，洗净。豆腐切成5厘米长的粗条，放在开水锅中氽一下水。黄瓜去皮，切成5厘米长的粗条。大蒜去皮。大葱洗净，切成节。干红辣椒去蒂，切成节。青、红小米辣剁细。泡姜剁细。

🔖 泥鳅纳盆，加料酒、食盐腌制15分钟。黄瓜、豆腐分别放在开水锅中氽下一水，起锅，放在盆中垫底。

🔖 炒锅置于旺火上，掺菜籽油烧至六成热，把泥鳅放入，炸至金黄色，捞出，沥去余油。

🔖 锅内留油少许再次烧热，把切细的泡青、红小米辣，泡姜放入锅内炒香，加花椒、豆瓣、香水鱼调料、大蒜炒至出色出味，放入炸好的泥鳅略炒，烹入料酒。然后掺清水烧开，改小火煮至泥鳅酥软，下葱节、食盐、味精、白糖、藤椒油、芝麻油调味。起锅，转入装有豆腐、黄瓜垫底的盆内。

🔖 另锅掺菜籽油烧至五成热，放入干红辣椒节、花椒炸香，起锅泼在泥鳅上，撒上熟芝麻即可。

特　点 ⊞　炽软化渣，泡椒味突出。

出　品 ⊞	江北／九村烤脑花
主　厨 ⊞	江湖菜名厨／但家飞

清华椒麻鱼头

椒麻鱼头香，半岛美名扬

缘 起 ▦ 有"山城美食全新地标、婚宴庆典顶级航母"之称的国家"五钻"级清华大饭店创始人、土生土长的重庆崽儿、业界人称"二哥"的曾清华颇有山水情怀——仁义、智慧；更有江湖豪气——耿直、大方。因年少时家住长江边，他对船工生活十分熟悉。怀着对江中与船上嬉戏打闹的美好记忆，他对经济发展向好的趋势做出了准确判断，毅然下海，干起了火锅生意。他经过仔细观察，发现当时仅有毛肚火锅独撑局面，于是另辟蹊径，独树一帜地创制了富有特色的"中国名菜"鱼火锅——椒麻鱼头火锅。此菜品一经推出，因其鱼头软糯、麻辣适中、味道醇厚、鲜美异常而大获好评。一时间，食客无论远近，蜂拥而至，鱼火锅生意异常火爆。如今，清华火锅已实现"蝶变"——华丽转身，拥有了豪华气派的顶级店面环境。在如今的店面中，食客们再来品尝这道精致的江湖菜，该是多么愉快呀！

主 料 ▦	花鲢鱼头1500克		

调 料 ▦

青、红小米椒各30克	混合油400克	豆瓣25克
自制鱼头底料　25克	牛骨汤500克	醪糟15克
大红袍花椒　　50克	食盐　　15克	味精　5克
干辣椒　　　　250克	老姜　　40克	鸡精　8克
自制鱼香料　　5克	大蒜　　25克	大葱50克
糍粑辣椒　　　20克	黄酒　　50克	

制 作 ▦

🏷 鱼头去鳃剁成大块，冲净。豆瓣剁细。干红辣椒去蒂，切成节。青红小米辣切成短节。老姜15克切成片，25克制成姜汁。大葱25克切成节，25克制成葱汁。

🏷 鱼头加黄酒、姜葱汁腌制待用。

🏷 锅内下混合油烧至八成热，下姜、葱爆香后捞出姜、葱渣，待油温降至五成时，投入蒜、糍粑辣椒、花椒、豆瓣、食盐、自制鱼头底料等，用中火翻炒半小时，再转用小火炒约1小时，待底料吐油，香辣味浓，放入自制鱼香料、黄酒等炒转，掺入牛骨汤烧开，下醪糟汁、鸡精、味精等调味，然后把码味的鱼头放入，煮至九成熟起锅。

🏷 另锅中下油100克，烧至七成热，下青、红小米椒，花椒，炸香淋于鱼头上即可。

特 点 ▦　润泽软糯，滑嫩鲜香，麻辣适口。

要 领 ▦　糍粑辣椒制作：选用二荆条辣椒和子弹头辣椒，晒干、去蒂，放在温水中淘洗去霉灰，再入开水锅中"飞一水"，氽烫一下，捞出晾干（或者把干辣椒放在容器内掺开水，焐软后捞出晾干水汽），再用碓窝舂成蓉，或者用刀剁成蓉，即成糍粑辣椒。

出 品 ▦　江北／国家五钻级酒店酒家／清华大饭店

主 厨 ▦　中国烹饪大师／张钊

美蛙鱼头

软糯与麻辣混合，那种刺激"不摆了"

缘 起 ▦

美蛙鱼头，因其肥滑软糯的鱼头和细嫩入味的美蛙，再加上辣而不燥、香而不腻的汤底，一锅成名。目前，美蛙鱼头是流行于重庆大街小巷的一道特色美食，起源于2000年左右。全国"美蛙鱼头金牌菜"获得者、厨司令餐饮创始人陈龙等人作为重庆第一批美蛙鱼头经营者及技术指导者，为重庆江湖菜美食做出了积极贡献。

美蛙鱼头的主要食材为美蛙（美国青蛙）、鱼头（花鲢头）。花鲢头肉质细嫩、营养丰富，常吃它不仅可以健脑，而且还可延缓脑力衰退。美蛙也是高蛋白、低脂肪的上好食物。两种有营养的食材融合在一起，一锅好吃的美蛙鱼头便新鲜出炉了。近些年，随着美蛙鱼头的不断创新，除麻辣味以外，还有了酸菜味、青椒味及番茄味等，让食客们有了更丰富的口味可以选择。

主　料 ⚏　　鲜活美蛙2000克　　花鲢鱼头1500克

辅　料 ⚏　　西芹100克

调　料 ⚏　　麻辣底料500克　　青花椒30克　　小葱20克　　老姜20克
麻辣红油500克　　胡椒粉 6克　　大蒜20克　　鸡精30克
泡红辣椒100克　　味精　30克　　食盐15克　　白糖 5克
干红辣椒 40克　　白酒　30克
菜籽油　400克　　鸡汤2000克

制　作 ⚏　　🍃美蛙宰杀，去头、皮，内脏，洗净。花鲢鱼头去鳞、鳃，洗净，剁成四大块。美蛙、鱼头分别纳盆，加鸡精15克、食盐10克、胡椒粉3克、高度白酒腌制3分钟。
🍃泡红辣椒切碎。干红辣椒去蒂，切成节。西芹去老叶，撕去老筋，洗净，切成节。老姜切成片。大蒜去皮，切成片。小葱洗净，切成葱花。
🍃锅置于旺火上，掺菜籽油150克烧至七成热，下姜片，蒜片和泡红辣椒炒香，然后加麻辣底料炒至色红味香，加入鸡汤烧开，下鸡精15克、味精30克、食盐10克、胡椒粉3克、白糖5克调味，再放入腌制好的鱼头块和美蛙煮3～5分钟，加入西芹节，放麻辣红油，烧开后起锅，倒入火锅盆。
🍃锅洗净，掺菜籽油250克烧至七成热，下干红辣椒节、青花椒炝香，起锅浇在火锅盆中的美蛙、鱼头上，撒上小葱节就可以出锅。

特　点 ⚏　　美蛙Q弹细嫩，鱼头软糯肥美，口味麻辣醇和。

要　领 ⚏　　味碟制作：榨菜碎粒20克，豆豉酱10克，小葱花15克，芫荽末15克，熟芝麻5克，花生碎粒20克装入蘸味碟，舀入锅中原汤50克，搅拌均匀即可。

出　品 ⚏　　九龙坡／厨司令美蛙鱼头

主　厨 ⚏　　江湖菜名厨／陈龙

水煮美蛙

美蛙的热辣，在记忆中不朽

缘 起 ▦ 产品永远是餐饮的基础，"扭倒产品做"是易老头三样菜的发展思路。江湖菜要升级，就需要推行制作的规范化，实现所有核心产品全部料包化，这就是易老头三样菜的升级秘诀。

易老头三样菜的原味料包，打破了中餐行业传统料包研制中的"总想靠一个料包解决所有问题"的思路，通过生熟分包，协调了不同调料、食材在不同时间和不同火候环境下的特性，同时根据料包发酵的环境和时间差异，解决了产品口味还原程度受调料食材酯化影响的问题。厨师使用料包，有助于其利用最正宗的原料、更精确的操作技术来提升菜品风味，实现了菜品料包化、标准化。

易老头三样菜的料包化，是对江湖菜的一次创新。这道水煮美蛙使用的自制水煮蛙底料所使用的生料包，是一种复合辣椒酱；熟料包是用菜籽油、豆瓣酱和糍粑辣椒等制成。

| 主　料 ⠿ | 美蛙500克　　花甲300克　　基围虾100克 |

| 辅　料 ⠿ | 红苕粉皮120克　　　子姜300克　　　莲藕100克 |

调　料 ⠿

水煮蛙底料400克（生料240克、熟料160克）
色拉油	400克	菜籽油100克	青花椒20克
青尖椒	30克	红尖椒 70克	小葱 20克
胡椒粉	7克	料酒 50克	味精 10克
鸡精	10克	食盐 8克	大蒜 适量

制　作 ⠿

🏷美蛙宰杀，去皮、内脏、头、爪，洗净，用食盐3克、料酒15克码味15分钟。花甲放在清水中浸养24小时，洗净，捞出沥干。基围虾开背，去壳、沙线，洗净。莲藕洗净，切成片。红苕粉皮用清水浸泡至软。子姜切成丝。青、红尖椒分别对剖。小葱切成节。老姜切成粒。大蒜去皮，拍破。

🏷锅置于旺火上，掺色拉油烧至六成热，下大蒜、水煮蛙底料（生料包）、子姜丝炒香，再把美蛙放入翻炒，然后下水煮蛙底料（熟料包）继续翻炒，烹入料酒35克，掺适量清水烧开，煮2分钟，下花甲、基围虾、藕片、红苕粉皮用大火煮熟，加鸡精、味精、胡椒粉、食盐5克调味，起锅装盘。

🏷锅洗净，置于旺火上，掺菜籽油烧至六成热，下青花椒、子姜丝，老姜粒，青、红椒炒香，起锅淋在盘中的美蛙上，撒上小葱节即可。

| 特　点 ⠿ | 细嫩，脆爽，软糯，麻辣，鲜香。 |

| 出　品 ⠿ | 南岸／中华餐饮名店／易老头三样菜 |

| 主　厨 ⠿ | 江湖菜名厨／易旭 |

麻麻蛙

花椒点点香气浓，挑战唇舌心意厚

缘起 ▦ 麻麻蛙是一道重庆创新江湖菜，它是在传统菜丝瓜田蛙的基础上演绎而来，蛙肉麻辣有致，丝瓜清新回甜，不常吃麻辣的人也能吃得开心。

蛙是一种高蛋白、低脂肪的食品，适合消化功能差或胃酸过多的人食用，对体质弱或大病初愈的人还有滋补功效。杨府麻麻蛙经多年总结，形成了一套独家的烹饪技法，使用的稻田蛙、丝瓜节及干青花椒等精选原料，加上秘制调味料等烹制而成。成菜汤色油亮，麻椒密布，蛙肉嫩。吃进嘴里，蛙肉鲜美、味浓味厚，质地筋道，口感麻香清爽，不失为一道佐酒的佳肴。另外，它还有个"小秘密"，拂去表面的油层，麻麻蛙的汤是可以喝的，又麻又香，滋味无穷。

主　料 ▦	美蛙200克		

辅　料 ▦	丝瓜500克		

调　料 ▦	椒麻鸡汁50克	菜籽油200克	色拉油200克
	干青花椒50克	泡萝卜100克	泡姜　100克
	泡辣椒　80克	鸡精　50克	味精　80克
	胡椒粉　10克	花椒油150克	料酒　50克
	藤椒油250克	熟芝麻　5克	醋　20克
	小葱　10克	白糖　15克	

制　作 ▦

🥢美蛙宰杀，去皮、内脏、头、爪，用清水冲尽血水。丝瓜去皮，洗净，切成条。泡姜切成片。泡辣椒剁细。泡萝卜切成丝。

🥢炒锅置于旺火上，掺菜籽油、色拉油烧至六成热，把泡萝卜、泡姜、泡辣椒放入锅中炒香。再加清水3000克烧开熬出味，然后把美蛙放入，烧开。

🥢美蛙煮至七成熟时，下丝瓜，加鸡精、味精、白糖、椒麻鸡汁、胡椒粉、醋、料酒、藤椒油、花椒油，煮至青蛙𤆵软离骨，起锅盛于鼎内，撒上青花椒。

🥢另锅加油烧至七成热，起锅浇在蛙肉、青花椒上，然后撒上熟芝麻、葱花即可。

特　点 ▦　鲜醇麻香，蛙肉细嫩。

要　领 ▦　煮制丝瓜要掌握好火候，八分熟即可。蛙肉要煮制到软糯后起锅。装盘时注意把丝瓜放下面垫底，蛙肉置于丝瓜上边。

出　品 ▦	渝北／重庆老字号／杨记隆府
主　厨 ▦	中国烹饪大师／王清云

炭火牛蛙

炭火如歌，"健美腿"永远是主角

缘起 ▦

炭火牛蛙是以火锅为原型，结合香辣干锅的烹饪技法，辅以多种原料烹制而成的一种创新菜式。它以老北京的铜火锅为炊具及餐具，利用木炭燃烧传热的方式持续加温，将铜火锅分为上下两层，既可盛入已经烹制过的牛蛙，也可盛入已经烹制过的鸡、鸭、虾等。烹制出来的菜品，经进一步加温，牛蛙细嫩，鸡、鸭、虾肉酥香，口味香辣，回味悠长，总结成三个字，就是"鲜、嫩、香！"

炭火牛蛙这道菜在重庆还是新生事物，相信在不久的将来，一定会因其吃法新颖、滋味独特而受到众多食客、特别是年轻人的追捧。

主 料 ⊞	牛蛙2000克	跑山鸡腿500克		

辅 料 ⊞	水发黑木耳100克	香菇块100克	莲藕片150克
	洋葱片 150克	土豆条100克	魔芋块100克
	莴笋条 100克	西芹节100克	

调 料 ⊞	干锅底料250克	青花椒15克	大葱25克	生抽20克
	干锅红油200克	豆豉酱10克	鸡精35克	味精15克
	干红辣椒 15克	芝麻油10克	大蒜10克	白糖 6克
	干细淀粉 30克	十三香 5克	芫荽15克	料酒50克
	青尖椒 25克	孜然粉 5克	老姜10克	食盐 7克
	色拉油 100克	胡椒粉 2克	白酒15克	蚝油 5克
	熟芝麻 5克			

制 作 ⊞

🥢牛蛙宰杀，治净，剁成块。鸡腿肉治净，剁成块。牛蛙、鸡肉分别加白酒、胡椒粉、生抽，再加食盐2克腌码10分钟，然后用干细淀粉上浆。干红辣椒切成节。老姜切成末。大蒜切成末。青尖椒切成节。大葱切成节。芫荽切成节。

🥢烧锅置于旺火上，下干锅红油100克、干锅底料100克、青花椒5克炒香、放入洋葱、莴笋、西芹、水发黑木耳、香菇、莲藕、土豆、魔芋炒至断生，掺适量高汤烧开，下豆豉酱10克、鸡精15克、味精10克、孜然粉5克、白糖3克、食盐5克、蚝油5克、芝麻油10克调味，然后转入火锅中打底。

🥢炒锅置于旺火上，掺色拉油烧至七成热，下码好的牛蛙滑熟起锅。鸡腿肉下锅炸至金黄起锅，沥去余油。

🥢锅中留油100克，加干锅红油100克、干锅底料150克、干辣椒节15克、青花椒10克，再加姜蒜末炒出香味，下牛蛙、鸡块炒转，加鸡精20克、味精5克、白糖3克、十三香5克调味，然后放料酒、青尖椒节、大葱节翻炒出锅，盛在火锅中的蔬菜上，撒上熟芝麻、芫荽节即可出锅。

特 点 ⊞	牛蛙细嫩，鸡、鸭、虾肉酥香，口味香辣，回味悠长。

出 品 ⊞	九龙坡／厨司令美蛙鱼头
主 厨 ⊞	江湖菜名厨／陈龙

辣子田螺

日啖田螺三五颗，不枉生为重庆人

缘 起 ▦ 1995年，严琦在九龙坡区含谷镇开办的陶然居推出了辣子田螺。它集高蛋白、重口味等特质于一体，成为佐酒下饭的"神器"，为了它专程驱车而来的食客络绎不绝。当陶然居进军重庆主城区后，前来捧场尝鲜的粉丝更是纷至沓来。

脆嫩的田螺携手麻辣双椒，在油与火中共舞，碰撞出了难以言喻的滋味。田螺个头大、嚼劲足，麻辣中尽显咸鲜，既满足了重庆人无麻辣不欢的癖好，又迎合了现代都市人追新觅奇的消费心理。吃辣子田螺还有一趣：食客需以两根竹签夹住田螺，再用第三根竹签来掏出螺肉。重庆人在面对着一盘辣子田螺时，会显现出少有的优雅。辣子田螺的逆袭，在于其出身草莽，也在于其代言的是重庆人求变的消费个性，它承续的是重庆江湖菜创新的"星星之火"。

主 料 ▦   田螺1300克

辅 料 ▦   干红辣椒150克   花椒50克

调 料 ▦   郫县豆瓣15克   老姜20克   大蒜20克   酱油5克
　　　　　菜籽油 500克   料酒50克   味精10克   食盐3克
　　　　　白芝麻　5克   小葱 5克   鸡精15克   白糖5克

制 作 ▦   🏷️田螺淘洗干净，放入开水锅中汆水，起锅沥干。干红辣椒去蒂，切成节。老姜切成姜米。大蒜去皮，切成蒜米。小葱洗净，切成葱花。白芝麻下锅炒熟。
　　　　　🏷️将炒锅置于中火上，掺菜籽油烧至五成热，下干红辣椒节炒呈棕红色，下花椒、姜米、蒜米、郫县豆瓣煸炒。炒至豆瓣酥香、色泽红亮，此时下田螺翻炒均匀，然后下味精、鸡精、料酒、食盐、白糖、酱油，以大火不停翻炒，待田螺入味时起锅装盘，撒上熟白芝麻、葱花即可上桌。

特 点 ▦   肉质脆嫩爽口，味道浓厚，香辣突出。

要 领 ▦   田螺放在开水锅中汆至断生，用清水冲洗后沥干，然后选去死螺、杂质，待用。田螺入锅后要掌握好火候，以螺肉入味和保持脆嫩为度。

出 品 ▦   九龙坡／中国十大餐饮品牌企业／陶然居

主 厨 ▦   中国烹饪大师／陈小彬

老甘香辣小龙虾

披坚执锐红铠甲，饱满弹牙白丸香

缘 起 ▦ 小龙虾，原产北美，国内引进后最先主产于江苏，现在各地均有养殖。小龙虾虾肉鲜嫩且富有弹性，含有多种微量元素及丰富的蛋白质、维生素，适宜炸、烧、水煮。小龙虾壳厚肉少，出肉率仅为20%，吃小龙虾主要是吃味。麻辣小龙虾出菜时用大盆盛装，显得粗犷大气。麻辣小龙虾的独特风味曾让大江南北的老饕为之倾倒。据说，北京某小吃夜市麻辣小龙虾卖疯了，第二天凌晨清洁工人清除的虾壳重量要以吨来计算。

老甘家厨艺传承三代，用最优质的小龙虾货源，采用重庆独特的烹制手法，独创"中国名菜"老甘香辣小龙虾，成为重庆小龙虾界的佼佼者。

"也许某天你在那桌，我在这桌，你举着酒杯，我剥着小龙虾，如此安好。"甘浩如是说。

主　料 ▦	小龙虾500克
辅　料 ▦	鹌鹑蛋3个

调　料 ▦

干红辣椒20克	大蒜　3瓣	老姜5克	芫荽5克
郫县豆瓣30克	小茴香5克	肉桂2克	草果3克
干辣椒粉15克	料酒　30克	八角5克	山奈2克
色拉油 2千克	香叶　3克	白糖3克	食盐3克
胡椒粉　　1克	花椒　10克	味精2克	鸡精2克

制　作 ▦

🏷 选用健壮小龙虾放在滴有菜油的清水中静养4小时，用剪刀剪去虾须，然后用小棕刷刷洗干净。老姜切成指甲片。鹌鹑蛋煮熟去壳。干红辣椒去蒂，切成节。芫荽洗净，切成节。大蒜去皮。郫县豆瓣剁细。

🏷 炒锅置于旺火上，掺色拉油烧至六成热，把洗干净的小龙虾放入锅中，炸至虾全身变红捞出。

🏷 锅中留油150克烧热，下花椒、干红辣椒炒出香味，下姜片、蒜瓣、郫县豆瓣、干辣椒粉，用小火炒至色红油亮，再加料酒，下八角、山奈、肉桂、草果、香叶、小茴香等香料，加水500克烧开，然后把小龙虾放入，下食盐、味精、鸡精、白糖、胡椒粉调味，烧15分钟后下鹌鹑蛋出锅，撒上芫荽即成。

特　点 ▦ 色泽红亮，麻辣鲜香，回味悠长。

出　品 ▦	江北／老甘家小龙虾
主　厨 ▦	江湖菜名厨／甘浩

【羽族单】

鸡功最具，诸菜赖之。如善人积阴德而人不知。故令领羽族之首，而以他禽附之。作《羽族单》。

——清·袁枚《随园食单》

释：鸡在烹调菜肴时的功劳最大，许多菜都依赖于它。这就像善人暗中做有德于人的事而别人却不知道一样，所以，我让它做羽族的首领，以其他的禽类作为鸡的附庸。因此我写作了《羽族单》。

121

辣子鸡

众里寻它千百度，蓦然回首红丹处

缘起 ▦

20世纪80年代末，辣子鸡第二代传人朱天才在歌乐山三百梯重建了"林中乐"饭店，推出了父亲经营过的招牌菜——辣子鸡。

1993年，朱天才的辣子鸡生意红红火火，他盖起了林中乐大酒楼。林中乐辣子鸡出了名，街坊邻居纷纷仿效，不到500米的公路两旁聚集起近50家经营辣子鸡的餐馆，形成了名噪一时的歌乐山辣子鸡一条街。

林中乐酒楼规模扩大后，朱天才的两个儿子朱俊雄、朱俊峰也辞职回家经营辣子鸡生意，成了林中乐的第三代传承人。

"中华名菜"林中乐辣子鸡，色泽艳丽，麻辣鲜香，鸡肉酥脆。鸡肉与辣椒交相辉映，诱人食欲。此菜一出，各地"好吃狗"闻香而来，点一盘辣子鸡，在火红的辣椒中寻找鲜嫩的鸡肉。如今，林中乐酒楼依然生意红火。

主　料 ▦　　土公鸡1只（约1000克）

辅　料 ▦　　干红辣椒150克　　花椒50克

调　料 ▦　　花生油500克（实耗100克）　　熟芝麻5克　　芝麻油15克
　　　　　　　胡椒粉　5克　　　　　　　　白砂糖3克　　精盐　8克
　　　　　　　大蒜　　20克　　　　　　　　味精　6克　　　酱油　5克
　　　　　　　蒜苗　　15克　　　　　　　　大葱　20克　　　生姜　25克
　　　　　　　料酒　　50克

制　作 ▦　　🥄土公鸡宰杀，去毛、内脏，洗净，然后去头、爪，剁成约2厘米见方的小块，放入碗内，加入精盐6克、味精4克、料酒、白胡椒、酱油，搅拌均匀，腌制30分钟左右。
　　　　　　　🥄大蒜去皮，切成片。大葱洗净，切成丝。蒜苗洗净，切成节。生姜切成丝。干红辣椒去蒂，剪成小节。
　　　　　　　🥄炒锅置旺火上，放入花生油烧至八成热，把腌制好的鸡块下锅，炸至鸡块表面变干呈深黄色后捞起，沥干油待用。炉灶改小火，把干红辣椒节下锅炸至微变色，再把花椒放入，炸至辣椒、花椒酥香时捞出，沥干油待用。
　　　　　　　🥄炒锅内留底油50克，倒入葱、姜丝及蒜片煸炒出香味，再倒入炸好的鸡块翻炒，加入炸好的干红辣椒节、花椒以及蒜苗段，急火翻炒，然后加入剩余的精盐、味精以及白砂糖调好味，撒上熟芝麻，淋上芝麻油装盘即可。

特　点 ▦　　色泽红亮，细嫩酥香，麻辣醇厚。

要　领 ▦　　辣子鸡一般是热吃，冷吃又别有一番风味。

出　品 ▦　　沙坪坝／重庆老字号／歌乐山林中乐辣子鸡

主　厨 ▦　　江湖菜名厨／朱俊雄／朱俊峰

泉水鸡

泉水叮咚响，鸡美花酒香

缘 起 ▦ 泉水鸡起源于1990年前后。此菜"一鸡三吃"：蘑菇烧土鸡、泡椒炒鸡杂、青菜鸡血汤，极具农家气息。可是它兴起之初，一直默默无闻。到了1993年底，却一鸣惊人，声名远播，周边市民或扶老携幼举家前往，或三朋四友相约而至，以品泉水鸡为快事。一时间南山道上车水马龙，几十家泉水鸡店家家火爆，生意好的时候，一条街一日售鸡数以千计。

经历20多年，泉水鸡一条街"徐娘半老，风韵犹存"。每逢周末，特别是春花踏青、秋月赏桂的时节，食者如潮，人满为患。品泉水鸡，喝桂花酒，观山景秀色，成为重庆市民假期出游的必备选项。

塔宝花园饭店制作的泉水鸡，主料用的是家养土鸡，辅料、调料精选辣麻二椒，把炒、焖、煨几种烹制方法，既随意又巧妙地结合起来，成菜鲜嫩入味，浓香扑鼻。

主　料 ▦　土仔鸡公1只（约2000克）

辅　料 ▦　香菇100克　　木耳100克　　青椒100克　　绿叶蔬菜 适量

调　料 ▦

特制豆瓣酱150克	啤酒100克	泡姜25克	花椒25克
泡红辣椒　10克	胡椒粉3克	老姜25克	大蒜25克
泉水　　1000克	料酒 25克	味精10克	食盐 3克
色拉油　　250克	白糖 10克	小葱适量	

制　作 ▦

🏷 活公鸡宰杀，去毛，洗净，斩切成小块。鸡杂洗净，切成片，待用。鸡血凝结后，将其放在锅中煮熟，划成大块，待用。泡红辣椒切成节。香菇用水发软，切成块。木耳泡好，洗净。老姜切成片。泡姜切成粒。青椒切成丝。

🏷 鸡块用姜、花椒、食盐、料酒码味20分钟。

🏷 炒锅置于火上，下色拉油烧至七成热，下鸡、花椒爆炒去水汽。此时下姜片、大蒜、特制豆瓣酱、泡椒节、泡姜粒炒至出色出味，掺啤酒、香菇、胡椒粉、白糖、食盐及泉水烧开，转入压力锅焖压10分钟，再转入砂锅煨烧入味，起锅前加入味精，装入大钵即成。

🏷 炒锅置于炉火上，掺色拉油烧至六成热，下小葱、蒜、姜和泡红辣椒爆出香味；然后把片好的鸡杂放入，炒至鸡杂变色；加入木耳翻炒；最后下青椒丝，加盐翻炒均匀即可出锅。

🏷 锅中掺清水烧开，倒入鸡血。待鸡血变色后，撇除浮沫，放入绿叶蔬菜烧开，下食盐、味精、麻油，最后撒上葱花即成。

特　点 ▦　风味别致，醇浓鲜香。

出　品 ▦　南岸／中华餐饮名店／南山塔宝花园

主　厨 ▦　重庆烹饪大师／江成志

芋儿鸡

芋儿与鸡相遇，挑动滋味万千

缘起

重庆九龙坡区含谷镇有一条过去默默无闻的小街，因陶然居在这里推出了辣子田螺、芋儿鸡、泡椒童子鱼等特色菜肴，骤然风光起来。仿佛一夜之间，这里就变成了众多风味餐厅的聚集地，小街上车水马龙，前来觅食的"好吃狗"络绎不绝。从此，"含谷"这个名字跟随芋儿鸡一道，走出重庆，名扬天下。

芋儿鸡是一款具有鲜明乡土特色的江湖菜。它以仔鸡为主料，芋儿为辅料，泡辣椒、泡姜为主要调料。成菜质地细嫩滑润，辣而不燥，芋儿炮糯回甜，鸡肉鲜香细嫩。

主　料 ▦　　土仔公鸡肉600克

辅　料 ▦　　芋儿750克

调　料 ▦

泡红辣椒30克	豆瓣15克	酱油10克	泡姜15克
菜籽油 300克	料酒15克	鸡精 8克	味精 5克
猪化油 100克	白糖 3克	小葱10克	醋　 3克
秘制香料适量	食盐 3克		

制　作 ▦

🏷 鸡肉洗净，斩成块。芋儿去皮，洗净，切成滚刀块。豆瓣剁细。泡红辣椒、泡姜切碎。小葱洗净，切成葱花。

🏷 将炒锅置于炉火上，掺菜籽油100克、猪化油50克烧至五成热，下豆瓣、泡红辣椒、泡姜，炒至油色红亮、豆瓣酥香时，烹入料酒，再掺适量鲜汤熬出味，制成汤料。

🏷 另锅置于旺火上，下菜籽油200克、猪化油50克烧至六成热，把芋儿放入锅中过油，捞起待用。待锅内油温升至七成热时下鸡块，煸干水气，掺入事先熬制的汤料，待汤烧开后，加秘制香料，转中火烧60分钟，至鸡块成熟时，加食盐、酱油、醋、白糖、鸡精、味精调味，然后把过好油的芋儿放入锅中继续烧制，当鸡肉熟透、芋儿炟糯时起锅装盘，撒上葱花即可上桌。

特　点 ▦　　色泽棕红，鸡肉炟软，芋儿粉糯，味浓鲜香。

出　品 ▦　　九龙坡／中国十大餐饮品牌企业／陶然居

主　厨 ▦　　中国烹饪大师／陈小彬

清华烧鸡公

一只"雄起"20年的公鸡

缘 起 ▦

"江山代有才人出，各领风骚数百年。"江湖风水是轮流转的，江湖菜也不例外。昨天流行烧鸡公，今天流行啤酒鸭，明天也许就是其他菜肴了。作为重庆江湖菜曾经的"舵爷"，烧鸡公风光过好一阵子。那时候，人们争先恐后地涌进烧鸡公餐馆，生怕落下一顿麻辣"福喜"似的。有人将雄鸡公、烧鸡公各取一字，组成"雄烧"，来形容那些威风八面、目空一切且生猛的主——这个词总使人们想起那句阳刚的流行语"雄起！""中国名菜"清华烧鸡公就有这样的特质，从20年前一直"雄烧"，到现在仍为清华大饭店点击率领跑者——"雄起"的！它红彤彤、油亮亮、辣嘘嘘、麻呼呼，送进嘴里，吞进肚里，那个爽快劲——不摆了！浓烈的麻辣、馥郁的香气、舒心的味感，都使人畅快淋漓、极尽享受——嘿江湖！

主　料 ▦	土鸡公1只（约2500克）
辅　料 ▦	芋儿150克　　四季豆100克　　玉米100克
调　料 ▦	自制烧鸡底料150克　　干红辣椒50克　　花椒20克 青、红尖椒各 10克　　大蒜　30克　　老姜30克 烧鸡香料　　20克　　味精　 5克　　鸡精 5克 菜籽油　　　400克

制　作 ▦

🍃选用饲养期1年以上的公鸡，宰杀，去毛、内脏，洗净，斩块备用。芋儿去皮，洗净，切成滚刀块。四季豆去筋，洗净，折成节。玉米切成块。干红辣椒去蒂，切成节。老姜切成片。青、红尖椒切成短节。

🍃锅置于旺火上，掺菜籽油烧至六成热，下干辣椒节和花椒炒出香味，再把鸡块，姜片、大蒜放入，炒干水汽，然后加自制烧鸡公底料，炒上颜色，掺鲜汤200克，烧开，转入高压锅，放芋儿、四季豆、玉米，加烧鸡香料，用旺火焖压10分钟至鸡炋软，熄火。

🍃把砂锅放在火上预热，然后把烧好的鸡肉转入砂锅中（玉米、芋儿、四季豆放在鸡肉四周），下味精、鸡精调味，再把青红尖椒节撒在鸡肉面上。

🍃炒锅掺油，烧至八成热，下干辣椒节和花椒炸至棕红色，起锅，浇在青、红尖椒上面即可。

特　点 ▦　麻辣味鲜，鸡块炋糯，配料适口，汤汁红亮。

出　品 ▦　江北／国家五钻级酒店酒家／清华大饭店

主　厨 ▦　中国烹饪大师／张钊

品亮诚烧鸡公

一品雄鸡天下红

缘起 ▦ 烧鸡公是重庆一道曾经有名的江湖菜。20世纪90年代，大街小巷随处可见烧鸡公的身影。各家有各家的做法，不同的师傅做出来的味道各有差异。作为一道正儿八经的江湖菜，烧鸡公的做法虽要用到底料与老卤，但它与火锅鸡、干锅鸡并不是没有区别。

品亮诚是做重庆烧鸡公万千门店中的一个。如何才能把这道菜做好？在这一点上，品亮诚烧鸡公创始人李劲松先生最终选择遵循传统手法，发挥其一菜一格、百菜百味的特点，从底料食材和烹饪程序上下功夫，发挥食材固有的味道。当金佛山跑山鸡遇上南川方竹笋，会碰撞出怎样的火花呢？今天品亮诚就把这道菜的做法分享给大家。

主　料 ▦	农家土公鸡1只（约2000克）

辅　料 ▦	南川方竹笋150克　　芋儿300克

调　料 ▦

秘制调料180克	红油350克	啤酒50克	料酒15克
干红辣椒 15克	胡椒粉8克	大葱15克	老姜适量
菜籽油　500克	冰糖　5克	食盐适量	
花椒（泡发）20克			

制　作 ▦

🌿 将公鸡宰杀，去毛、内脏，洗净，剁成块，放入料酒、胡椒粉、食盐、姜葱，搅拌均匀，腌15分钟。方竹笋用清水发软，切成滚刀块，放在开水锅中汆一次，捞出，用清水浸泡，待用。芋儿去皮，洗净。干红辣椒切成节。大葱切成长节。

🌿 净锅置于旺火上，掺菜籽油烧至七成热，将鸡肉下入锅中，煸炒干水分，烹入料酒、冰糖将鸡肉煸成酥黄色，下干红辣椒炒香，起锅备用。

🌿 高压锅置旺火上，加高汤、红油、秘制调料，然后把鸡块放入烧开后压煮15分钟，熄火。

🌿 把压煮好的鸡块转入锅仔，加方竹笋、芋儿，用中火烧开，加啤酒，下花椒焖至鸡块离骨，芋儿炕糯，撒上葱节即可出锅。

特　点 ▦	麻辣味浓，鸡块鲜香，芋儿炕糯，竹笋脆爽。

要　领 ▦

特色烧鸡公分微辣，中辣，特辣3种味型。中辣加油辣椒80克，特辣加油辣椒150克。

油辣椒制作方法：将干辣椒下锅，掺适量清水，烧开，煮80分钟，然后加工成糍粑辣椒酱，用色拉油炒至无水汽即可。

出　品 ▦	江北／品亮诚
主　厨 ▦	江湖菜名厨／程联全

李子坝梁山鸡

梁山好汉跑山鸡，江湖豪情一品尽

缘 起 ▦ 李子坝梁山鸡是一道菜的名字，也是一家店的名字。这家店名头很响亮，梁山鸡为其主打招牌菜之一。在近30年的发明、发展和创新的过程中，李子坝梁山鸡一直恪守"精选上等食材，遵循独创工艺，追求极致味道"三大准则，一味风行重庆，成为江湖菜中一个不可或缺的组成部分。李子坝梁山鸡特选贵州跑山鸡，并在菜品中融入药材，开创了中药进入红汤锅底的先河，形成李子坝梁山鸡特有的药香麻辣味型。成菜口味浓厚，有汤红、药香、麻辣、肉糯、回甜等特点。李子坝梁山鸡一直坚持独特的焖制工艺，使其味道更加融合且有层次。

有人说，梁山鸡鸡肉很大坨，尽显江湖豪气，再配上能装下七瓶啤酒的"英雄杯"，"大块吃肉，大碗喝酒"梁山好汉快意江湖的英雄气概也大抵如此。

| 主　料 | ⚏ | 跑山鸡半只（约1500克） |

| 辅　料 | ⚏ | 芋儿10个 |

调　料 ⚏

秘制麻辣底料500克	老姜50克	沙参300克
矿泉水 2000克	当归50克	大蒜100克
菜籽油 160克	大枣50克	枸杞 20克

制　作 ⚏

🥄鸡肉洗净，沥净血水，剁成3厘米大小的块。芋儿去皮，洗净。老姜切成片。将沙参、当归分别置于容器中，掺入30摄氏度的温水，沙参浸泡5小时，当归浸泡6小时，均切成片。

🥄炒锅洗净置于旺火上，掺菜籽油烧至四成热，下姜片、大蒜瓣爆香，当大蒜起虎皮皱且色泽金黄时，把鸡块放入锅中炒干水汽，待肉变色发白时掺矿泉水烧开，撇尽浮沫，下当归片，加入麻辣底料再次烧开，然后转入高压锅中，加枸杞、大蒜、沙参、芋儿，用旺火焖压15分钟熄火。

🥄待压力锅降温后，开盖，拣出芋儿、沙参、枸杞、大枣，把鸡块转入锅仔中，然后把沙参、枸杞、大枣等摆在鸡块上，芋儿摆放在四周，即可上桌。

特　点 ⚏　肉香皮糯，芋儿绵软，辣不燥口，略带回甜。

出　品 ⚏　渝中／李子坝梁山鸡

主　厨 ⚏　江湖菜名厨／黄维

尖椒鸡

麻辣满口香，青黄一片彩

缘起 ▦

在江津双福新区享堂路口，有一家餐馆，店面虽不起眼，却因一道选用土仔鸡、尖椒和青花椒为主、辅料，快刀乱剁、爆炒而成的尖椒鸡而名震江湖。

此菜始创于清咸丰年间。江津武将陈文标在川黔边城校场比武赚得赏银后，在家乡置地建房，开办了"三元栈"饭店。随后他弃武经商，亲自下厨掌勺，创立陈记海椒鸡，"莽"起放海椒，大把撒花椒，急火爆炒，扑鼻而来的是浓郁的麻辣清香，吃到嘴里，鸡丁细嫩滑爽，深受食客追捧。1911年，清朝最后一任四川总督赵尔丰巡查重庆，途经江津，在"三元栈"饭店用餐。陈文标亲自下厨掌勺，制作了青海椒炒仔鸡。赵总督品尝后赞不绝口说："真美味也。"从此海椒鸡声名远播。

本篇介绍的是歌乐山林中乐的尖椒鸡。林中乐不仅辣子鸡名气大，其尖椒鸡也广受好评，"双椒"系列已成为其招牌菜品。

主　料 ▦　　土鸡1250克

辅　料 ▦　　青尖椒150克　　　红尖椒250克

调　料 ▦　　青花椒25克　　白芝麻15克　　老姜25克　　　白糖20克
　　　　　　　　花椒油25克　　大蒜 150克　　大葱25克　　　小葱25克
　　　　　　　　水淀粉50克　　料酒 50克　　酱油25克　　　味精 5克
　　　　　　　　菜籽油1500克（实耗300克）　　食盐 7克

制　作 ▦　　🔖选用农家散养土仔公鸡，宰杀，去毛、内脏，取鸡肉剁切
　　　　　　　成丁。青、红尖椒去蒂，洗净，切成短粒。老姜切成大小均
　　　　　　　匀的指甲片。大葱切成长马耳形。小葱洗净，切成葱花。
　　　　　　　🔖把鸡丁放在碗中，加酱油、食盐、料酒、水淀粉，码味10
　　　　　　　分钟。
　　　　　　　🔖炒锅置于旺火上，烧热后用冷油炙锅，然后掺菜籽油烧至
　　　　　　　六成热，下鸡肉炒至散籽、发白，起锅沥油。锅里油温升至
　　　　　　　七八成时，再次下鸡丁炸至皮肉稍酥，再起锅。锅内留油，
　　　　　　　放青红尖椒略炒，再下姜片、蒜粒、食盐翻炒，当尖椒、姜
　　　　　　　片、蒜粒香气溢出时，下青花椒、鸡丁，继续翻炒2分钟，再
　　　　　　　下葱节、味精、花椒油翻炒几下，炒匀起锅装盘，撒上白芝
　　　　　　　麻即可上桌。

特　点 ▦　　色泽鲜艳，鸡肉酥嫩，麻辣清香。

要　领 ▦　　杀鸡时应及时把血放尽，如果鸡体内滞留残血（业内称为
　　　　　　　"呛血"），鸡皮肤会发红，鸡肉变得乌红，加热后鸡肉会
　　　　　　　变成黑褐色，影响菜肴外观和口感。

出　品 ▦　　沙坪坝／重庆老字号／歌乐山林中乐辣子鸡

主　厨 ▦　　江湖菜名厨／朱俊雄／朱俊峰

花椒鸡

那口麻乎味，难"开交"哟！

缘起 花椒也称秦椒、川椒，可除各种肉类的腥气，且能促进唾液分泌，增进食欲。中医认为，花椒性温，味辛，有温中散寒、健胃除湿等功能。花椒是重庆江湖菜必备的调味品，麻辣味、椒麻味、烟香味、陈皮味、怪味等，绝对少不了花椒。虽说用量不多，但少了它，就不成其为一道重庆江湖菜了。重庆人喜食善烹，不麻不辣不安逸。花椒到了江湖菜厨师的手中，更是能够大显神通。过去调味讲究的是诸味平衡、主次分明、精微变化，但江湖菜厨师"麻胆包天"，居然敢在一盘菜中放上二两甚至半斤以上的花椒。不想这样的"大逆不道"，居然成了时髦，引得食者纷至沓来，甚至连那些闻麻色变、吃麻胆寒的北方人也连呼过瘾！

花椒鸡利用花椒的特性，将鸡的腥味除净，椒香和麻香溶进鸡肉纤维里，配以辛香的辣椒，淋漓尽致地将大麻大辣的味道展示出来。闻之，辛辣椒香扑鼻，尝之，头皮一炸提神，享之，麻辣鲜香齐涌，其味如大海涨潮，辣得人哈气张舌，精神一振。

主　料 ▦	土仔公鸡1000克		

辅　料 ▦　鲜青花椒50克　　大红袍干花椒5克　　青干花椒20克
　　　　　　红尖辣椒50克　　青尖辣椒　250克

调　料 ▦

混合油500克（实耗150克）	老姜45克	大蒜15克
花椒油 25克	大葱25克	料酒60克
醪糟汁 15克	食盐 3克	酱油10克
芝麻油 10克	鸡精 5克	味精10克
菜油　 20克	白糖 5克	生粉25克

制　作 ▦

🍃仔公鸡宰杀，去毛，内脏，洗净，剁掉鸡头、鸡脚，剔去脊骨，连肉带骨剁成1.5厘米大小的鸡丁。青、红尖椒洗净，去蒂，顺着对剖。老姜25克切成片，20克切成米。大蒜去皮，切成米。大葱切成节。

🍃鸡丁加盐、料酒、葱节、姜片拌匀，腌制入味，然后放入生粉抓匀，再加入菜油拌匀。

🍃炒锅置火上，放入混合油烧至七成热，拣去鸡丁内码味的葱、姜，鸡肉下锅炒至收缩变色，起锅沥油待用。

🍃炒锅再置火上，下混合油50克烧至五成热，下姜米，蒜米，大红袍干花椒，青花椒，鲜花椒，红、青尖辣椒，煸炒出香味，然后下鸡丁翻炒入味，加入酱油、鸡精、味精、醪糟汁、白糖、芝麻油爆炒调味，最后淋上花椒油起锅装盘即成。

特　点 ▦　鸡肉细腻鲜嫩，椒麻芳香浓郁。

出　品 ▦　江北／国家五钻级酒店酒家／清华大饭店

主　厨 ▦　重庆烹饪名师／陈孝科

夔州紫阳鸡

一罐鸡汤三百年

缘 起 ▦

紫阳鸡民间俗称"干蒸旱鸡子"，也叫"盐子鸡"，发源于清朝道光年间，由于烹饪器材独特（土陶罐子），选材精致，烹饪过程严谨，成熟后汤汁清香，食材鲜嫩，成为流行于当地的一道地方美食。清朝光绪三十四年，传承人龚绍虞曾作诗曰："鸡不开叫腊肉香，大头萝卜配生姜。不用加水自有汤，文武火伴小火常。骨酥肉嫩味巴适，阴阳相调最壮阳"。

奉节紫阳鸡已被重庆市列入非物质文化遗产名录，奉节县"川东第一锅"的夔州紫阳鸡也被评选为"中国名菜"。

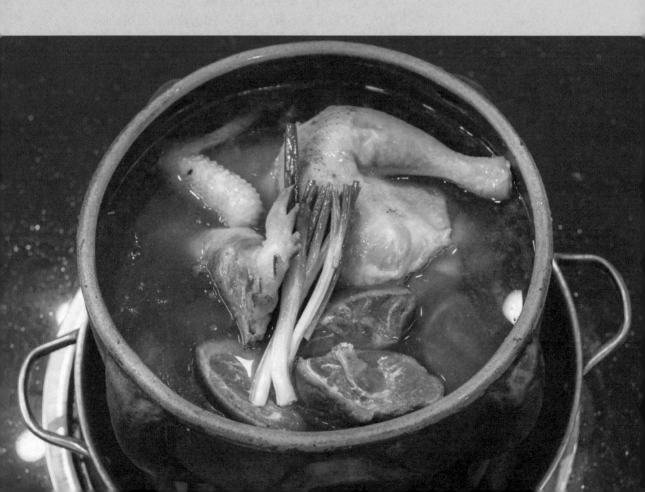

主 料 ▦ 土仔鸡1只(约1250克)　　高山腊猪蹄2000克

辅 料 ▦ 干大头菜500克　　风干萝卜条150克　　干土豆片100克
鲜香菇　25克

调 料 ▦ 老姜50克　　大葱50克　　食盐5克　　味精5克
大蒜30克

制 作 ▦ 🏷选用当年土仔鸡宰杀，去毛、内脏，清洗干净。锅中掺清水，加姜块、葱节烧开，把整鸡放入氽水，然后取出用热水冲去浮沫。腊猪蹄用火烧至皮黄，用清水浸泡洗净，斩成块。
🏷大头菜洗净，切成块。风干萝卜条洗净，用清水泡软。老姜拍破。大葱洗净，切成长节。大蒜去皮。干土豆片洗净，用清水浸泡。香菇洗净，切成块。
🏷把锅置于炉灶上，锅中放置鹽子，锅中加水，以淹至鹽子底座上方3厘米为宜。把鸡、腊蹄块、大头菜、风萝卜、香菇、土豆片放于鹽子内，盖上顶盖，顶盖凹盘内加冷水。
🏷用旺火把锅中水烧开，鹽子盖顶内冷水升温冒汽后把热水舀干，再加同量冷水，改为小火慢煨，之后反复换水，3小时后鹽子内蒸馏水淹过食材，形成汤汁。菜品炖至鸡肉软嫩，腊蹄粑糯后，揭开鹽子盖，加食盐、味精调味，最后放入葱节，即可起锅上桌。

特 点 ▦ 汤汁清香，肉食鲜嫩，味美养生。

出 品 ▦ 奉节／中国特色餐饮名店／川东第一锅

主 厨 ▦ 江湖菜名厨／李美云

土家菌子鸡

山珍大舞台，土家回味菜

缘 起 ▓ 说起土家菌子鸡，还有一段来历。1933年，贺龙元帅带领红三军来到石柱县境内的冷水、黄水坝活动。因战争期间缺衣少食，贺龙元帅在当地土家人的带领下，带领士兵到山上采摘野生菌等山珍，捕捉山鸡等野味，混合炖成一锅美味的鲜汤。所有人对此汤赞不绝口，一直流传至今，后被当地土家族人命名为"石柱土家菌子鸡"。

土家菌子鸡由散养土鸡与香菇、大脚菌、九月香、平菇等天然野生菌加上魔芋配以土家特色作料，以汤锅形式出品，汤质鲜香、肉质细嫩、菌香扑鼻，老少咸宜，具有泻火解毒、清热燥湿之功效。长食之美容养颜，延年益寿。

主　料	散养土公鸡1只（约2500克）		

辅　料

野生干香菇100克　　平菇250克　　干大脚菌50克
鲜九月香菌500克　　魔芋250克

调　料

秘制底料250克　　鲜花椒20克　　泡青椒50克
红小米椒 25克　　大蒜 25克　　蒜苗 10克
干红辣椒 25克　　食盐 5克　　鸡精 25克
菜籽油 500克　　白糖 5克　　白酒 20克
化猪油 150克　　芫荽 10克

制　作

🍃土鸡宰杀，去毛、内脏，洗净，剁成5厘米大小的块。红小米椒去蒂，洗净，对剖。泡青椒对剖。干红辣椒去蒂、籽，切成节。蒜苗洗净，切成节。芫荽洗净，切成节。

🍃干香菇、干大脚菌分别洗去泥沙，用温水浸泡，洗净。九月香、平菇洗净，撕成大块。魔芋氽水后切成长5厘米、宽3厘米、厚1.5厘米的块。

🍃炒锅置于旺火上，掺入菜籽油400克和化猪油，烧至六成热，下干红辣椒节炝香，再加泡青椒炒出香味，下大蒜炒转。此时改中火，下鸡块翻炒至紧皮，再烹入白酒略炒，下秘制底料炒至鸡肉吐油、上色，加适量鲜汤，改大火烧开，加盐、白糖、鸡精调味，转入高压锅中，加入洗净的干香菇及大脚菌，用中小火压煮15分钟。

🍃另锅置于炉火上，掺清水烧开，分别把魔芋和九月香菌氽水起锅。把平菇、九月香菌、魔芋块放在砂锅中打底，再将压煮好的鸡肉倒入砂锅内。

🍃炒锅再置炉火上，掺菜籽油烧热，下鲜花椒、红小米椒块炝香，起锅浇在砂锅内的鸡肉上，撒上蒜苗节和芫荽节，即可上桌开小火煮食。

特　点

鸡肉细嫩，菌菇鲜香，麻辣味浓。

出　品　石柱／国家三钻级酒店酒家／陈田螺海鲜大酒楼

主　厨　江湖菜名厨／陈德勇

李渡芋儿鸡

印在唇齿间的麻辣

缘 起

李渡，长江边曾经的繁盛水码头，相传因唐代诗人李白曾于此渡江而得名。拥有几十年历史的本地风味美食李渡芋儿鸡就出自这里。它的主料选用坐落于青山绿水之中的涪陵本土特色家禽——增福土鸡。增福土鸡食五谷杂粮，饮山间泉水，红冠、绿耳、黄羽、乌皮、青脚是其鲜明的特征，母鸡体重在三斤半左右，公鸡体重在四斤半左右，肉质鲜美、营养丰富，早已成为涪陵乃至全重庆市民宴请贵宾、赠送礼品的最佳选择。

近年来，涪陵增福土鸡凭借其骨小肉丰、肉质细嫩、味道鲜美等特点，先后获得重庆市著名商标、国家地理标志证明商标、重庆名牌农产品、绿色食品认证等荣誉，成为颇受市场青睐的绿色食品。鸡肉配上芋儿就是天生的一对。李渡芋儿鸡麻辣鲜香，汤色红亮艳丽，鸡肉细嫩、辣而不燥，芋儿细腻化渣、糯香回甜，十分入味。

主 料 ▦　涪陵增福土公鸡1只（约2250克）

辅 料 ▦　小芋儿1500克

调 料 ▦

自制辣椒酱100克	大葱30克	小葱20克	化猪油50克
自制泡椒酱 50克	食盐 3克	味精 3克	小茴香 5克
郫县豆瓣酱 50克	大蒜20克	鸡精 4克	老姜 20克
菜籽油　200克	白糖 3克	米酒30克	八角 7克
白胡椒粉　　3克	草果 2个	香叶 5克	陈皮 3克

制 作 ▦

🥄将土鸡宰杀，去毛、内脏，清洗干净。剁成5厘米的块。小芋儿去皮，洗净。大葱洗净，切成节。小葱洗净，切成葱花。老姜切成末。大蒜去皮，切成末。

🥄八角、小茴香、草果、香叶、陈皮炒干磨成粉。

🥄锅置于旺火上，掺菜籽油、化猪油烧至六成热，下鸡块，烹入米酒爆炒3分钟，炒干水汽。

🥄另净锅置于炉火上，下入菜籽油、化猪油烧热，放入姜末、蒜末、葱节爆香，再下豆瓣酱、泡椒酱、辣椒酱炒香、出色、出味，下鸡块炒入味，掺鲜汤，下芋儿烧开，然后放食盐、味精、鸡精、白糖、白胡椒粉、米酒和香料粉调好口味，转入高压锅，用旺火焖压15分钟，再倒入锅仔内，撒上小葱花即可。

特 点 ▦　汤色红亮艳丽，鸡肉软嫩Q弹，芋儿软糯入味，麻辣鲜香味厚。

出 品 ▦　涪陵／龙王坊

主 厨 ▦　中国烹饪大师／孙朝林

万寿香卤鸡

生态延万寿，卤鸡味道香

缘 起 ▦ 　在城口，卤味随处可见，普及程度和各类小吃同级，菜市场、大排档、路边摊、高端饭店，在什么地方卖什么价，但没人觉得奇怪或不合理。

卤水处处有，家家味不同。和其他烧腊店的卤水比较起来，"中国名菜"万寿香卤鸡的卤水在工艺、配方上面有绝招。那一锅老卤水里加了许多药材、香料，使万寿香卤鸡在众多的卤味中独占鳌头。

万寿香卤鸡用的老卤水传承至今已有20多年，店里天天卤鸡，每天把剩下的卤水起锅，细心滤去杂质，烧开，精心保管，第二天用时添加新的配料。老卤水越卤越有味，越卤越醇厚，用得越久越珍贵。

万寿香卤鸡选用的是城口山地老公鸡，由于生长时间长，放养过程中沉积鲜味，鸡肉紧实，卤好之后吃起来喷喷香。老卤水卤老公鸡，经典搭配，也是经典味道。

主　料 ▦ 城口山地老公鸡1只（约2500克）

调　料 ▦ 秘制老卤水4000克　　花椒10克　　食盐10克　　白糖15克
干辣椒　　20克　　老姜30克
香料（山奈、八角、陈皮、桂皮、大茴香、草果、丁香、香叶）150克

制　作 ▦ 🔖选用约2500克重的城口山地老公鸡，宰杀，煺毛，把鸡放在盆中，放置10分钟后，用60至70摄氏度的热水，浸烫3至5分钟，拔尽大毛、细毛，开膛，然后先在鸡颈右侧的椎骨处顺颈划一刀，取出鸡嗉子，再在肛门与腹部之间开一刀，从刀口处取出内脏，冲洗干净。
🔖锅置于火上，下老卤水，加香料包（山奈、八角、陈皮、桂皮、大茴香、草果、丁香、香叶、干辣椒、花椒、老姜，用纱布包好）、食盐、白糖，烧开后掺适量鲜汤。
🔖把整鸡放入卤水锅中，用旺火烧开，拣去浮沫，改用中火，卤制1～2小时，鸡卤好后，捞起晾凉，剁成宽3厘米，长6厘米条形，装盘即成。

特　点 ▦ 色泽金黄，口感带劲，香味突出。

要　领 ▦ 烫鸡煺毛的水温根据季节而定，夏季60～70摄氏度，冬季70～80摄氏度。
卤鸡要根据鸡的老嫩程度掌握具体卤制时间，不能过钯，也不能过硬。

出　品 ▦ 城口／中华餐饮名店／龙河山庄

主　厨 ▦ 重庆烹饪大师／宋万寿

板栗鸡

一锅浓汤迷倒无数饮食男女

缘 起 ▦

板栗被称为干果之王，产地不同，汤色、味道也迥然不同。李子坝板栗鸡选用湖北宽城板栗和长寿跑山鸡精心煲炖而成，坚持以炖出金色汤底为标准。河北宽城板栗颜色金黄，口感糯软，回味甜香。栗子，熟者可食，干者可脯。丰俭可以济时，疾苦可以佐药，辅助粮食，以养人生。长寿跑山鸡在原生态的深山林地内放养，外形美观，体型紧凑，性情活泼，善于奔走，鸡肉胴体丰满，切面光亮，有弹性。

半只土鸡，一斤板栗，一锅浓汤，迷倒了无数"饮食男女"。李子坝板栗鸡需小火慢慢煲炖，让鸡肉和板栗的营养缓缓地溶解在汤汁中，形成一锅易于消化和吸收的养生汤，鸡肉化渣，肉味香醇，肥而不腻，汤味醇香，板栗清甜，为食客们带来一种新鲜的口感。

主 料 ▦	长寿跑山鸡半只（约1500克）	

辅 料 ▦
鸡骨架2000克　　猪棒骨1000克
猪蹄　1500克　　板栗　　500克

调 料 ▦
大豆色拉油150克　　鸡化油50克　　食盐12克　　老姜55克
秘制汤底　500克　　小红枣10克　　大葱20克　　枸杞 5克
矿泉水　35000克　　鸡精　10克　　料酒50克　　味精 5克
白胡椒粉　　3克

制 作 ▦
🥄 鸡宰杀，去毛、内脏、鸡爪，取半只鸡，用清水洗净，沥去血水，斩成3～3.5厘米的块。板栗去壳，放在开水锅中汆煮去涩味，捞出，沥干。猪蹄烧尽残毛，刮洗干净，剁成块。猪棒骨洗净，砸破，老姜5克切成片，50克拍破。大葱洗净，切成节。

🥄 鸡骨架、猪蹄、猪棒骨分别放在开水锅中汆煮5分钟，捞出，冲尽浮沫。

🥄 锅置于旺火上，掺矿泉水，下入鸡化油、鸡骨架、猪棒骨、猪蹄烧开，下老姜块、料酒，改小火煨炖至汤汁浓稠，拣去骨渣，过滤出汤汁，制成高汤。

🥄 锅再置于炉火上，掺清水烧开，下鸡块汆煮1～2分钟，捞出用温热水冲净浮沫。

🥄 另锅掺大豆色拉油烧热，下入老姜片煸炒出香味，再把鸡块放入，翻炒约1分钟，再掺入高汤，下板栗烧开，然后转入砂锅内，用小火煲炖4个小时，开盖，加入秘制汤底，下白胡椒粉、食盐、鸡精、味精、枸杞、小红枣再烧开，起锅上桌。

特 点 ▦
汤色金黄，浓稠香甜，鸡肉鲜嫩，板栗软糯。

出 品 ▦　　渝中／李子坝梁山鸡

主 厨 ▦　　江湖菜名厨／黄维

缙云醉鸡

山醉了，鸡醉了，我也醉了

缘起 说起缙云醉鸡，有这样一段传说：相传轩辕黄帝巡视到巴山，天黑时就在时任巴山夏官缙云氏家中住宿。为了接待好黄帝，缙云氏就杀了几只捕来的鸡，在烧鸡过程中，缙云氏不小心把家里保存的果酒当做了作料，几滴下锅，锅中鸡肉的香味与酒的香味顿时融合在一起，异香四溢。起锅后更有一股诱人的清香扑鼻而来。轩辕帝品尝后，大加称赞。从此，一道具有辛、香、鲜、嫩、甜、糯、烫特色的缙云醉鸡问世了。经后人们的不断改进，缙云醉鸡更加符合了当代人的美食追求，一路走来，绵延数千年。

此肴经过改进，现以米酒、啤酒、葡萄酒三酒醒味，成菜以鲜嫩炽糯，酒香浓郁为人称道，令人陶醉。

主 料 ▦ 放养林下公鸡1只(约1250克)

辅 料 ▦ 竹笋250克

调 料 ▦

郫县豆瓣50克	猪油100克	啤酒50克	白糖15克
干红辣椒 5克	米酒100克	大蒜50克	大葱10克
菜籽油 150克	陈皮 15克	八角 5克	桂皮 5克
葡萄酒 50克	山柰 5克	香叶 3克	砂仁 3克
老姜 100克			

制 作 ▦

🥢竹下鸡宰杀，去毛、内脏，清洗干净。斩成4厘米见方的块。竹笋洗净，切成片。老姜切片。大蒜去皮，拍破。干红辣椒去蒂，切成节。郫县豆瓣剁成末。大葱切成节。

🥢鸡块纳入盆中，加米酒腌制15分钟。白糖入锅炒成糖色。

🥢炒锅置于旺火上，掺菜籽油、猪油烧至七成热，下姜片、蒜瓣、干红辣椒节爆香，再把鸡块放入煸炒干水汽，加入郫县豆瓣和陈皮、八角、桂皮、山柰、香叶、砂仁等辛香料炒香，然后烹入啤酒，下糖色炒至出色、出味。竹笋片放入锅中炒转，加适量清水烧开。然后改小火焖烧到鸡肉炡糯，再改中火收干水分。

🥢当锅中水分收干，烹入葡萄酒，下大葱节炒香，起锅即成。

特 点 ▦ 鲜嫩炡糯，酒香浓郁。

出 品 ▦ 北碚／留恋江湖

主 厨 ▦ 中国烹饪大师／刘小荣

乡村辣子鸡

在金秋的时节，我爱上了你

缘 起 ▦

相传，赶水乡村辣子鸡这道名菜已有200多年的历史。清乾隆年间，暗访民间疑案的钦差查明案件原委后，满心欢喜地走进一农家小店用餐。女店主自是待若上宾，遂逮一土鸡，用家传技法烹制奉上。钦差刚一上口，脸色忽变，店家不知所措。谁知钦差忽然转怒为喜，大呼："好味道！"原来他是先为辣味所惊，后为香嫩而喜。钦差问："此菜为何名？"店家答："无名。"钦差遂即兴为此菜命名"乡村辣子鸡"。

如今，"乡村辣子鸡"第九代传承人贺大平潜心学习家传烹鸡技艺，在不断改良、总结的基础上，将赶水"乡村辣子鸡"发扬光大，增添了麻味及汤料，使鸡肉麻、辣、鲜、香、炬、糯、嫩，鸡血爽滑适口，此菜因而名声大噪。

主 料 ⊞ 农家散养土公鸡1只（约2000克）

辅 料 ⊞ 新鲜方竹笋300克

调 料 ⊞

糍粑辣椒200克	大蒜瓣100克	料酒100克
郫县豆瓣100克	胡椒粉 30克	食盐 50克
干红花椒 50克	五香料 20克	老姜100克
干细淀粉 25克	大葱 100克	熟芝麻5克
菜籽油 2000克	芫荽 适量	

制 作 ⊞

🏷 土公鸡宰杀，取血。去毛、内脏，鸡肉斩成3厘米见方的块，鸡血氽水待用，鸡杂清洗干净，切成块。方竹笋洗净，切成滚刀块，放在开水锅中氽一次水。干红辣椒去蒂去籽，切成节。郫县豆瓣剁细。老姜切成片。大葱洗净，切成节。

🏷 鸡块纳入盆中，加食盐、料酒腌制10分钟，然后用干细淀粉上浆。

🏷 炒锅置于旺火上，掺菜籽油1500克烧至六成热，下鸡块炸约30秒捞出，沥油。

🏷 锅内留油500克烧热，把糍粑辣椒、郫县豆瓣、葱节、姜片、蒜瓣放入，炒干水汽，继续翻炒至出色、出味，下鸡块炒转，然后下料酒、食盐、胡椒粉、香料翻炒2分钟；再把鸡肉转入高压锅中，加高汤1500克没过鸡肉，放入鸡杂、方竹笋和食盐，用旺火压煮20分钟，熄火；鸡血切块，放入汤汁里浸泡入味；鸡肾置于碗中，加料酒、胡椒粉、姜、葱上笼蒸熟。

🏷 将煮好的鸡块装入钵中，再把鸡血、鸡肾放入。

🏷 另锅放少许菜籽油烧热，把干辣椒节、花椒炸香，起锅淋在鸡块上，用葱白、芫荽点缀即可上桌。

特 点 ⊞ 麻辣鲜香，鸡肉炬糯，鸡肾鲜嫩，鸡血滑爽。

要 领 ⊞ 鸡块在高压锅中的烹制时间，要根据土鸡的生长期和肉质而定。

出 品 ⊞ 綦江／赶水乡村辣子鸡

主 厨 ⊞ 江湖菜名厨／贺大平

顺风冷面鸡

好的就是这一口，绝对！

缘 起 ▦　　冷面鸡也叫"凉面拌鸡丝"，就是把重庆最常见的凉面与大家喜欢的怪味鸡丝糅合在一起的一道菜品。顺风123的这道菜品精致大方，菜点合一，鸡丝鲜嫩，面条爽滑，酸、辣、麻、甜、咸多种味道同时展现在食客的舌尖上，互不抢味，没有哪一个味道搞"个人突出"。

顺风冷面鸡的味道是川菜独有的怪味味型，这种味型把各种味道调和在一起，而又平衡协调，给人一种说不清道不明，但又非常愉悦的口感，故食客以"怪"字褒奖其味之妙。怪味的特点是咸、鲜、香、辣、麻、酸、甜各味并重而协调，因菜式不一样，部分调料有所变化。

冷面，其实是我国北方和朝鲜、韩国对凉面的通俗叫法。当然，要把凉面拌鸡丝叫做冷面鸡也没关系，叫法变了，换了一副马甲，但内容还是那个内容，味道也还是那个味道。

主　料 ⊞　仔公鸡1只（约1500克）　　机制面条500克

辅　料 ⊞　绿豆芽500克

调　料 ⊞

花生碎粒5克	花椒油5克	红油40克	白糖5克
花生酱 5克	酱油 15克	香醋12克	味精5克
油辣子 35克	芝麻酱7克	大蒜15克	食盐1克
老卤水 适量	熟芝麻1克	料酒50克	小葱2克
生菜油 适量			

制　作 ⊞

🏷仔公鸡宰杀，去血、毛、内脏。将鸡置墩上，从颈椎处割去鸡颈、头，从脚弯处割去鸡爪，洗净内外血水，放入滚开水中浸烫去腥，取出，用清水冲去血沫。绿豆芽洗净。大蒜去皮，制成蒜泥。小葱洗净，切成葱花。

🏷锅置于旺火上，掺老卤水烧开，放入洗净的仔公鸡，加料酒烧开，卤制5分钟熄火，鸡在卤水中继续浸泡30分钟，起锅，晾凉后去骨，鸡肉撕成丝。

🏷另锅置于旺火上，掺清水烧开，放入豆芽煮约15秒左右，起锅，用冷开水过凉，沥干待用。取一小碗，把食盐、味精、白糖、蒜泥、香醋、酱油、花椒油、花生酱、芝麻酱放入。

🏷机制面条放入开水锅中，煮至断生即捞出，待冷却收汗后，加生菜油，将面条抖散，卷成约30克重的面卷。

🏷取大圆盘一个，把绿豆芽放在盘中央垫底，鸡丝盖在豆芽上，面条卷放在四周，淋上红油。然后把蒜泥、白糖、香醋、芝麻酱等调料搅拌均匀，淋在鸡丝上，加油辣子，撒上葱花、芝麻、花生即可。

特　点 ⊞　酸辣麻甜咸，鸡丝细嫩，面条爽滑。

出　品 ⊞　渝北／国家五钻级酒店酒家／顺风123

主　厨 ⊞　中国烹饪大师／邢亮

掌柜一绝鸡

当家的下酒菜，我也是服了！

缘起 ▦ 安世敏的故事在老巴县人尽皆知。有一次，他母亲生病，他就到街上买鸡为母亲炖汤，由于缺少生活常识，买了一只公鸡。经过一家餐馆时，一生自诩聪明、喜欢捉弄人的他，便与掌柜开起了玩笑。掌柜说不过他，不服气地说："你恁个聪明，咋个买只公鸡给你母亲炖汤呢？"安世敏一听，急忙问："退不到了哒嘛，唥个办呢？"掌柜说："唥个，我给你做一道口味一绝的凉拌鸡，你等哈再去买一只母鸡回去炖嘛！"馋嘴的安世敏听到"口味一绝的凉拌鸡"，口水都立刻要流到嘴边了，就说："要得，要得！"不久，老板端出一盘麻辣鲜香、鸡皮脆、鸡肉嫩的凉拌鸡，吃得安世敏大呼："安逸，安逸，掌柜，你的凉拌鸡真的是一绝！"从此，"掌柜一绝鸡"的叫法便流传开了，直到今天被厨掌柜菜馆发扬光大，奉献给广大食客。

主　料 ▦	土仔鸡1只（约1000克）			

辅　料 ▦	藕片100克　　　竹笋50克			

调　料 ▦

鲜味酱油2克	藤椒油6克	小葱25克	老姜25克
红花椒粉3克	花椒油2克	大葱50克	白酒50克
生抽　20克	辣鲜露8克	食盐　5克	鸡精　2克
白芝麻　10克	芝麻油4克	味精　2克	白糖　2克
红油　100克	花生酱3克	香醋　3克	蚝油　6克
油辣子　15克	蒜末　5克		

制　作 ▦

🥄土仔鸡宰杀，去毛、内脏，洗净。莲藕去皮，洗净，切成片。竹笋洗净，切成片，老姜切成片。大葱洗净，切成节。小葱洗净，切成葱花。

🥄锅置于旺火上，掺清水，下葱节、姜片、白酒、食盐烧开，放入宰杀好的鸡，再烧开，撇净血沫，转小火煮15分钟熄火，鸡在汤中泡15分钟，捞起，放在冰水桶中冰镇。

🥄莲藕片放在开水锅中氽水，沥干。竹笋片放在开水锅中氽煮2次，捞出用冷开水浸泡10分钟，沥干。白芝麻放在锅中炒熟。

🥄把红花椒粉、白糖、香醋、辣鲜露、生抽、藤椒油、花椒油、芝麻油、蚝油、油辣子、蒜末、花生酱、红油、鲜味酱油、味精、鸡精搅匀，兑成味汁。

🥄将鸡斩切成条块，装入扣碗中，鸡肉上放藕片、竹笋垫底，然后把碗反扣在窝盘中，揭开扣碗，浇上味汁，撒上葱花、芝麻即可。

特　点 ▦	味麻辣鲜香，鸡皮脆肉嫩。

要　领 ▦	煮鸡肉的时间请根据鸡的大小适当调整，鸡肉不能煮得太久，煮好之后要焖一段时间，焖至鸡肉最厚的地方用筷子能轻易扎透且没有血水渗出即可。冰水要提前准备好，可以多准备些冰块。

出　品 ▦	巴南／中华餐饮名店／厨掌柜巴县菜馆
主　厨 ▦	中国烹饪大师／郑中亮

南川烧鸡公

竹笋与鸡是黄金搭档

缘 起 ▦

19世纪中叶，南川水江乡绅刘智润偶然创制了用方竹笋烧公鸡的方法，众乡邻品尝后无不称好。因重庆方言习惯把"公鸡"叫做"鸡公"，于是这道菜被命名为"刘氏烧鸡公"。刘智润第五代嫡孙刘勇从小在家族熏陶下，掌握了烧鸡公制作的秘诀，1984年他以百年祖传秘制配方及烹饪技巧为基础，在主城区的弹子石开了第一家"烧鸡公"餐馆。

烧鸡公在选料、制作工艺、吃法上都非常独到。第一，选料严谨：必须选用生长期一年以上农家散养大红土公鸡，辅以方竹笋、香芋和传统手工自制豆瓣酱。第二，火候严格：烹调时先用大火烧开，再改中火慢烧，以保持其原汁原味。第三，吃法别致：先把主料在汤汁中制作成熟，连锅带火配辅料上桌，以主菜（连汤）为锅底，食者先品尝主菜，然后再涮烫其他辅料，与火锅有异曲同工之妙。

刘氏烧鸡公被选入"中国名菜"，其制作技艺已被纳入第六批重庆市非物质文化遗产代表性项目目录。

156

主　料 ⠿	土仔公鸡1只（约1500克）
辅　料 ⠿	方竹笋75克　　另配四荤四素涮料随锅

调　料 ⠿

郫县豆瓣150克	泡辣椒25克	老姜50克	料酒25克
干红辣椒100克	大蒜　50克	味精10克	大葱50克
菜籽油　500克	花椒　15克	食盐　3克	草果　2个
五香料　20克	鸡精　5克		

制　作 ⠿

🏷 土公鸡宰杀，去毛，剖腹，洗净；鸡杂洗净，刀工处理后备用；鸡血氽水，用竹刀划成块备用；鸡肉斩成3厘米的小块。方竹笋用清水泡软，切成滚刀块。郫县豆瓣剁碎。干红辣椒去蒂，切成节。老姜切成片。大蒜去皮，切成片。大葱洗净，切成节。

🏷 锅置于炉火上，掺入菜籽油烧至五成热，下干红辣椒节、花椒炒香，起锅备用。

🏷 锅内菜籽油再次烧至五成热，下鸡块、姜片、蒜片、葱节炒至水汽干，然后下豆瓣继续翻炒，待鸡块炒出香味，油色红亮时，下料酒、食盐炒转，掺适量高汤、加香料、草果，待汤沸腾后，改中火烧至鸡肉七成熟，此时再把方竹笋放入烧15分钟。

🏷 取一火锅用锅，把鸡肉连汤汁一并转入，下油酥干辣椒、花椒、葱节和泡辣椒，调入味精、鸡精上桌。

🏷 鸡血、鸡杂装盘，将其与其他荤素涮料和火锅同上。食者先品尝主菜，然后再涮烫其他涮料。

特　点 ⠿　麻辣味鲜，鸡块杷糯，汤汁红亮。

出　品 ⠿	南川／重庆老字号／刘氏烧鸡公
主　厨 ⠿	江湖菜名厨／刘勇

泡姜烹土鸡

在五彩斑斓的世界里，我遇见了你

缘 起 ▦

姜在重庆菜中是不可或缺的食材，无论作主料，还是作辅料、调料，都能摆正自己的位置、演好自己的角色。重庆人对泡姜和泡辣椒在烹调中的运用已经非常熟练，不论用哪种烹饪方式，都可以做出上百道的菜肴，自成体系，蔚然大观。

中国名菜泡姜烹土鸡是重庆铜梁"三活春"的一大招牌美食。这道菜选用农家放养的土鸡，配上泡制多日的子姜和泡辣椒，翻炒煮焖，泡姜去掉了鸡肉的腥味，增添了香醇，鸡块吸收了泡姜的酸辣味和多种调料的鲜香味，入口后，鸡肉香中带微酸，酸中带微辣，辣中又带鲜，鲜中还带香，那种畅快淋漓的刺激感，时时刻刻在唇齿间跳动，令人吃得浑身舒坦。

主　料 ▦　　土仔公鸡1只（约2500克）

辅　料 ▦　　泡姜200克　　　子弹头泡红辣椒50克

调　料 ▦

郫县豆瓣15克	老姜15克	白醋10克	大葱50克
猪油　250克	小葱15克	料酒25克	白糖10克
干花椒　10克	味精10克	鸡精20克	食盐 3克

制　作 ▦

🏷仔公鸡宰杀，去毛、内脏，洗净，斩成3厘米大小的块。泡姜切成厚片。子弹头泡辣椒25克切成块。郫县豆瓣剁蓉。老姜切成片。大葱切成节。小葱切成花。

🏷鸡块纳碗，加食盐、姜片、料酒拌均匀腌制15分钟。

🏷锅置旺火上，掺猪油烧至七成热，放入郫县豆瓣、泡辣椒块、泡姜、干花椒炒至出色出味，然后把鸡块、料酒放入翻炒，至香味溢出时，掺入适量鲜汤烧开，转入高压锅中，焖压8分钟熄火。

🏷把鸡肉转入炒锅，放入子弹头辣椒，加白糖、白醋，烧2分钟，下味精、鸡精调味，起锅装盘，撒上小葱花即可。

特　点 ▦　　细嫩滋润，酸鲜适口。

出　品 ▦　　铜梁／全国绿色消费餐饮名店／老太婆三活春餐馆

主　厨 ▦　　中国烹饪大师／周辉

啃点麻辣鸡

中国名小吃，啃点好快活

缘起 ▦ 啃点麻辣鸡，一句稀松平常的话语，却道出了一款惹人眼球的美味佳肴——中国名小吃"快河林啃点麻辣鸡"。此创新菜肴有传统"水八块"的影子——煮熟后，用冰水急冷，保持了鸡肉的绝佳味道，与"水八块"鸡肉煮熟后用冷井水急冷急收有异曲同工之妙。当然，滋味也与"水八块"不相上下，但更具颠覆性与复合性，即在原来传统只有麻辣味的基础上增加了香卤的成分。本款菜品，做工细腻，程序复杂，厨师在制作过程中一会儿做油辣子，一会儿做红油，一会儿做卤水，忙得"热火朝天"。看到这一大盘麻辣鲜香烫俱全且红彤彤、金灿灿、香喷喷的麻辣鸡块，又有谁忍得住不怦然心动呢？心动不如行动，食客们大手一挥，十指联动，不亦乐乎。这正是：一盘麻辣鸡，啃起最安逸。

主 料	高山土公鸡1只（约2500克）			
调 料	鸡汤卤水200克	红油150克	老姜100克	花椒20克
	红花椒粉 10克	食盐350克	八角 10克	味精10克
	红花椒油 15克	黄酒350克	食盐 5克	白糖10克
	油辣子 150克	鸡精 20克	桂皮 10克	

制 作

🥄高山土公鸡宰杀，去毛、内脏，洗净，放在清水中，加入食盐150克和黄酒200克，浸泡60分钟。

🥄铁锅置于旺火上，掺清水5000克，放入老姜、花椒、桂皮、八角、食盐150克、黄酒150克，烧开，然后把将鸡放入，煮开15分钟后起锅，放在加入冰块的水中浸泡，待凉透后捞出。

🥄将鸡斩成2厘米宽、4厘米长的块装盘。

🥄将油辣子、红油、鸡汤卤水混合，加入食盐50克，再加白糖、红花椒粉、红花椒油、鸡精、味精，搅拌均匀，浇在已装好盘的鸡块上，即可食用。

特 点

鸡肉细嫩脆爽，味道麻辣鲜香。

要 领

油辣子制作：把干辣椒200克放在锅中，用小火翻炒至酥香，起锅冷却后用碓窝舂成粗辣椒粉。将锅置于旺火上，掺菜籽油500克炼至八成熟，依次加入老姜80克、小葱100克、洋葱100克、芫荽30克，炸出香味后熄火，捞出料渣，待油温降至六成热时，将油浇在辣椒粉上，不停搅拌和匀，冷却20分钟，再加入芝麻油30克、核桃碎粒30克、花生碎粒30克、去皮白芝麻20克，拌匀备用。

红油制作：将细辣椒粉200克中加入小葱50克、大葱50克、洋葱50克、姜片30克、香叶8克、草果10克、八角8克、桂皮6克、香茅草6克、砂仁6克、白蔻10克、丁香6克、千里香6克、香果10克。菜籽油500克在锅中烧至八成热，熄火冷却10分钟，然后浇在辣椒粉和香料上拌匀，冷却20分钟后加入芝麻油100克、红花椒油100克备用。

鸡汤卤水制作：在煮鸡原汤中加入老姜30克、砂仁6克、白蔻6克、桂皮10克、丁香6克、草果10克、花椒10克、茴香6克，用小火熬制60分钟，形成香味浓郁的鸡汤卤水。

出 品	巴南／中国十大文化餐饮品牌名店／快河林
主 厨	中国烹饪大师／周朝勇

妈妈钵钵鸡

捧在手心，思念悠悠

缘 起 以陶土钵钵为盛器，用麻辣鲜香的作料，拌熟鸡肉、熟猪肉、熟素菜的吃法，全国都有，似乎以湖南常德为甚。当然，在巴渝地区的城镇乡村也不鲜见。其实，过去我们常吃的鸡肉或猪肉的"水八块"，就是这种形式。不知何时，也许是十几年前吧，吃"土"的食风唤醒了食客们沉睡的记忆，巴渝大地开始兴起了钵钵菜，且与本地麻重辣烈的江湖菜口感"强悍对接"，活生生演绎出更加浓烈、更加新奇、更加重味的奇葩——妈妈的土钵菜就是其中很好的一例。

妈妈钵钵鸡，菜如其名，有妈妈的味道。它将妈妈祖传的手艺与现代烹饪形式完美结合，不仅可解乡愁，而且还让人时常回忆起含辛茹苦的母亲曾经的雪雨风霜，还有那博大无私的母爱。正是：一口色泽红亮的钵钵鸡，一段感恩的心路历程……

主　料 ▦　　跑山土鸡1只（约1500克）

调　料 ▦
自制红油300克	芝麻油50克	黄酒200克	食盐30克
藤椒油　100克	熟芝麻50克	老姜130克	大蒜50克
油辣子　 00克	白砂糖20克	大葱200克	味精25克
花椒粉　 25克	野芫荽15克	鸡精 25克	

制　作 ▦

🏷 选用当年生跑山土鸡宰杀，去毛、内脏，清洗干净。老姜100克切成姜片，30克切成姜米。大蒜去皮，制成蒜泥。大葱洗净，绾成结。野芫荽洗净，切成花。芝麻入锅炒香。

🏷 锅置于炉灶上，掺清水，加姜片、葱结、黄酒和食盐10克，再把鸡放入锅中，用旺火烧开，撇去浮沫，改小火煮15分钟，然后熄火。鸡在汤中浸泡20分钟后捞出，晾凉。

🏷 把自制红油、油辣子、藤椒油、花椒粉、芝麻油、白砂糖、鸡精、味精、姜米、蒜泥放入调料盆，放入食盐20克，加适量高汤搅拌均匀，制成拌鸡调料。

🏷 把鸡放在冷菜专用砧板上，鸡颈项斩成块，鸡翅斩小，垫在盘底，鸡腿肉去大骨，斩成条，鸡胸肉斩成条，按"和尚头"造型装盘。然后在拌鸡调料中加熟芝麻搅拌均匀，淋在鸡条上，放上芫荽花即可。

特　点 ▦　　色泽红亮，鸡肉脆嫩，麻辣筋道。

要　领 ▦　　煮鸡时要掌握好火候，煮熟后，须在原汤中浸泡，以保持肉质的细软脆嫩。

出　品 ▦　　渝中／重庆特色餐饮名店／妈妈的土钵菜

主　厨 ▦　　江湖菜名厨／苟彬

吊烧鸡

吊胃口，是一种麻辣的诱惑

缘 起 ▦   历史上的吊烧鸡属于粤菜，是广州的传统名菜。粤菜的吊烧鸡不是用明
火直接烧，而是隔着煲烧的，待吊烧至八成熟，再放油炸至金黄色，装
盘即可。

快河林的吊烧鸡学习、借鉴了粤式吊烧鸡的形式，摒弃了"烧"这一程
式，成菜后，将已经炸熟的鸡块挂在特制吊架上，娇艳欲滴，色泽鲜
嫩，夺人眼球，摄人心魄，上桌即可食用。它不在"烧"字上做文章，
而是在"吊"字上讲形式，在调辅料上藏玄机。这道菜最大的特点在于
调辅料的合理搭配与灵活运用，将麻辣调料与香卤料相结合，真正符合
了江湖菜"杂"的特质。其手法的多样性，也真正适应了喜好江湖菜群
体的口感需求。这样处理，使成菜更快，味道来得更直接，食之香辣可
口、畅快淋漓，更具爽辣劲爆的快感。

主　料 ▦	土公鸡1只（2500克）			
调　料 ▦	干辣椒节15克	红花椒10克	老姜100克	姜粒30克
	刀口辣椒40克	红油 100克	白酒100克	蒜粒30克
	麦芽糖 200克	食盐 300克	生抽 20克	味精10克
	菜籽油3000克	花椒粉 5克	十三香5克	鸡精10克
	芝麻油 20克	孜然粉10克	小葱 15克	
	卤料包　1个			

制　作 ▦

🔖将鸡宰杀洗净，剁成3厘米宽、5厘米长的块，氽水去除血水，洗净备用。小葱洗净，切成葱花。

🔖卤锅置于旺火上，掺适量清水、高汤烧开，加老姜、麦芽糖、食盐、白酒，加入卤料包，烧开后改小火熬制2小时，然后放入鸡块，卤制10分钟，浸泡15分钟，捞出沥干。

🔖另锅置于旺火上，加入菜籽油3000克烧至八成热，放入鸡块，炸至肉质外焦里嫩，起锅待用。

🔖另锅加入红油、干辣椒节、红花椒、姜粒、蒜粒、刀口辣椒、生抽、孜然粉、花椒粉、十三香，再加鸡精10克、味精10克、芝麻油20克，炒香，加入炸好的鸡块快速翻炒，让作料均匀地粘在每一块鸡肉上，撒上葱花，起锅装盘待用。

🔖用不锈钢挂钩将鸡块挂在特制吊架上，上桌即可。

特　点 ▦

外焦里嫩，香辣可口。

要　领 ▦

卤料包制作：砂仁15克、白蔻6克、桂皮25克、丁香15克、草果25克、香叶15克、荜拨10克、香茅草10克、黄栀子15克、山奈30克、八角50克、香果20克、白蔻20克、茴香20克、良姜10克、千里香20克、干辣椒节50克、红花椒30克，用干净纱布包好，用老卤水浸泡30分钟待用。

刀口辣椒做法：置锅加热，将干辣椒200克、红花椒30克小火炒至酥香后起锅，放凉后用刀剁细备用。

出　品 ▦	巴南／中国十大文化餐饮品牌名店／快河林
主　厨 ▦	中国烹饪大师／周朝勇

吊锅糯皮鸡

远山的呼唤，悠悠的岁月

缘 起 ▦

吊锅，多在远离尘嚣的深山老林人家中常见。每当夜深人静，森林人家在火塘里燃烧起柴火、挂上吊锅，便开始了收工回家后的炊烟之事。一阵"噼里啪啦"后，柴香、菜香及油香弥漫在空气中，一锅大杂烩熟透了，其美味让人垂涎，于是家人们"举箸问路"，开始了欢歌笑语、酒足饭饱的"饕餮之夜"。

吊锅糯皮鸡是一道具有山野之气、带有原始风味的菜肴，放在城市的大场景之中，又多少带了点处江湖之远的粗犷豪气。由于它与城市人的生活有太大的反差，竟成为食客们对逝去岁月的念想，以及心中对远山的呼唤！

主　料 ▦	乌皮仔公鸡1只（约1500克）			

辅　料 ▦	香菇200克			

调　料 ▦	干红辣椒100克	泡青椒100克	胡椒粉3克	大蒜40克
	郫县豆瓣 25克	干花椒 15克	熟芝麻5克	老姜25克
	糍粑海椒 50克	花椒油 30克	味精 5克	鸡精 5克
	红苕淀粉 20克	料酒 100克	小葱 5克	酱油10克
	混合油 400克	芝麻油 10克	白糖 10克	食盐适量
	香料粉 5克			

制　作 ▦

🏷 将乌皮仔公鸡宰杀，煺毛，剖腹去内脏，洗净，斩块。香菇清洗干净，切成块。干红辣椒去蒂，切成节。老姜切成姜米。泡青椒切成节。郫县豆瓣剁细。小葱洗净，切成葱花。

🏷 取宰好的鸡块，加少许食盐、酱油、料酒、红苕淀粉20克码味上浆。

🏷 炒锅置于中火上，掺混合油烧至五成熟，下码好味的鸡块炒干水汽，加干花椒、干辣椒节、姜米、大蒜、郫县豆瓣、糍粑海椒炒至出色出味，然后把香菇块放入翻炒，烹入料酒，下食盐、味精、鸡精、白糖、胡椒粉、香料粉、酱油、花椒油调味。将炒制好的鸡肉转入吊锅，先用小火把鸡块焖至肉香皮糯，再改用旺火收汁，淋入芝麻油起锅装盘，撒上熟芝麻、葱花即可。

特　点 ▦	红润亮丽，麻辣滋润，肉香皮糯。

出　品 ▦	沙坪坝／中华餐饮名店／一品红
主　厨 ▦	中国烹饪名师／谢武

口水鸡

垂涎三尺只为鸡

缘起 提起口水鸡，不得不提口水鸡的创始人刘兴。他毕业于某中医学院，对饮食之道颇有造诣。一天有朋友来访，两人交谈甚欢，不知不觉已时近中午，于是他急忙到厨房，为客人备下酒菜。菜肴中一道鸡块洁白、皮脆肉嫩、辣油红亮、葱花翠绿的凉菜引起朋友极大兴趣。鸡肉香气扑鼻，一入口中，辣中带麻，鲜嫩爽滑，略带葱香，咸甜皆备，于是客人胃口大开，吃了一块，又想二块、三块……

这道菜很像乐山麻辣鸡，但做工比麻辣鸡细腻、别致，调味比麻辣鸡丰富、变化多，堪称凉拌鸡中的"神来之笔"。

后来，刘兴根据大文豪郭沫若先生的名著《洪波曲》中"少年时代在故乡四川吃白砍鸡，白生生的鸡块，红殷殷的油辣子海椒，现在想起来，还口水直流"的意境，为鸡块取名"口水鸡"。这里介绍的是蜀都丰按原菜谱制作的"口水鸡"。

主　料 ▦	乌皮土仔公鸡1000克

辅　料 ▦

熟白芝麻20克	大蒜15克	花椒粉10克	花椒油10克
熟油辣椒75克	红油75克	大葱节25克	红酱油15克
熟花生末25克	老姜25克	芝麻酱10克	白糖　10克
芝麻油　30克	味精15克	醋　　10克	花椒　10克
冷鸡汤　50克	料酒15克	精盐　5克	小葱　10克

制　作 ▦

🏷 将活鸡宰杀洗净，去毛、内脏，洗净，然后去爪和翅尖，入开水中氽去血水，捞起用清水冲洗干净。大葱切成节。老姜15克切成片；10克切成末，制成姜汁。大蒜去皮，切成末，制成蒜汁。小葱切成花。

🏷 锅置于旺火上，掺水烧到70摄氏度时放入鸡，下入葱节、姜片、花椒、料酒、精盐，煮到刚断生时将鸡起锅，放入冷鸡汤中浸泡，再放入冰箱，待凉后捞起，斩切成条形装入凹形盛器中。

🏷 将红酱油、姜蒜汁、芝麻酱、熟油辣椒、花椒粉、花椒油、白糖、醋、味精、红油、芝麻油纳入碗中，兑成味汁，淋在鸡条上，撒上熟白芝麻、熟花生末和小葱花即成。

特　点 ▦　皮脆肉嫩，辣而不燥，辣中有香。

出　品 ▦　福建省福州市／福建省100名知名餐饮企业／蜀都丰

主　厨 ▦　江湖菜名厨／冯政丰

徐鼎盛口水鸡

滋味在口，怎奈何口舌生津欲横流

缘 起

口水鸡以其色泽红亮、鸡肉细嫩、麻辣鲜香的特色，享有"名驰巴蜀三千里，味压江南十二州"的美誉。

据说，当年《重庆晚报》刊登了一则以"口水鸡不是鸡流口水"为上联，有奖征求下联的消息，应征者甚众，就连黄济人、莫怀戚、牛翁这样的"大咖"也跃跃欲试。其中有一联对得很有意思："太白酒何尝酒醉太白"。口水鸡是重庆风味小吃，诗仙太白酒是重庆名酒，以风味小吃佐名酒，那滋味不摆了！

徐鼎盛口水鸡被列入"中国名菜"，白生生的鸡块，红殷殷的油辣子海椒，点缀几许绿油油的葱花，真是活色生香。食客们尚未尝鸡已是垂涎欲滴，还没品酒早就自我陶醉。

主 料 ⊞	土仔公鸡1只（约2000克）	
辅 料 ⊞	黄瓜200克	

调 料 ⊞

去皮芝麻10克	花椒粉5克	大蒜30克	老姜15克
油辣子 50克	白糖 8克	香醋15克	味精 5克
花椒油 30克	生抽150克	小葱15克	大葱15克
红油 100克	食盐 适量		

制 作 ⊞

🥄 选用农家土仔公鸡宰杀，煺毛，去内脏，洗净，再去爪和翅尖，放在开水锅中汆去血水，捞出，用干净纱布搓去油皮，然后用清水冲洗干净。大葱切成节。老姜5克切成片，10克切成末。大蒜去皮，制成蒜泥。小葱切成葱花。

🥄 锅置于炉灶上，掺清水，把鸡放入，加姜片、大葱，用中火烧开，然后转小火煮7分钟，熄火浸泡20分钟，捞出晾凉。黄瓜切成块，用少许食盐码匀，然后装在凹形盘中垫底。

🥄 把红油、油辣子、花椒粉、蒜泥、姜末、花椒油、白糖、香醋、生抽、味精放入碗中调和，搅拌均匀制成味汁。

🥄 把晾凉的鸡斩成一字条，堆码在黄瓜块上，然后把调好的味汁淋在鸡上，最后撒上葱花、芝麻即可。

特 点 ⊞　色泽红亮，鸡肉细嫩，麻辣鲜香。

要 领 ⊞　煮鸡的火候是口水鸡制作的重点，不能用大火煮，用大火煮容易把肉煮烂。熄火后浸泡鸡的汤汁一定要淹没鸡身，这样鸡的口感才鲜嫩肥美。
斩鸡条的宽度要适当，不能太宽，太厚，否则会影响入味。
口水鸡味汁的调味原料，可根据实际需要酌情增减。

出 品 ⊞	沙坪坝／重庆老字号／徐鼎盛民间菜
主 厨 ⊞	江湖菜名厨／徐小黎

黑豆花汽锅鸡

在清淡的汤品中享受清淡的生活

缘 起 ▦ 汽锅鸡，应该算是云南美食的第一道招牌菜吧！如今，重庆江湖菜也高举汽锅大旗，开启了"嫁接"时代。汽锅鸡的做法说起来似乎很简单，但实际上厨师需要使用一定技巧，才能蒸制出鸡肉香嫩、鸡汤清澈、原汁原味的汽锅鸡。

杨府黑豆花汽锅鸡，总体口味清淡，由于采用了当归、枸杞等中药材，它也是很养生的一道菜。这道菜用农村放养的老母鸡烹制，鸡肉纤维富有弹性，营养都全部释放在汤里，汤味很醇厚；大块而绵软的黑豆花，豆味儿十足，吸收了汤里的精华，既有红枣枸杞的甜味，也带有中药香。

主　料 ▦　黄油老母鸡肉600克

辅　料 ▦　黑豆花400克　　当归20克　　枸杞10克

调　料 ▦　沮水200克　　猪油50克　　老姜5克　　食盐6克
胡椒粉3克　　料酒20克　　味精5克　　白糖3克
鸡精 15克

制　作 ▦　🏷老母鸡肉洗净，剁成6厘米长的块。
🏷炒锅置于旺火上，加入猪油烧至六成热，下姜片、当归
略炒，再把鸡块放入炒干水分，掺清水烧开。然后转入高压
锅焖40分钟熄火。待冷却后加食盐、鸡精、味精、白糖、胡
椒粉调味。
🏷取紫砂汽锅蒸热，然后把豆花舀起，平铺在锅内垫底，
再把鸡块均匀地铺在豆花上面，掺入鸡汤，撒上枸杞，即可
上桌。

特　点 ▦　鸡肉劲道弹牙，豆花绵扎细嫩，汤味醇鲜。

要　领 ▦　豆花制作：取黑豆2500克、黄豆1500克装入大盆，掺清水至
完全淹没（水位高于豆面10厘米左右）泡制10小时，沥干，
用清水冲洗两遍。把清洗沥干后的豆子加入7500克清水，用
豆浆机磨成细浆。然后将开水，陆续兑入浆汁，边兑边搅，
用滤帕进行滤浆，将滤好的豆浆倒入锅中，用旺火煮开，再
用调好的沮水在豆浆中淋遍，待浆与水逐渐分家，至水澄清
时即成豆花。

出　品 ▦　渝北／重庆老字号／杨记隆府

主　厨 ▦　中国烹饪大师／王清云

乡村鸡豆花

昔日高端宴席菜，如今寻常百姓尝

缘 起 ▦

豆花不用豆，吃鸡不见肉，这就是鸡豆花。它色泽洁白、质地嫩滑、细腻如脂，其味咸鲜醇厚，汤汁清澈。它将极繁与极简合而为一，是巴渝民间家喻户晓的美食。

豆花的原料是黄豆。而做鸡豆花则是用鸡肉代替黄豆，成菜后形似豆花，具有很高的观赏价值，也是一道美味佳肴、养生佳品。

鸡豆花原为传统菜，制作技艺复杂，一般用于高端筵席中。随着人们生活水平的提高，塔宝花园的江志成大厨对鸡豆花的制作进行了创新改良，用枸杞代替火腿，使成菜更具养生效果；在冲蓉环节淋入鸡油，使成菜味道更具鸡肉的清香、醇厚。这些改良使鸡豆花更适合大众口味。

主 料 ⊞ 鸡脯肉450克　　鸡蛋6个

辅 料 ⊞ 水淀粉100克　　枸杞12粒　　豌豆尖苞30克

调 料 ⊞ 鸡油25克　　食盐5克　　胡椒粉3克　　味精5克

制 作 ⊞
🥄将鸡脯肉洗净，漂尽血水，用刀背反复捶松，剔净筋络，再轻捶成细腻无筋的蓉，置于碗内。枸杞洗净。豌豆尖取苞，洗净待用。

🥄鸡蛋磕破，取蛋清，用竹筷轻轻调散，然后倒入鸡肉蓉，加入盐3克、水淀粉100克、胡椒粉2克、味精3克及冷清汤150克，搅匀成糊浆。

🥄锅置火口上，掺入清汤烧开，下盐2克、味精2克、胡椒粉1克，用抄瓢将汤推至旋转然后将鸡糊浆倒入，快速推匀，然后调小火力，待其凝聚成一块，然后淋上鸡油。

🥄将锅移至微火上，煮至鸡豆花绵实，悬浮在汤中，再把豌豆苞入锅烫熟置入碗中，然后将豆花舀入碗，将锅内的清汤灌入碗中，撒上枸杞即成。

特 点 ⊞ 洁白如雪，质地细嫩，咸鲜醇厚，汤汁清澈。

要 领 ⊞
要使鸡豆花细嫩，必须选用鸡脯肉里最嫩的一小块，捶蓉要精细，筋要去尽，只能用刀背，不能用刀刃，更不能用绞肉机。

调制鸡糊浆时，鸡蓉、蛋清、淀粉的比例要适当。鸡蛋清放多了，豆花吃起来不细嫩；放少了，滑嫩度、凝结度和颜色就会受影响。清汤放少了，成品会结块，不是豆花状；放多了，鸡蓉不凝结，不能成花。

掌握好火候很关键，火小鸡豆花冲制不熟，火大会冲散豆花。

鸡油要一勺勺慢慢地淋在凝结的鸡豆花上，让鸡油的香味慢慢渗透进去。

出 品 ⊞ 南岸／中华餐饮名店／南山塔宝花园

主 厨 ⊞ 重庆烹饪大师／江志成

干咸菜土飞鸡

幸福的味道，就在那飞得更高的天空

缘 起 ▦ 　每年冬季，长寿付何一带有家家户户做干咸菜的习惯，远近闻名。那诱人的醇香、那脆爽的味道，让人无法摆脱，无论单吃抑或做配菜、俏头，均能出味出彩。

干咸菜烧土鸡，一道普通的家常菜。在物资匮乏的年代，冬天没有新鲜蔬菜可吃，人们往往用干咸菜炒肉、煨肉、炖肉。如今，生活好了，物质丰富了，日子好过了，偶尔吃一顿还成了享受。

家常菜，积淀着一方水土的饮食文化底蕴，也是当地风土人情的最佳呈现方式。干咸菜烧土鸡，虽然是乡村味道，却是充满民间智慧和幸福的味道。炖熟后，咸菜中夹杂着鸡肉的脂香，鸡肉里裹挟着咸菜的清香，以排山倒海之势攻入鼻腔，让人情难自禁。

主　料 ▦	长寿跑山鸡1只（约2500克）

辅　料 ▦	长寿付何干咸菜250克　　武隆苕皮300克

调　料 ▦

郫县豆瓣100克	老姜30克	大蒜40克	花椒40克
自制红油250克	味精20克	白糖 5克	食盐 3克
干灯笼椒250克	香叶 3克	八角10克	桂皮 6克
泡红辣椒150克	山柰 5克	芫荽10克	小葱20克
菜籽油　500克			

制　作 ▦

🍃选用1年半生长期的农家跑山鸡，宰杀，去毛、内脏，洗净，斩成2厘米大小的块待用。咸菜洗净，切成片。干灯笼椒去蒂，对剖。老姜切成1厘米见方的颗粒。武隆苕皮用开水泡发，洗净。郫县豆瓣剁细。泡红辣椒剁成末。芫荽洗净，切成节。小葱洗净、切成葱花。

🍃炒锅置于旺火上，掺菜籽油烧至六成热，把鸡块放入锅中煸炒至鸡皮呈金黄色，捞出沥油待用。

🍃炒锅再置旺火上，下自制红油烧至四成热，放郫县豆瓣和老姜颗粒，加泡椒末以及山柰、香叶等香料，再加大蒜，炒至出色出味，把鸡块、老咸菜放入，炒干水汽，掺适量由猪大骨熬制的高汤烧开，撇去浮沫，改小火，慢炖至鸡肉炪糯，下食盐、味精调味，然后放武隆苕皮烧至入味，起锅装盆，撒上葱花、芫荽节即可。

特　点 ▦	鸡肉麻辣炪糯，咸菜香脆味醇，苕皮爽滑柔韧。

出　品 ▦	长寿／张记水滑肉
主　厨 ▦	江湖菜名厨／张波

双椒鸡

绝味"双骄"，怕辣的不来，怕麻的不进

缘 起 双椒鸡，一道重庆江湖名菜。双椒鸡最早出现在2005年沙坪坝杨公桥一个土坡上的小店里。江德清，是吴任俊先生与张正雄大师的弟子。他对双椒鸡进行了多次研发改进，才使这道菜有了如今的风味。他把青小米椒与青花椒的味道结合得相当巧妙。成菜不仅青翠欲滴，诱人食欲，使人味蕾顿开，而且鸡肉外酥里嫩、麻辣鲜香，深受食客喜爱。每天，专门到店里吃这道菜的食客络绎不绝。张正雄大师还特地为这道菜写了一副幽默的对联：两江双椒鸡辣得哭兮兮，怕辣的不来怕麻的不进。

主 料 ▦ 土仔公鸡1只（约2500克）

辅 料 ▦ 青尖椒250克　　干青花椒25克　　鲜青花椒50克

调 料 ▦
自制青椒油50克	白芝麻10克	老姜50克	大蒜50克
菜籽油　100克	芝麻油10克	大葱25克	小葱50克
水淀粉　100克	胡椒粉 5克	食盐 5克	鸡精10克
色拉油　500克	味精 10克	白糖 7克	酱油50克
花椒油　15克	料酒 50克		

制 作 ▦

🍃土仔公鸡宰杀，去毛、内脏（内脏可另作他用），洗净，剁掉鸡头、鸡脚，剔去脊骨，将其连肉带骨剁成2厘米大小的鸡丁。青尖椒洗净，去蒂，切成长节。老姜25克切成片，25克切成小粒。大蒜去皮，切成小粒。大葱切成节。小葱切成葱花。白芝麻炒熟。

🍃鸡丁加食盐、料酒、葱节、姜片拌匀，腌制入味，然后放入水淀粉抓匀，再加入菜籽油25克拌匀。

🍃炒锅置旺火上，掺色拉油烧至八成热，把鸡丁（拣去其中码味用的葱、姜）放入锅中炒至鸡肉收缩变色，起锅沥油待用。

🍃炒锅再置火上，下菜籽油75克、自制青椒油，烧至五成热，下姜粒、蒜粒、干青花椒、鲜青花椒、青尖椒，煸炒出香味，然后下鸡丁翻炒入味，加入酱油、鸡精、味精、胡椒粉、白糖、芝麻油调味，最后淋入花椒油，撒上白芝麻、葱花，起锅装盘即成。

特 点 ▦ 鸡丁酥嫩，鲜麻香辣。

出 品 ▦ 沙坪坝／重庆两江风情

主 厨 ▦ 中国烹饪大师／江德清

丰都麻辣鸡块

四代传承隆教鸡，享誉海内麻辣奇

缘 起 ▦ 早在抗战时期，鬼城丰都就有几家专做麻辣鸡的老字号广为人知。那时候麻辣鸡的售卖铺子相当简洁朴素，都是用一块一米长八十公分宽的柏木板，上置瓷盆数个，分装麻辣鸡块，分类有鸡胸大脯、鸡胸小脯、鸡大腿、鸡爪、鸡脖子、鸡脑壳、鸡肠子等，旁边有一只小木桶，红油朗朗，清香阵阵，那便是香飘十里的麻辣作料了。当时做麻辣鸡的隆泽礼采取"整鸡分离，以大改小"的方法，用精致刀工斩、切、削、刨，把麻辣鸡肢解分类，形成了大有大售，小有小卖的方式，并兼顾色、香、味，从此名声大振。食界有歌云：江秉彝的酱油舒香园的醋，徐寿山的蒸饺最饱肚。侯家的水八块隆教的鸡，陈大爷的崴饵糕最好吃（读"kī"）。隆氏麻辣鸡传承至今已逾四代，2006年被中国饭店协会评为"中国名菜"；2014年，为创建地方特色品牌和企业特色文化，隆氏麻辣鸡更名为"隆婆婆麻辣鸡"。

主　料 ▦　仔公鸡1只（约1250克）

调　料 ▦
红酱油150克	花椒粉15克	大葱50克	老姜40克
油辣椒 10克	红油 150克	大蒜30克	小葱50克
花椒油 10克	熟芝麻 5克	味精 5克	食盐 5克
芝麻油 30克	料酒 25克	白糖 5克	

制　作 ▦
🏷 选用当年仔公鸡，宰杀，去毛、内脏，洗净。老姜去皮洗净，10克切片，30克舂蓉制成姜水。蒜去皮洗净，舂蓉制成蒜水，大葱洗净，切成节。小葱洗净，切成葱花。
🏷 锅置于旺火上，掺清水，下姜片、葱节、料酒，烧至70～80摄氏度时放入鸡，煮至断生后熄火，鸡在原汤中浸泡，晾凉后捞起备用。
🏷 鸡颈斩块，翅膀斩小，鸡的其余部分片开去骨，改刀成厚片。
🏷 将红酱油、红油、花椒粉、花椒油、姜水、蒜水、白糖、食盐、味精放入鸡汤调匀，同鸡块一起拌匀装盘，浇上油辣椒，淋入芝麻油，撒上葱花、熟芝麻即成。

特　点 ▦　色彩红亮，细嫩鲜香，麻辣可口。

要　领 ▦　煮鸡要掌握好火候，刚断生（用牙签刺入鸡腿，抽出时无血水冒出）即熄火，过火则鸡肉变老。

出　品 ▦　丰都／重庆老字号／隆婆婆

主　厨 ▦　中国烹饪大师／隆进波

黔江鸡杂

煨菜代表，名扬全国

缘 起 ▦

黔江鸡杂大约起源于18世纪中叶。当时，黔江人谢树平雇用当地十余壮年劳力，从郁山镇到官村坝贩盐做生意。谢家平时待人很好，只要挑夫们干完活回镇上都会杀鸡宰鸭犒劳大家。以前，黔江人不怎么吃鸡杂，谢家杀鸡之后，大量的鸡内脏全部丢弃。挑夫们觉得十分可惜，就把这些鸡内脏清洗干净，交给谢家厨子。谢家厨子将鸡杂切块，辅以油、盐、泡椒、鲜葱等烹制成菜，味道不错。这就成了黔江鸡杂的雏形。

20世纪90年代，黔江鸡杂开始在黔江的餐馆中出现，具有代表性的有长明鸡杂、老城鸡杂、国庆鸡杂、童园鸡杂等。再后来，长明鸡杂老板李长明因偶然的原因，把鸡杂从炒制盘盛形式转型为煨锅形式。这一形式的转换，使黔江鸡杂从此走上了主城区和大江南北的餐桌。

2016年，黔江鸡杂被纳入"重庆市非物质文化遗产名录"，李长明大师的关门弟子苏康成为黔江鸡杂技艺的第六代传承人。

| 主　料 ▦ | 鸡心150克　　鸡肠150克　　鸡胗200克 |

辅　料 ▦　泡酸萝卜500克　老姜100克　土豆250克
泡红尖椒100克　大蒜100克

调　料 ▦　菜籽油400克　十三香5克　鸡精15克　味精15克
胡椒粉 10克　料酒 15克　芹菜10克　小葱30克
花椒粉 10克　红油 10克　食盐 3克

制　作 ▦
🏷鸡杂分别洗净；鸡心切成小片；鸡胗剞花刀，切成片；鸡肠切节。土豆洗净，去皮，切成滚刀块。泡萝卜切成粗丝。泡红尖椒对剖。小葱洗净，切成长节。芹菜洗净，切成节。老姜切成片。
🏷鸡杂纳碗，用少许食盐、姜片25克、料酒腌制5分钟。土豆放在油锅中炸至呈金黄色捞出，放入锅仔中打底。
🏷炒锅置于旺火上，掺菜籽油烧至七成热，下姜片75克、蒜瓣炒香，然后把鸡杂放入，快速翻炒，当鸡杂卷曲成形，加入泡红尖椒、酸萝卜丝，煸炒2分钟至香味溢出，加入鸡精、味精、十三香、胡椒粉、花椒粉调味，翻炒均匀，然后淋红油，撒入小葱节起锅。
🏷把鸡杂转入锅仔中，撒芹菜节，配酒精炉上桌。

特　点 ▦　鸡杂脆嫩，酸辣爽口，色鲜味美。

要　领 ▦　制作黔江鸡杂时，火力要大，炒制时间要短。若炒制时间太长，鸡杂将变得老、韧、绵，影响口感。
鸡杂上桌需配酒精炉点小火保温，这样可保持鸡杂鲜香。鸡杂吃完后，用其汤汁可以烫涮一些其他荤素菜肴。

出　品 ▦　黔江／中国菜·全国省籍地域经典名菜代表品牌企业／黔江鸡杂总店
主　厨 ▦　江湖菜名厨／苏康

龙汕花椒鸭

一生只为做好龙汕鸭

缘 起 ■ "龙兄本是厨家人，淡泊名利守清贫。开间鸭店为生计，四里八乡有薄名。祖传秘制民间技，追根溯源出珍品。百年品牌百年梦，龙汕土鸭永传承。"——这几句汹涌澎湃、幽默风趣的话语出自中国烹饪大师龙志愚之口，为了这祖辈技艺传承下来的花椒鸭，他也是拼了！

龙汕花椒鸭属于民间私房菜，在衣钵相传中，龙家后人龙志愚以"一生只为做好龙汕鸭"的匠人之心，把家传花椒鸭技艺化凡为奇，成功入选重庆市非物质文化遗产名录。

龙汕花椒鸭只选我国唯一具有药用滋补和保健作用，且必须放养176天至182天之间的连城白鸭，要求重量必须在2100克到2250克之间。严格的要求既保证了鸭子的源头生态，又保证了鸭子的品质优良，吃上一口，鲜香、卤香、麻香顿时游走全身，让人欲罢不能。

主　料 ⊞　连城土白鸭5只（每只重约2200克）

调　料 ⊞

秘制香料粉150克	芝麻油50克	老姜200克
香椿树木块500克	熟芝麻 5克	大葱150克
老卤水　5000克	白酒　50克	花椒 50克
鸡精　　100克	食盐 150克	

制　作 ⊞

🥄 将鸭子宰杀，放在开水中浸烫，从腿、背、腹、颈、头，由下往上倒推；再从头往下，抹颈、翅边、翅身，煺去粗毛，去嘴、足老皮，搓尽绒毛，接着放入冷水中，用镊子钳净细毛，洗去油皮和全身污垢，砍去翅尖、足，从肚腹剖开，去内脏，冲洗干净，用干纱布揩干水分。老姜拍破。大葱切成节。

🥄 把食盐100克与香料粉和匀，手拿鸭子，在鸭头、腹腔、颈项、鸭身都抹上香料粉，对肉质厚的胸、腿等部位，要多抹、揉透。然后将鸭子放在盆中，加老姜、大葱、白酒、花椒，腌制24小时。

🥄 将鸭子从盆中取出，置阴凉通风处晾坯。

🥄 鸭坯晾干后，放在卤锅中，掺老卤水，用旺火烧开，加食盐50克、鸡精、香椿木，改用小火卤约1小时，熄火再焖2小时。

🥄 将卤好的鸭子捞出晾凉后，将鸭头斩破，鸭颈斩节，垫入底盘。然后片下鸭腿肉，将鸭身砍成两大块，再将鸭腿、鸭身斩成"一字条"，皮向外叠码在鸭头鸭颈上面，刷上芝麻油，撒上熟芝麻点缀即可。

特　点 ⊞　棕黄油润，清香馥郁，外酥里嫩，咸鲜微麻。

要　领 ⊞

只选用从"端阳节"到"白露"时令的肥仔鸭。每只鸭子重量在2100克至2250克之间。

鸭子初加工时，注意保持其形态，不能伤表皮。

出　品 ⊞　南岸／上八味民间菜

主　厨 ⊞　中国烹饪大师／龙志愚

秀才卤烤鸭

卤烤堪出奇，鸭子助神功

缘　起 ▦　清初，长寿一乡学馆有常住童生七人，几位童生家境殷实，便一起花钱请了一位年轻的伙夫到学馆司厨，为童生们做饭做菜，解决童生们的吃饭问题。伙夫所烹制的饭菜很合童生们的口味，特别是其家传秘制卤鸭更受他们的喜爱。于是，七人同意伙夫也可到讲堂旁听。每顿饭后，忙完手上的活路，伙夫就来到讲堂，旁听老师授课。他学习刻苦，学业也逐日精进。几年后，县里乡试，伙夫挑着书担与七位童生一同前往应试。为使童生们喜欢吃的卤鸭不至于在路上变质坏掉，保存时间更长，伙夫就将卤鸭在炭火上烤干多余水分，放入挑担中。两天的旅途，酥香的卤烤鸭不仅美味，还保证了童生们的体力。乡试后，八人皆中秀才，伙夫还名列全县考生前茅。奇闻传来，乡人同庆，夸奖伙夫的同时，还对他烹制的鸭子称赞不已，于是将他的卤烤鸭取名为"秀才卤烤鸭"。如今，秀才卤烤鸭已有300多年的历史，是长寿地区一道著名的传统菜肴。

主 料 ⚏	农家散养土仔鸭3只（约6000克）

调 料 ⚏	老卤水2500克	五香粉250克	食盐140克	花椒15克
	秘制香料 3包	老姜 250克	大葱500克	

制 作 ⚏

🌿 活鸭喂水，空腹半天后宰杀，烫透，拔净粗细毛。斩去翅、足，从肚腹剖开，取去内脏（内脏另作他用），洗净胸腔，沥干水分。置案板上，用刀背排散骨头，用干纱布揩干水分。秘制香料用布袋装好。老姜拍破。大葱绾结。

🌿 先将食盐在锅内炒热，起锅时撒花椒，铲入盘内冷却，放入五香粉和转。顺鸭颈、腋下、胸、背、腹、腿，抹遍鸭身（胸、腿多抹、揉透）。然后加姜块，葱结，放入盆内腌码。

🌿 锅内烧开水，将腌好的鸭放入，烫至伸皮，提出挂起。用干抹布捵干，避免烤时现花。

🌿 锅内掺老卤水烧开，下秘制香料袋，60分钟后拣去泡沫，然后把鸭子放入锅中用旺火煮10～15分钟，改为小火卤制，待鸭入味，腿肉离骨，即行捞出。

🌿 把卤鸭挂在烤炉中，用青冈柴作燃料，以"文火"烘烤，待烤至棕黄色时，调整位置再烤。当卤鸭烤出香味（约烤5小时）时取出，斩块上桌。

特 点 ⚏ 色泽茶褐，干香浓醇，肉嫩味厚。

要 领 ⚏ 宰鸭前喂少许清水，再杀，以利于拔毛。

大锅烧水至50～70摄氏度，将鸭放入，边烫边用竹棍倒拨鸭毛，使受温均匀。烱去粗毛，搓尽绒毛，不能伤皮肉。接着放入冷水中，洗去油皮和全身污垢，做到血净、毛净、水净。

卤鸭时要掌握好时间，一般鸭子卤煮20～25分钟；大鸭、老鸭40～60分钟。

出 品 ⚏	长寿／张记水滑肉
主 厨 ⚏	江湖菜名厨／张波

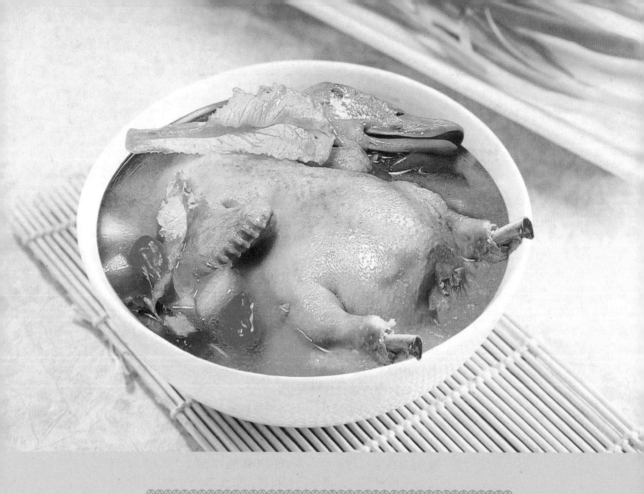

毛哥老鸭汤

一阵毛旋风，一锅老鸭汤

缘起 ▦

曾几何时，"中国绿色食品"毛哥老鸭汤在重庆江湖菜领域刮起了一阵清新的"毛哥"旋风。21世纪之初，正是麻辣重庆火锅、麻辣重庆江湖菜风行的时候。食客们整天身陷麻辣"红海"之中，有些"身在曹营心在汉"了，开始思念、崇尚清淡爽口的味道。追求低脂肪、绿色、健康开始成为一种时尚，传统老鸭子炖汤因味道鲜美、营养丰富而受到青睐。正是在这一节骨眼上，"绿色营养、健康美味"的毛哥老鸭汤应运而生。

甫一面市，毛哥老鸭汤的每家店面都立刻人潮涌动。食客们相约而至，皆以品尝毛哥老鸭汤为时髦，今天张三请，明天李四请，后天王麻子早已约好……几十家毛哥老鸭汤店每天忙得不亦乐乎。看到店里每天"打拥堂"的热闹场景，"毛哥"在一旁开心地笑了。

主　料 ⊞	老鸭1只（约1500克）

辅　料 ⊞	泡酸萝卜250克

调　料 ⊞

泡红辣椒50克	泡姜15克	老姜25克	大葱15克
猪骨汤2000克	猪油50克	料酒25克	食盐 5克
白胡椒粉 5克	花椒 5克		

制　作 ⊞

🥢老鸭宰杀，去毛、内脏，洗净。老姜10克切成片、15克拍破。大葱切成节。泡辣椒斜切成马耳形。泡酸萝卜冲洗一下，切成片。泡姜切成片。

🥢锅置于旺火上，掺清水烧开，放姜片、葱节、花椒、料酒，然后把老鸭放入，氽煮3～5分钟，捞出用开水冲去血沫，沥干待用。

🥢锅置旺火上，放猪油烧至六成热，放入泡酸萝卜、泡姜、泡红辣椒炒香，然后掺猪骨汤烧开，再把老鸭放入，加老姜、葱和花椒烧开。然后改用小火炖约2～3小时，一直炖到老鸭肉嫩，酸萝卜味飘香，再撒上白胡椒粉和食盐即可。

特　点 ⊞　汤色清澈，酸香味醇，萝卜脆嫩化渣，鸭肉肥而不腻。

要　领 ⊞　鸭汤调味加食盐的分量，要根据泡酸萝卜的含盐量酌情增减。如果使用毛哥老鸭汤炖料制作老鸭汤，每入1500克鸭肉需老鸭汤炖料一袋，清水2500克。老鸭氽水后沥干，放汤锅中，掺清水烧开，然后放炖料，大火烧开后文火慢炖1～2小时，炖熟即可。

出　品 ⊞　渝北／毛哥厨房

茶香豆渣鸭脯

春茶飘香鸭先知，金脯银沙两相宜

缘 起 ▦ 豆渣入菜，古来有之。豆渣烘猪头是一道传统名菜。当年重庆颐之时的特级厨师周海秋就非常擅长豆渣烘猪头的制作。

提起石磨豆花，绝大部分重庆人首先会想起垫江。土法炮制的垫江石磨豆花洁白水嫩，质地绵软，清香四溢，辅以二三十种颜色抢眼、口感鲜明的调料，其美味难以言喻。发展至今，以垫江石磨豆花为灵魂的垫江豆花菜品层出不穷，如茶香豆渣鸭脯、三炖豆花、牡丹鸡豆花、石锅焗豆花、石磨五彩豆花、桃园三结义、鸡汁豆花、老干妈豆花、鲍汁豆黄金、养身豆花汤锅、石磨豆花烧仔鲶、口袋豆腐、铁板包浆豆腐等，都充满诱人的魅力。

茶香豆渣鸭脯是在豆渣烘猪头的基础上，改变主料，并采用垫江东印所产的珍眉茶熏烤工艺，通过改良烹制而成的。茶香豆渣鸭脯在垫江豆花宴中也是一道佐酒的佳肴。

主 料 ▦	鸭脯肉500克	豆渣300克

辅 料 ▦	大米300克	垫江东印珍眉茶50克

调 料 ▦	香料粉10克	料酒10克	花椒10克	猪油25克
	老姜　10克	大葱20克	食盐10克	生抽10克

制 作 ▦

🏷 将鸭脯肉洗净，沥干水分。老姜切成片。大葱洗净，切成节。茶叶、花椒与大米混合。

🏷 鸭脯肉纳碗，加姜片、葱节、生抽、食盐、香料粉和料酒腌制30分钟。豆渣用纱布包好，挤干水分，装入碗中上笼蒸熟，再下锅炒干水汽，加猪油和少许食盐煸至酥香。

🏷 蒸锅置于旺火上，将腌制好的鸭脯蒸熟，沥干水分。

🏷 将专用蒸锅置火口烧热，加入和好的茶米，然后把蒸格（或铁丝箅子）置于茶米上，再把蒸熟的鸭脯平铺在蒸格上，盖好锅盖，用小火熏制，待锅中冒出青烟时，沿锅边淋入少许清水，继续熏至鸭脯棕红油润时取出。

🏷 将熏制好的鸭脯改刀成条装盘，撒上煸炒入味的豆渣即成。

特 点 ▦　酥香嫩爽，茶香浓郁。

出 品 ▦	垫江／国家三钻级酒店酒家／石磨豆花
主 厨 ▦	中国烹饪大师／袁荣／荣昌华

荣昌三惠卤鹅

鹅，鹅，鹅，盯了一眼走不脱

缘 起 ▓ 在荣昌，卤鹅这道菜极其大众化。当地有一句老少皆晓的顺口溜："卤鹅卤鹅，盯一眼走不脱。"每到中午、傍晚时分，大街小巷都能闻到卤鹅飘香。一只白鹅除了羽毛之外，全身上下皆可卤，卤鹅肉、卤鹅翅、卤鹅肝……每一样都有特别味道。

三惠鹅府集荣昌民间制作鹅肴之大成，烧、卤、煮、烩、蒸、炖，样样美味，在这里完全可以循着香飘数里的鹅肉香味，吃个痛快，吃个酣畅淋漓。其中，最受人推崇也最让食客心醉神迷的还是"中华名小吃"三惠卤鹅。

三惠卤鹅色泽金黄，五香味浓，炕软适中，骨香肉嫩。主厨选用八角、草果、山柰、桂香、香松、灵草等19种香料，再加入适量的料酒，做成薪火不绝的陈年卤汁。每次卤鹅时，鹅肉在吸收卤汁之余，又不断渗出自身的精华。如此浸淫数十年，卤汁越卤越炉火纯青，卤出来的鹅肉口味也越来越鲜香醇厚。荣昌本地产白鹅浸泡在红黑泛亮、香浓无比的陈年卤汁中，自然也就高"鹅"一等了，其霸道的香味和口感只能意会，难以言传。

主　料 ▦　荣昌白鹅10只（每只重约3000克）

辅　料 ▦　老卤水30千克

调　料 ▦
小茴香12.5克	料酒500克	酱油100克	食盐75克
大茴香　15克	老姜300克	大葱250克	冰糖75克
丁香　12.5克	胡椒　15克	草果　20克	山柰20克
桂香　12.5克	八角　20克	灵草　5克	栀子15克
罗汉果　25克	香松　5克	姜黄　10克	排草10克
白蔻　　20克	香草　5克	白芷　10克	广香20克
砂仁　　10克			

制　作 ▦

🍃选用农历五月长成的肥鹅，宰杀，煺去粗毛，搓尽绒毛，不伤皮肉；接着放入冷水中，用镊子钳净细毛，洗去油皮和全身污垢，做到血净、毛净、水净，然后宰去鹅掌、翅，再从腹下近肛门处顺开6.5厘米的刀口，取出内脏，另作他用，洗净胸腔，沥干水分。

🍃老姜拍破。大葱洗净，绾结。香料用干净纱布包好，制成香料包。

🍃用食盐和葱、姜、黄酒均匀地在鹅身内外涂抹，腌制20分钟。锅置于炉火上，掺清水烧开，把腌制过的鹅放入开水锅中，水开后去浮沫，烫至鹅皮伸展，提出挂起；用干布搌干，避免卤时现花。

🍃卤锅置于炉火上，掺老卤水烧开，下香料包用中火熬一小时，撇去浮沫；加料酒、老姜、酱油、冰糖、食盐和适量的水，再把鸭子放入，用木条盖盖好压实，用大火煮10～15分钟，再改为小火慢卤，卤时要适时翻动，使之入味均匀，卤60分钟至鹅腿酥软，表皮上色后捞出用特制铁钩挂起即可。

特　点 ▦　色泽金黄，肉质细嫩，咸鲜馥郁，回味悠长。

出　品 ▦　荣昌／重庆老字号／三惠鹅府

主　厨 ▦　中国烹饪大师／邹朝文

鹅肉狮子头

不是狮头，形似狮头，妙不可言，闻香下手

缘起 ▦

所谓狮子头，其实就是大的肉圆子，是用肥瘦猪肉剁成碎末，加其他馅料团制而成。在烹制过程中，肉圆子表面一层肥肉末的脂肪已融化或大体融化，而瘦肉末不会融化，肉圆的表面就会显得凹凸不平，给人一种毛糙的感觉。俗话说：狮子头上九个包。在中国传统石雕艺术中，石狮子头上的鬃毛是用卷发形式来表现的，很像一个一个的"包"。于是，人们就把表面凹凸不平的大肉圆子非常形象地称作"狮子头"了。

狮子头是淮扬菜的经典菜品之一。经过几百年的传承，扬州狮子头到今天已有很大发展，在烹制上分为清炖、清蒸、红烧三种，在品种上有蟹粉狮子头、虾仁狮子头、豆腐狮子头、素狮子头等，深受大众的欢迎。三惠鹅肉狮子头则采取"拿来主义"，取淮扬的做法，以荣昌地方喜欢吃鹅肉的习俗做"文章"，用鹅脯肉替代肥瘦猪肉，鹅肉狮子头成菜酥香松软，汤汁黄亮，菜心碧翠，软和不烂。

主　料 ▦　鹅脯肉350克

辅　料 ▦　荸荠150克　　鸡蛋2个　　菜心150克　　水淀粉100克

调　料 ▦　菜籽油1500克　　大葱50克　　老姜50克　　食盐5克
水豆粉　100克　　酱油15克　　料酒25克　　味精2克
胡椒粉　5克

制　作 ▦
🏷鹅脯肉切成丁，剁碎成粗末。荸荠洗净，去皮，切成碎粒。老姜洗净，去皮，切成末。大葱洗净，切成末。菜心洗净，然后放入开水锅中汆断生，待用。

🏷把鹅脯肉末放入碗中，磕入鸡蛋，加入葱末、荸荠、姜末和食盐搅拌均匀，再加水淀粉，然后顺着一个方向不断搅拌，一直搅拌到有黏性，制成馅料。

🏷锅置于旺火上，掺菜籽油烧至六成热，用手把馅料均匀地团成一个个大圆子，团的时候用的力道要轻、要匀。圆子团好后，将其放在油锅中，炸至外表呈金黄色后捞出。

🏷把炸好的圆子放在蒸碗中，掺入适量高汤，在蒸锅中蒸半个小时取出。

🏷锅置中火上，放入少量油，下菜心垫底，然后把鹅肉圆子放在菜心上，加入适量高汤，加酱油、胡椒粉、料酒，用旺火烧沸，再用小火慢慢燠入味，之后把圆子起锅，盛入盘中，撒上葱末。

🏷锅中剩下的汤汁继续烧开，下味精调味，用水淀粉勾二流芡，然后浇在圆子上即成。

特　点 ▦　肉圆、汤汁金黄，菜心碧绿，酥香松软，咸鲜适口。

出　品 ▦　荣昌／重庆老字号／三惠鹅府

主　厨 ▦　中国烹饪大师／邹朝文

鸿运鹅掌

红掌拨清波，鸿运向天歌

缘 起

鹅是荣昌主要食用家禽之一，过去居民多喜欢养鹅，谁家养的鹅肥就证明谁家勤奋。大年三十晚上，一般人家都会吃肥鹅，寓意"过肥年"。鹅肉的蛋白质含量比鸡肉、鸭肉、牛肉都高，所以吃起来十分有嚼劲。鹅除了鹅毛外，其余的鹅头、鹅脖、鹅翅、鹅掌、鹅舌、鹅肠、鹅胗、鹅肝及鹅肉莫不是可以单独烹制的美味。人们各施其法，用烧、卤、煮、烤、煎、炸、炖、焖等技法，务求把鹅肉的滋味最大限度地挖掘出来。而"无鹅不开席"的三惠鹅府对鹅肉的烹制有独到之处，他们用多种烹制方法，把鹅肉菜肴打造成了响当当的招牌菜品。三惠鸿运鹅掌经过细火焖制后，诱人的香气扑面而来，色泽红亮艳丽，将鹅掌放入口中，皮糯柔韧的口感，厚实软香的滋味，瞬间在口中定格，其鲜美令人回味无穷。

主　料 ▦　鲜鹅掌750克

辅　料 ▦　鲜牛腩150克

调　料 ▦
郫县豆瓣30克	胡椒粉5克	老姜45克	大蒜25克
泡红辣椒25克	大葱　50克	生抽10克	料酒50克
干花椒　10克	小葱　10克	味精10克	鸡精10克
猪油　　100克	食盐　5克		

制　作 ▦

🥄鲜鹅掌刮去老皮、骨、趾尖，洗净，入开水锅氽透。牛腩洗净，剁细。老姜10克切成米，35克切成片。大葱洗净，切成节。郫县豆瓣剁细。泡红辣椒切细。小葱洗净，切成花。

🥄鹅掌纳盆，加姜片、葱节、料酒，再加花椒5克入蒸笼蒸至七成耙取出。牛腩碎粒入锅，加姜米、生抽、料酒炒至酥香，起锅待用。

🥄炒锅置旺火上，放猪油烧至六成热，下泡红辣椒、郫县豆瓣、花椒炒出色出味后，掺入适量高汤烧沸，下鹅掌、牛腩烧至耙软适度，加味精、鸡精、食盐，收汁，撒葱花即可起锅。

特　点 ▦　鹅掌色泽红亮，皮糯柔韧，家常味浓。

要　领 ▦　鹅掌去骨方法：选用新鲜色黄的鹅掌，把掌衣剥去，洗净，放入锅中掺清水，用中火逐渐加热，当鹅掌煮至五成熟（用手指甲稍用力能掐破掌皮）时捞出，浸泡在温水中，用小尖刀在鹅掌背的趾骨上划一条口至趾尖，扭断膝关节以下骨与趾骨连接的关节，将骨取下，然后从掌背的划口中把趾骨一节一节取出，最后剔去掌筋，去除趾尖即成。

出　品 ▦　荣昌／重庆老字号／三惠鹅府

主　厨 ▦　中国烹饪大师／邹朝文

【特牲单】

猪用最多，可称『广大教主』。宜古人有特豚馈食之礼。作《特牲单》。

——清·袁枚《随园食单》

释：做菜时猪肉用得最多，可以称得上是各种原料的首领。因此古人有用整头猪作为礼物互相赠送的礼节。于是作《特牲单》。

199

青元粉蒸肉

不肥不腻蒸功夫

缘 起 粉蒸肉是随着"湖广填四川"而进入巴渝地区的。清人袁枚在其《随园食单》中对粉蒸肉的记载是："用精肥参半之肉，炒米粉黄色，拌面酱蒸之，下用白菜作垫。熟时不但肉美，菜亦美。以不见水，故味独全。江西人菜也。"它由最早的会馆菜逐步流行至民间，成为一道百吃不厌的传统家常菜，也是那个曾经的物资匮乏年代，人们打"牙祭"的最佳选择。其实，过去在巴渝人口中，一般不叫粉蒸肉，而是叫鲊肉或蒸鲊，如今"认祖归宗"，叫回了原名，也算是对这道菜正本清源的情怀吧。

青元粉蒸肉是在传统粉蒸肉的基础上创新而来，如今还添加了柱侯酱、海鲜酱等新式调料。青元粉蒸肉既是顺风123的招牌菜之一，又是一道时尚的江湖菜。一笼粉粉嫩嫩的肉片又软又糯，肥而不腻，酱香适口，打底的青豆也很把，微甜中还有一股清香溢出，非常好吃、诱人。

| 主　料 ▦ | 猪五花肉250克　　青豌豆110克 |

| 辅　料 ▦ | 蒸肉粉35克 |

调　料 ▦

柱侯酱6.5克	芝麻油20克	白糖12克	小葱10克
醪糟汁 12克	花生酱 5克	食盐 2克	味精 2克
海鲜酱 10克	蚝油 18克	老姜15克	酱油少许
混合油500克（实耗25克）			

制　作 ▦

🥄把猪五花肉肉皮烙焦，然后用清水泡软，刮洗干净，上笼蒸40分钟，取出，揾干水汽，趁热把酱油抹在肉皮上。老姜切米。青豌豆入开水锅中汆水后水沥干。小葱切成花。

🥄炒锅置旺火上，掺入混合油烧至七成热，将肉放入，把肉皮炸至呈棕红色，皮皱起时捞出，切成9厘米长、4厘米宽、0.4厘米厚的片。

🥄猪肉片加食盐、醪糟汁、白糖、味精、蚝油、柱侯酱、海鲜酱、花生酱、姜米拌匀码味，然后加入蒸肉粉，用适量清汤拌匀，再加入芝麻油和匀。

🥄取蒸碗一个，把肉片肉皮朝下装入碗中，装时要摆排整齐，成一顺风形，上面放入豌豆。上笼用旺火蒸上汽，改小火蒸2小时，待豆软肉㶽时取出，反扣于圆盘内，撒上葱花即成。

| 特　点 ▦ | 肥而不腻，酱香适口。 |

| 要　领 ▦ | 蒸肉粉要加清汤稀释，肉片上粉时要充分拌匀，使每片肉都裹上蒸肉粉。 |

| 出　品 ▦ | 渝北／国家五钻级酒店酒家／顺风123 |

| 主　厨 ▦ | 中国烹饪大师／邢亮 |

大刀烧白

龙氏大刀肉，块头很直白

缘 起 ▦ 近年来，餐饮市场上"大刀"菜式声名远播，李庄的大刀白肉、连山的大刀回锅肉、成都的大刀耳片、达州的大刀猪头水八块，以及璧山的大刀烧白……"大刀"纷纷向吃货们的舌尖挥去。

巴掌大一块的大刀烧白是传统烧白的加长版，长度约26厘米，宽度约4厘米，厚度足有1厘米，体积几乎是传统烧白的两倍。这样大的肉块，不说吃，看起来就不同凡响！大刀烧白样子肥厚，吃起来却一点也不腻，且爽口化渣，炽糯醇香。

中国烹饪大师龙大江创制的"龙氏大刀肉（大刀烧白）"以传统、古朴、大方的特色，荣获2004年第五届全国厨师节烹饪大赛"中国名菜"称号。

主 料 ▦ 带皮五花猪肉1500克　　乡村老盐菜1000克

辅 料 ▦ 干红辣椒6克　　老姜50克　　干花椒10克　　白糖25克
白胡椒面5克　　香醋10克　　大葱　15克　　味精 5克
料酒　　50克　　小葱15克　　老抽　20克　　鸡精 3克
菜籽油3000克（实耗100克）

制 作 ▦ 🏷带皮五花猪肉用柴火燎去残毛，刮洗干净。乡村老盐菜洗净，切成碎末。干红辣椒去蒂，切成节。老姜30克切成片，20克切成姜米。大葱切成节。小葱切成葱花。锅中放菜籽油，烧至五成热，下白糖炒成糖色。
🏷锅置于旺火上，掺入清水，加姜片、大葱节、干花椒烧沸，然后把五花肉放入锅中，转中小火煮至断生捞出，揩干水分，趁热在肉皮抹上糖色。
🏷炒锅置于炉火上，掺入菜油烧至七成热。把上好糖色的五花猪肉肉皮朝下放到油锅内炸至褐红色起锅，放在适量凉鲜汤内浸泡，让其猪皮收缩至起鸡皮皱后捞出。
🏷炒锅置于炉火上，放适量的熟菜油烧至六成热，下干花椒、干红辣椒节和姜米炒香，然后把乡村老盐菜放入，烹入料酒，不断翻炒，当盐菜香味溢出时，熄火，加白糖和鸡精炒转，出锅待用。
🏷把经炸制好的五花猪肉切成长26厘米、宽3.5厘米、厚1厘米的大块，整齐摆在蒸碗中呈书页形，左右两边再各镶入一片，每碗装10片，将味精、胡椒粉、老抽、姜米和干花椒撒在猪肉上面，然后淋入香醋，再把炒好的老盐菜铺在猪肉上面定碗。
🏷把蒸碗放在蒸笼中，用大汽蒸制2.5~3小时，当肉熟炟软后，出笼翻扣于盘中，撒上小葱花即成。

特 点 ▦ 古朴粗犷，肥而不腻，炟糯化渣，盐菜鲜香。

要 领 ▦ 在煮五花猪肉时可放入新稻草一起煮，新稻草的特殊香气可以增加猪肉风味，还可以吸收一部分五花肉表面的油脂。

出 品 ▦ 璧山／重庆老字号／大江龙鱼工坊

主 厨 ▦ 中国烹饪大师／龙大江

鸿运当头

太阳当头照，鸿运对我笑

缘 起 ▦ 历史上，猪头多作为祭祀的"三牲"之一。"三牲"即用于祭祀的牛、羊、猪头。猪头常被用来供奉先人、神仙，这说明它不但美味，还有吉祥之意。

猪头肉，是中国民间的一种最朴素的传统美食，历来都是老百姓举行重要仪式和餐桌上的心头爱。美食老饕、北宋的苏东坡就好猪头肉这一口。有人夸张地说苏东坡一生只做过两件大事，一件是写了《寒食帖》，另一件就是发明了猪头肉的烹调方法。在他的《老饕赋》中有两句话，可以看出他对猪头肉的喜爱程度："尝项上之一脔，如嚼霜前之两螯。"老饕们都如此，我们还有什么可说的——喜欢，且是必需的！

猪头做菜，为讨口彩，迎来好兆头，在头字上下足了功夫、做足了功课。"鸿运当头"寓意深刻，愿为食客们带来财运、带来健康、带来吉祥。这道菜，色香味俱全，一定会让大家吃得舒舒服服，满意而归！

204

主　料 ▦　猪头半个（约2000克）

调　料 ▦
自制卤水2500克	青尖椒80克	豆豉酱50克
红尖椒　120克	生粉　150克	料酒　50克
辣椒粉　30克	孜然粉20克	芝麻　20克
花椒粉　10克	洋葱　100克	小葱　30克
菜籽油1500克（实耗150克）		

制　作 ▦
🍃猪头去尽残毛，刮洗干净。青、红尖椒去蒂，洗净，切成粒。洋葱洗净，切成粒。小葱洗净，切成葱花。

🍃锅置于旺火上，掺清水，加料酒，把猪头放入，余去血水，捞出用清水冲去浮沫。

🍃把猪头放入盆中，掺卤水将猪头淹没。然后用保鲜膜封住盆口，放在蒸锅中蒸3小时左右，蒸卤至猪头炒软后取出改刀。

🍃另锅置于旺火上，掺菜籽油烧至七成热，猪头撒上生粉，放进油锅炸至猪皮起泡，取出沥去余油，装盘。

🍃锅中留少许余油，烧至六成热，下青、红尖椒粒，洋葱粒和豆豉酱一起炒香，再下辣椒粉、花椒粉、孜然粉，轻微翻炒调味好后，起锅堆放在猪头上，最后撒上葱花、芝麻即可。

特　点 ▦　麻辣酥香，炒糯皮脆，肥而不腻。

出　品 ▦　渝中／重庆特色餐饮名店／妈妈的土钵菜

主　厨 ▦　江湖菜名厨／苟彬

剁椒巴骨肉

有"骨气"的味道

缘起 ▦ 　重庆话的"巴"，就是"紧贴"的意思。巴骨肉，顾名思义，就是贴着骨头的肉，既不是肥肉，也不是全瘦肉，多少带有筋腱，不光是筒子骨、肋骨上有，扇子骨上的肉更美味。巴在骨头上的肉，肉不多却很独特，软糯但有"骨气"。

20世纪80年代初，潼南太安罐头厂生产猪肉罐头，要用到大量的猪肉，但屠宰场提供的猪肉多是带着骨头的。剔完肉以后，剩下的骨头上仍残留着一些没有剔干净的肉。在食堂工作的一位厨师看到后觉得丢了挺可惜，于是就悄悄地把巴在骨头上的肉剔下来，用本地的小辣椒合炒，边炒边剁，椒肉合一。没想到如此简单的烹法竟特别的美味，受到职工们的一致好评。后来厨师的儿子传承了父亲的这一手艺。开店经营时，他就把餐厅取名为"潼厨味道"，并以剁椒巴骨肉为主打菜，广受食客喜爱。

主　料	巴骨肉250克

辅　料	本地小辣椒200克

调　料　　色拉油100克　　蒜苗15克　　食盐5克　　鸡精5克
　　　　　　干花椒　5克　　料酒15克　　味精5克

制　作
🍃猪前胛骨连骨带肉洗净，放入锅内煮至八成熟，取出，将肉从骨头上撕下，切成不规则的薄片。小辣椒去蒂，洗净，顺着切破。蒜苗洗净，切成花。
🍃锅置旺火上，掺色拉油烧至六成热，放干花椒炒香，下巴骨肉炒干水汽，炒出油，再加食盐、小辣椒、鸡精，然后一边炒，一边用锅铲剁，将肉香味融入到辣椒里，辣椒的清香味融入到肉里面，最后烹入料酒，下味精炒转，加入蒜苗花簸匀起锅，装入盘中。
🍃成菜上桌时，盘下边最好配上小土炉，点燃石蜡燃料，以保持菜的温度。

特　点　　微辣咸鲜，软糯化渣。

要　领
要选用猪前胛扇子骨上的巴骨肉，该部位的肉多筋腱、脆骨，成菜软糯有嚼头。
巴骨肉要连骨带肉一起下锅，煮熟后再剔下肉，这样才能保持巴骨肉的软糯化渣。

出　品　　潼南／潼厨味道

主　厨　　中国烹饪大师／石英

207

盐菜排骨

盐菜对排骨说：我要和你在一起

缘 起 ▦

袁枚在《随园食单》里说："使一物各献一性，一碗各成一味。嗜者舌本应接不暇，自觉心花顿开。"在厨房里，食物的灵性随着搭配的变化水乳交融，弥散到餐桌上，慰藉人们的胃与心。有卤香的盐菜排骨即是这样。

盐菜，曾经巴渝人家必备的腌制品及调味菜品。排骨也一样，曾经的家常菜必备，非炖即烧。然而，一旦将排骨与盐菜"拉郎配"，则带来了新鲜感，既有最原始的味道，也有最悠远的乡愁。排骨酥香，盐菜味浓，微辣可口，最寻常、有温度的菜肴即刻成为餐桌上最红火的滋味！

这道盐菜排骨还有一点小秘密，就是它也融进了大厨家传的卤制过程，那股深入骨髓的卤香味，久久挥散不去。

主　料 ▦	猪肋排600克

辅　料 ▦	农家盐菜200克

调　料 ▦

红小米辣10克	料酒25克	老姜25克	花椒5克
混合油 100克	味精10克	鸡精10克	蒜苗8克
秘制卤水适量	食盐 5克		

制　作 ▦

🥢猪肋排洗净，斩成2.5厘米长的节，用清水浸泡，除去血水。盐菜洗净泥沙，切碎。红色小米辣去蒂，洗净，切成粒。蒜苗洗净，切成短节。老姜切成片。

🥢卤锅置于炉火上，掺秘制卤水，下排骨烧开，烹入料酒、下食盐用中火浸卤30分钟，起锅，沥干。

🥢炒锅置于中火上，掺混合油烧至八成热，把排骨放入，炸至金黄色起锅，沥去余油。

🥢锅中留余油烧热，下姜片、花椒爆香，再把盐菜放入，用小火炒出香味，然后放排骨，红小米辣、蒜苗翻炒，加鸡精、味精调味，翻炒均匀即可。

特　点 ▦　排骨酥香，盐菜味浓，香辣可口。

出　品 ▦	江北 / 重庆市著名商标 / 茅溪家常菜馆
主　厨 ▦	江湖菜名厨 / 唐光川 / 张建

手抓月牙骨

离骨头越近越有味

缘 起 ⊞　手抓月牙骨，据说发端于西昌，但在重庆被进行了新的改良，味道更浓、
更接地气了。月牙骨是前腿夹心肉与扇面骨相连处的一块月牙形软组织
（俗称"脆骨"），它连着筒子骨、扇面骨，上面有一层薄薄的瘦肉，
骨头为白色的脆骨，块头较大，适宜手抓、嘴啃。经卤水浸泡后，油炸
的骨头金黄一片，"颜值"颇高，加上附着其上的孜然、辣椒、花椒等调
料，软骨与肉便吸收了足够的味道。吃起来，口感更加可口，麻辣味特别
地道，香气浓郁。热腾腾的手抓月牙骨端上餐桌后，作料齐整的成菜红、
黄、绿皆备，色彩艳丽吸睛，香气弥漫勾魂。禁不住其散发出来的诱惑，
食客们一个个开始手抓嘴啃，哪里还顾得上什么吃相与形象！

主　料 ▦	月牙骨1000克

辅　料 ▦	锅巴50克

调　料 ▦

干红辣椒25克	孜然粉5克	老姜25克	大葱50克
菜籽油 800克	花椒 5克	鸡精10克	料酒50克
老卤水 适量	味精 5克	食盐 7克	

制　作 ▦

🥄月牙骨漂洗干净，斩成大块。干红辣椒去蒂、籽，切成节。花椒拣去黑籽。老姜切成片。大葱洗净，25克切成节，25克切成粒。

🥄月牙骨用食盐、姜片10克、葱节、料酒码味腌制30分钟。

🥄卤锅置于旺火上，掺老卤水烧开，把码好味的月牙骨块放入浸泡120分钟，起锅沥干。

🥄炒锅置于旺火上，掺菜籽油烧至七成热，把月牙骨块放入，炸至肉酥香起锅，沥去余油。锅巴分成小块，放入油锅，炸至酥泡起锅，沥油。

🥄锅中留少许油，烧热。下干红辣椒节、花椒、姜片15克炒香，然后把月牙骨块放入炒转，加孜然粉、味精、鸡精调味，再放葱粒、锅巴，簸转起锅装盘。

特　点 ▦

香脆微辣，爽口耐嚼。

要　领 ▦

孜然带有一种特殊的香味，具有除异、增香、调味的功能。孜然与辣椒、花椒配合使用，更能体现味浓鲜香的特色。但孜然粉含水分少且颗粒微小，不耐高温，容易煳。本菜中的孜然粉要在起锅前放入才最好。

出　品 ▦	九龙坡／杨二娃风味馆

主　厨 ▦	中国烹饪大师／倪长航

莽子猪肝

猪肝本细腻，唯有此家莽

缘 起 ▦

莽，原词有"广大""辽阔"的含义。重庆人诙谐地把那些"很大，很壮实"的人或物品称为"莽"。莽子，重庆方言，有三层意思：一是胖子、鲁莽的、笨拙的人；二是笨笨的、傻傻的、胖胖的、可爱的人；三是做事没轻重的人。

猪肝含有丰富的营养物质，是理想的补血佳品，具有补肝、明目、养血的营养保健作用。猪肝质地细腻，味道鲜美，是深受食客喜爱的烹饪食材。猪肝可分类为黄沙肝、油肝、猪母肝、血肝，其中以黄沙肝品质最优，肝身柔软带微黄，并有光泽，用手触摸，坚实有弹性。

友谊大酒楼的莽子猪肝，巧借"壮胖可爱"之意，烹调时将猪肝改刀成大块状，成菜后食客大口食之，硬是"莽"得饶有趣味。

212

| 主　料 ▦ | 猪黄沙肝250克 |

| 辅　料 ▦ | 小木耳5克 |

| 调　料 ▦ | 泡红辣椒15克　　水淀粉25克　　酱油10克　　料酒10克
青辣椒　15克　　小米辣15克　　大葱15克　　味精　5克
菜籽油 200克　　白糖　 7克　　醋　 7克　　食盐少许 |

制　作 ▦

🥄 将猪肝切成1厘米的厚片。小木耳洗净，用清水泡发。小米辣对半切。青椒去蒂，切成块。大葱斜切成马耳状。泡红辣椒剁碎。

🥄 猪肝片用少许食盐和水淀粉码芡。酱油、醋、白糖、料酒、味精纳碗，兑成滋汁。

🥄 炒锅置于旺火上，掺菜籽油烧至五成热，把码好芡的猪肝放入，熘炒至八成熟，把多余油滤去，下泡红辣椒炒转，再把小木耳、青椒块、小米辣放入锅中继续翻炒。

🥄 当锅内有香味溢出时，烹入兑好的滋汁，下马耳朵葱，再烹入适量水淀粉，簸转，待猪肝散籽亮油时，起锅装盘即成。

特　点 ▦

肝片脆爽滑嫩，咸鲜微辣，略带回甜醋香。

要　领 ▦

烹制猪肝要在猪肝下锅时码芡。因猪肝内水分较多，码芡过早，会产生"吐水"现象，下锅烹炒时容易煳锅。

炒猪肝要掌握好火候，火候不到，猪肝外表虽已至熟，但内部仍然半生半熟，不断有血丝溢出，行话称为"带红"；火候过头，则猪肝会老绵，口感不好。

| 出　品 ▦ | 渝中／中华餐饮名店／友谊大酒楼 |
| 主　厨 ▦ | 中国烹饪大师／吴强 |

泡椒猪肾

一道药食同源的佳肴

缘 起 此处的"猪肾"非猪腰子，乃猪睾丸也。猪睾丸是一道美食，能补肾治喘。在潼南，人们把猪睾丸俗称为猪宝、猪肾或者头刀菜。

20世纪80年代初，农村家家户户都养猪。那个时候，有一种职业叫骟匠，即阉割小公猪，使其生长较快、膘肥臀满，农村人形象地称他们为"咬卵匠"。据传，明太祖朱元璋曾赠骟匠一对联"双手劈开生死路，一刀斩断是非根"，一语道破骟匠天机。骟匠们把小猪骟了之后就会把猪肾带回家，用泡椒烹之，没想到美味之极。后来此菜渐渐流行，成为那个物资匮乏年代中体现劳动人民智慧的一道民间江湖菜。其实，这头刀菜流传已久，过去乡下的传统做法，就是将原料用菜叶包起来放进柴火灶里烧，烧熟取出来剥开菜叶撒点盐就可以吃了。现在头刀菜的做法很多，餐馆里比较普遍的是用爆炒法成菜，注重猪肾的脆嫩。在太安做得较有特色的头刀菜，还得数潼厨味道这家餐馆，以下就介绍这家餐馆泡椒猪肾的做法。

主 料 ▦ 猪睾丸500克

辅 料 ▦ 泡辣椒100克

调 料 ▦

干红辣椒20克	色拉油350克	小米椒25克	泡姜20克
高粱白酒25克	泡萝卜 25克	大蒜 100克	花椒10克
蒜苗节 100克	芹菜梗 20克	食盐 5克	味精 5克
红薯淀粉25克	鱼香叶 10克	白糖 15克	香醋20克
鸡精 10克	豆瓣 25克	醋 10克	

制 作 ▦

🏷挑选大小均匀的猪睾丸，从中间剖开为两半，用清水冲洗干净，沥干水分，加高粱白酒、食盐腌制25分钟，然后用红薯淀粉上浆。泡辣椒切成小节。泡姜切成片。泡萝卜切成片。干红辣椒去蒂，切成节。大蒜去皮，切成蒜米。蒜苗洗净，切成节。芹菜去筋，洗净，切成粒。

🏷锅置于中火上，掺色拉油烧至六成热，下花椒、干辣椒、泡姜、泡辣椒、泡萝卜、豆瓣、大蒜，慢慢把水汽煸干，出色出味后，下入猪睾丸，用小火慢炒，将猪睾丸的膻味去除，炒制过程中陆续加入醋、小米椒、芹菜粒、鸡精、味精、白糖调味，然后勾芡，加入鱼香叶，起锅装盘即可。

特 点 ▦ 酸辣味鲜，细嫩脆爽。

出 品 ▦ 潼南／潼厨味道

主 厨 ▦ 中国烹饪大师／石英

百年老卤猪手

点味成金的百年老卤

缘 起 猪手，猪蹄是也。过去，重庆和四川把猪脚统称为"猪蹄"，猪前脚叫"前蹄"，猪后脚叫"后蹄"。不知什么时候开始，重庆人也跟老广一样，习惯把猪前蹄叫做"猪手"，把猪后蹄叫做"猪脚"了。

卤猪蹄这种大俗大雅的食物，在重庆可以说是到处都有得卖。百年江湖的老卤猪手以"色泽红润、炽糯细嫩、咸鲜馥香、回味悠长"的特色独树一帜。和其他烧腊店比较起来，百年江湖在制作工艺、香料配方上都有绝招，最大亮点是那一锅老卤水。老卤水，是卤味的灵魂，也是浓缩的精华，十几种调料，慢火熬煮，直到精华全部溶入汤卤中。百年江湖这锅老卤水传承至今已有近百年历史。对于制作卤味的店家来说，一锅老卤水，就是一张美食名片；一锅老卤水，就是生意之本、传家之宝。这锅老卤水经反复使用，越卤越醇厚，越卤越有味，用得越久越珍贵，能够"点味成金"。百年老卤猪手就是在这锅卤水之中"翻江倒海"过，才拥有如此香浓醇厚之味。

216

| 主 料 ⊞ | 猪前蹄15千克　　老卤水6千克 |

| 辅 料 ⊞ | 猪筒子骨2000克　　秘制香料750克　　糖色800克
猪排骨　2000克　　鸡骨架　　5个 |

| 调 料 ⊞ | 老姜100克　　料酒100克　　食盐　100克
鸡精165克　　味精130克 |

制 作 ⊞

🏷 选用猪前蹄，用木柴火烧去残毛，刮洗干净，放在开水锅中汆水，用清水冲净血沫。

🏷 锅置于旺火上，掺入清水15千克烧开，加入猪排骨、猪筒子骨、鸡骨架烧开，撇尽浮沫，下姜块、料酒，改用中火煮炖4小时，滤净残渣，制成高汤。

🏷 锅内掺老卤水，放入秘制香料（用纱布包好），加入老姜，用小火熬制1个小时，撇去浮沫，下食盐、鸡精、味精、糖色。把猪蹄放入锅中，掺高汤，用旺火烧开，改用小火卤制2个小时即可捞出。

特 点 ⊞　　炽糯鲜香、色泽红亮。

要 领 ⊞　　百年老卤猪手要选用猪前蹄，前蹄肉多骨少，呈弯曲形，后蹄肉少骨稍多，呈直筒形。

出 品 ⊞　　江北/中华餐饮名店/百年江湖

主 厨 ⊞　　中国烹饪大师／王登体

陈蹄花

卤香扑鼻欢，酱色入眼喜

缘 起 ▦ 民国初，县人陈举贤、陈锡藩兄弟先后在合川柏树街、久长街创办集文书局、中华书局（解放后改为和平书店）。弟弟陈锡藩虽与书为友、以书为生，但喜欢烹调，闲时常与其夫人一道烹饪各种菜肴，尤喜精卤猪蹄，有其绝技。

陈氏兄弟友人李德福，川菜名师，在合川、重庆烹饪界声誉极高，时任民生轮船公司大厨，常来书局做客。抗战期间，李德福曾邀约民生公司总经理卢作孚一同到书局做客。陈锡藩请他们后堂小坐，让夫人次第端出蹄花及家常小菜相待。作孚先生品尝后，赞不绝口，连声称道，兴奋之余，即兴吟诗一首：
夕阳西坠满天霞，中华书局鉴书画，主人盛邀入后坐，满桌菜肴皆美味；
馀生踪迹遍全球，中西菜肴未曾诱，今品锡藩家中菜，唯有合州陈蹄花。

陈锡藩之长孙，中国烹饪大师陈永红幼时曾尝奶奶亲烧菜肴，对卤蹄花印象极深，常问奶奶制作要领，得奶奶真传。多年后他与师兄弟一起创办陈蹄花餐厅，主营卤蹄花、家常菜，深得老百姓喜欢，生意火爆。

主　料	猪前蹄2500克
辅　料	干油碟蘸料25克/份

调　料

干红辣椒1000克	食盐300克	味精150克	冰糖200克
小绵曲酒 250克	鸡精100克	老姜500克	当归150克
红花椒　200克	白芷120克	八角500克	山柰300克
老鸡汤　50斤	香叶200克	桂皮100克	丁香 30克
陈皮　150克	茴香 50克	白蔻 50克	南姜 30克

制　作

🥄选用鲜猪前蹄，用木炭火烧去残毛，放在清水中刮洗干净。老姜拍破。当归、白芷、八角、山柰、香叶、桂皮、丁香、茴香、白蔻分别用清水浸泡30分钟。

🥄卤锅置于旺火上，掺老鸡汤烧开，把干红辣椒、红花椒、当归、白芷、八角、山柰、香叶、桂皮、丁香、茴香、白蔻、陈皮、南姜、老姜放入，熬煮2小时制成卤水。

🥄把洗净的猪蹄放入卤水锅中，用旺火烧开，撇去浮沫，加老姜、食盐、味精、鸡精、冰糖、小绵曲酒，改用小火焖煮2小时至猪蹄软糯即可起锅。待晾凉后改刀，装盘，配上干油碟蘸料上桌。

特　点　猪蹄炊糯，柔韧弹牙，麻辣鲜香。

要　领　卤猪蹄要旺火烧开，然后改小火保持微开状态焖煮至软糯。

出　品	合川/重庆餐饮名店/陈蹄花
主　厨	中国烹饪大师/陈永红

怪味蹄花

做法新与奇，味道怪与异

缘 起 ▦ 怪味在重庆是传统味型之一，主要调料就是盐、酱油、红油、花椒面、白糖、醋、姜末、蒜末、葱花，而且酸、甜、麻、辣、鲜五味俱全。重庆人爱吃猪蹄，吃的方式也很多，炖的、烧的、卤的、粉蒸的，等等。但尤以炖猪蹄最为大家所喜爱，像白豆炖猪蹄、黄豆炖猪蹄、豌豆炖猪蹄、南瓜炖猪蹄等，都是餐桌常客。因猪蹄尤其是猪前蹄，白净、肥美、结实，砍为两半或砍成四块，经炖，或烧，或蒸制熟后，猪蹄松软，皮开肉绽，丰腴滋糯，肥而不腻，雪白如花，故人们形象而风趣地称其为"蹄花"，有炖蹄花、烧蹄花、粉蒸蹄花、姜汁蹄花等。

陈蹄花的怪味蹄花是一道以猪蹄、板栗等为主辅食材制作的菜品，其调料在传统味型上稍稍做了改变，加入了红小米椒，带来了一种鲜辣味，相比传统口味更加浓厚，其材料新鲜，做工纯熟，做出的猪蹄肥而不腻，板栗又粉又香。

主　料 ▦　　前猪蹄650克

辅　料 ▦　　板栗150克

调　料 ▦

红小米辣23克	白芝麻10克	大蒜50克	老姜30克
混合油 250克	花椒粉 5克	小葱60克	味精15克
红油　100克	酱油 100克	白糖80克	香醋70克

制　作 ▦

🏷 选用猪前蹄，烧去残毛，刮洗干净，对剖成两半，再斩成4.5厘米宽的块放在开水锅中氽去血水，捞出清洗干净。大蒜去皮，切成蒜末。老姜20克切成姜片，10克切成姜末。红小米辣去蒂，切碎。小葱切成葱花。

🏷 锅置于旺火上，掺混合油烧至六成热，下入姜片爆出香味，再把猪蹄放入煸炒。当猪蹄水汽略干、开始吐油时掺入适量高汤，加入板栗，烧开后撇去浮沫，继续用旺火把汤烧至乳白色，转入高压锅中，加盖焖压15分钟，然后冲冷高压锅，揭盖。

🏷 把猪蹄转入盆中，加蒜末、姜末、红小米辣、花椒粉、白糖、酱油、香醋、味精和红油充分拌匀，装入盘中，撒上白芝麻、葱花即可。

特　点 ▦　　猪蹄炝糯，板栗粉面，葱花清香，酸、甜、麻、辣、鲜五味俱全。

出　品 ▦　　合川／重庆餐饮名店／陈蹄花

主　厨 ▦　　中国烹饪大师／陈永红

麻辣肥肠鱼

此肴专治重度肥肠瘾

缘起 ▦ 连鱼里面也加肥肠，看来喜欢肥肠的人的确不少，也的确喜欢到说起肥肠就两眼冒光、口舌生津。

人与人不同，口味也千差万别。重庆鱼菜店众多，每一家都有自己的"死忠粉"，你喜欢它的麻辣热烈，我喜欢它的环境特别。而在这里，每当一锅肥肠鱼上桌，面对佳肴的诱惑，再没有什么绅士淑女，众人抛弃斯文的面具，大刀阔斧地"掠夺"薄薄的、滑嫩的鱼肉，地毯式地"搜索"零零碎碎的肥肠，要吃个心满意足才肯罢休。

| 主　料 ▦ | 肥肠300克　　花鲢4500克 |

主　料 ▦ 肥肠300克　　花鲢4500克

辅　料 ▦ 榨菜100克

调　料 ▦ 干红辣椒250克　　大蒜50克　　菜籽油500克　　食盐20克
郫县豆瓣150克　　老姜50克　　胡椒粉 20克　　花椒20克
秘制香料 15克　　鸡精30克　　白酒　50克
红苕淀粉100克

卤　料 ▦ 老姜15克　　食盐10克　　大蒜20克　　酱油15克
料酒50克
香料（茴香籽4克、丁香3克、八角5克、陈皮3克、肉豆蔻3克、草果3克、砂仁3克、桂皮3克）

制　作 ▦ 🏷肥肠撕去油筋，清洗干净。放在加有料酒的开水锅中汆水。花鲢宰杀，去鳞、鳃、内脏，洗净。鱼头对剖成两半，鱼骨斩段，鱼肉片成片。榨菜洗净，切成片。干红辣椒去蒂、去籽，切成节。老姜50克切成片。郫县豆瓣剁细。
🏷丁香、八角、草果、砂仁等香料放在锅中炒热，用纱布包好放入锅中，掺清水，把肥肠放入，加食盐10克、大蒜、老姜15克拍破、酱油和料酒，用旺火烧开，转中火，把肥肠卤至耙软，起锅晾凉，切成滚刀块。
🏷鱼片纳盆，加食盐、胡椒粉、姜片、白酒抓匀后腌制10分钟，用清水洗净，沥干。然后鱼片用食盐10克、胡椒粉、白酒码味，加红苕淀粉上浆。
🏷锅置于旺火上，掺菜籽油烧至六成热，依次下干红辣椒节、花椒、郫县豆瓣、姜片、大蒜炒出颜色，然后加入秘制香料炒出香味，掺适量清水后放榨菜片、肥肠烧开，加食盐10克、鸡精调味起锅。
🏷锅置于炉火上，掺适量鲜汤烧开，先放入鱼头、鱼骨，煮熟之后捞出，盛入盆中。然后把肥肠汤汁盛在鱼头、鱼骨上面。锅中汤汁再烧开转小火，把鱼片抖散放入汤中焖煮2分钟，改大火烧开，起锅转入装有肥肠、鱼头的盆中。
🏷锅洗净，放菜籽油烧至七成热，下干红辣椒节、花椒炒香，淋在盛有鱼的盆中。

特　点 ▦ 鱼片嫩滑，肥肠耙糯，味浓鲜香。

出　品 ▦ 江津／渝畔小鱼馆

主　厨 ▦ 江湖菜名厨／黄健

晓彭肥肠鸡

肥肠挑逗着来自贵州的"战斗鸡"

缘起 ▦

肥肠鸡以重庆晓彭肥肠鸡为代表，源于1988年，是一道采用秘制肥肠与跑山鸡相结合的江湖菜肴。肥肠鸡麻辣鲜香，舒润软糯，风韵绝佳。盆中红油里是香辣的鸡肉和肥肠，看得人食欲油然而生，忍不住一口肥肠、一口鸡肉，吃到过瘾，五味融合，身心愉悦！

晓彭肥肠鸡的制作过程有多个标准，主材的选择、辅材的选用、调料的配备等都有具体要求。肥肠的肠油要统统去掉，还需要过一遍开水，同时要放入添加了各种香料的高汤中焖煮一段时间，等等。鸡肉选择贵州六盘水的跑山鸡，此鸡以大山绿色植物和昆虫为主食，鸡冠血红，生性好斗，鸡肉极具弹性与韧性，烹熟后富有弹性的口感就不摆了！

主　料 ▦ 　猪大肠750克　　　贵州跑山鸡1000克

辅　料 ▦ 　芋儿350克　　　土豆350克　　　萝卜350克　　　海带500克

调　料 ▦ 　筒子骨鸡汤1000克　　青花椒　50克　　红油200克
　　　　　　　　秘制底料　　400克　　熟白芝麻5克　　芹菜　20克
　　　　　　　　干红辣椒　　20克　　芫荽　10克　　老姜　20克
　　　　　　　　菜籽油　　　200克　　鸡精　30克　　大蒜　20克
　　　　　　　　秘制炒料　　适量　　料酒　适量

制　作 ▦ 　🍃跑山鸡宰杀，去毛、内脏，洗净，斩成块。猪大肠治净。
芋儿去皮，洗净，切成滚刀块。土豆去皮洗净，切成滚刀
块。萝卜去皮，洗净，切成块。海带切成块。芹菜洗净，切
成节。干红辣椒去蒂，切成节。老姜切成片。芫荽切成节。
🍃猪大肠放在锅中，加老姜和料酒汆一次水，除去异味，捞
出沥干，切成滚刀块，用秘制炒料炒至入味。
🍃炒锅置于旺火上，掺菜籽油烧热，把大蒜、姜片、青花椒
放入锅中爆炒出味，然后把鸡块放入锅中收干水汽，翻炒至
鸡块表面呈现金黄色的锅巴，再加入秘制底料，翻炒至鸡块
红亮，香味溢出。加入秘制的卤肥肠炒转。
🍃把炒制好的肥肠和鸡肉转入高压锅中，依次加入筒子骨鸡
汤、芋儿、土豆、萝卜、海带、鸡精，然后用旺火焖压12分
钟，熄火，再焖2分钟，把肥肠鸡转入锅仔中。
🍃炒锅再置于旺火上，掺红油烧热，加入干红辣椒节、青花
椒50克炝香，起锅淋在肥肠鸡上面，撒上芹菜节、芫荽节和
熟芝麻即可。

特　点 ▦ 　肥肠炽糯，鸡块酥软，口感丰富，香辣味浓。

出　品 ▦ 　渝中／晓彭肥肠鸡

主　厨 ▦ 　江湖菜名厨／莫锦

火焰扳指

弯弓处，簇簇火焰燃烧尽

缘　起 ▦ "一代天骄，成吉思汗，只识弯弓射大雕。俱往矣，数风流人物，还看今朝。"气势磅礴的诗句，跃然纸上的风采：大漠中，所向披靡的成吉思汗弯弓所指，狼烟四起。他搭箭的一刹那，套在手指上的扳指微微感应，便知力道，箭镞射向战场前方，敌军纷纷倒下……传统名菜炸扳指"色泽金黄，皮酥里嫩，细软而香。吃时可佐以酱蒜，也可以蘸糖醋汁，还可以拌生菜叶，都各有风味。因肥肠呈圆形，似射箭的扳指一样，故名"，1960年出版之《中国名菜谱》（第七辑）如是说。

而如今，唐亮在此基础上再创新篇，炸扳指上桌后，盘中点火，顿时熊熊火焰燃烧，人们仿佛回到那战鼓声声、呐喊阵阵、刀光剑影的冷兵器时代，菜品更具历史感与形象感，让人心驰神往！

主 料 ⊞	大肠头400克			
辅 料 ⊞	生菜50克	葱白100克	面酱50克	荷叶饼10只
调 料 ⊞	秘制脆皮汁15克	大葱节25克	胡椒粉3克	食盐3克
	菜籽油　500克	老姜片15克	酱油　15克	醋　25克
	醪糟汁　　25克	葡萄酒50克	料酒　50克	花椒2克

制 作 ⊞

🏷 选用体厚质佳的大肠头，放在清水中，加入白矾末少许，用力搓揉清洗一次，除去黏液，另换清水加食盐，同法清洗两次，将肠的里面翻出来，撕去油筋上的杂质脏物，清洗后再翻转。加老姜片、大葱节、醋反复搓揉，多洗几次，直至肠头干净涩手。

🏷 生菜用清水洗净，切成丝，加少许盐码匀。大葱白洗净，切成丝（也可制成"开花葱"）。生菜、葱白、面酱和荷叶饼分别装盘，待用。

🏷 把洗净的肠头放在开水锅中加料酒氽水，捞出，装在盘中，撒上胡椒粉、老姜片、葱节、食盐、花椒、醪糟汁上笼用旺火蒸至肠头炮软起皱褶，拣去姜、葱、花椒，摭干水分，用竹签在肠头上戳些气眼，用脆皮汁涂匀。

🏷 炒锅置于旺火上，掺入菜籽油烧至八成热，放入肠头炸至金黄色，快速用抄瓢捞出，切成1.5厘米长的节，整齐摆在烧热的石盘中间，端上桌后，浇上葡萄酒，点燃。

🏷 生菜、葱白、面酱和荷叶饼随菜上桌。

特 点 ⊞　色泽金黄，皮酥肉肥，鲜香味美，气氛热烈。

出 品 ⊞	江北／唐麻婆
主 厨 ⊞	中国烹饪大师／唐亮

227

霸王玉簪肠头

形似玉簪，味可称王

缘 起 ▦

肥肠穿豆腐就是用豆腐穿过肥肠，如同古代妇女头上的玉簪一般，也与一代宗师、烹饪大家曾亚光的粉蒸排骨——"原笼玉簪"有异曲同工之妙，造型美观、精妙绝伦。

此菜虽然为一创新菜式，但又有历史典故，源于当年霸气十足的项王为博得"豆腐西施"虞姬的欢心，不远千里从巴渝大地"淘"得肥肠制作肥肠豆腐的传说，故有"霸王玉簪肠头"之称。该菜极富创意，成菜中脆爽、淡黄的豆腐穿过两指宽的肥肠，呈放射状铺满大盘，在浓稠的汤汁中金黄一片，十分抢眼。当然，味道不用说了，大有"豆腐穿肠过，美味心中留"的快意恩仇。项羽虽未能与虞美人共飨百年，但在甚解风情的龙大厨手上，他们"再续前缘"，成为大众津津乐道的一款名菜。这正是：肠与腐相邀，麻辣出奇招；同在盘中聚，叙美味风骚。

| 主　料 ⊞ | 土猪肠头350克　　老豆腐250克 |

| 辅　料 ⊞ | 干豇豆15克 |

调　料 ⊞

火锅底料200克	胡椒粉5克	花椒25克	白酒25克
干红辣椒　10克	大葱　50克	老姜50克	大蒜30克
剁椒酱　100克	鸡精　10克	味精10克	食盐适量
菜籽油　100克	料酒　25克	芫荽10克	生粉适量
熟芝麻　　5克	卤水　适量		

制　作 ⊞

🔖 猪大肠头撕去油筋，纳入盆中，加生粉搓揉，然后用手挤去脏污，用清水冲洗干净，再下适量食盐，加入白酒、姜、葱搓揉一次，反复搓洗至肠头内外洗净为止，然后放在开水锅中余一次水，捞出沥干。干红辣椒去蒂，切成节。芫荽洗净，切成节。老豆腐切条。干豇豆泡发，沥干待用，老姜25克拍破，25克切成片。大葱绾结。

🔖 把洗净的肠头放入锅中，掺老卤水，加姜、葱结、料酒，卤至八成熟取出晾凉，然后将切好的豆腐条穿入肠头内，使其形如玉簪。

🔖 锅中掺菜籽油，烧至五成热，放剁椒酱、花椒、姜片、大蒜炒香，下火锅底料、适量鲜汤烧开，熬至出色出味，下鸡精、味精、胡椒粉调味，然后去除料渣。此时放入干豇豆煮熟，起锅装入盘内垫底，再把玉簪肠头放入锅中烧至入味、起锅装盘。

🔖 另锅下菜籽油烧至七成热，下干红辣椒节、花椒炝香，起锅淋在肠头上，撒上熟芝麻和芫荽节即可上桌。

| 特　点 ⊞ | 色泽红亮，造型美观，肠头肥腴，豆腐细腻，麻辣味浓。 |

| 出　品 ⊞ | 南岸／上八味民间菜 |

| 主　厨 ⊞ | 中国烹饪大师／龙志愚 |

菊花肥肠

一道创意肥肠，一段传奇的故事

缘 起 ▦

重庆，三国故地。历史上"刘备托孤"的故事就发生在重庆。杜甫曾在诗中写道："丛菊两开他日泪，孤舟一系故园心。寒衣处处催刀尺，白帝城高急暮砧。"这两句诗后来常被用于表达对家乡故土一草一木的留恋之情，而菊花也成为了这种深情厚谊的象征之物。

某年，唐肥肠——唐亮畅游白帝城，行走至"刘备托孤"景观处，触景生情，感慨良多，一道菜肴的崭新创意自他心中油然而生。他将自己对历史的怀想和对家乡的热爱都寄托在这道金黄诱人的菊花肥肠中。酥脆爽口的肥肠在盘中绽放如花，以历史寓其意，以山水赋其形，实乃上好创意。

主　料 ▦　猪肥肠头250克

辅　料 ▦　干细淀粉75克　　番茄酱30克　　大葱白15克　　鸡蛋2个

调　料 ▦　菜籽油1000克　　食盐3克　　白糖5克
　　　　　　　水淀粉　5克　　白醋5克

制　作 ▦　🏷肥肠洗净剖开，切成长方形片，再顺着用刀切开成一头相连一头散开的花瓣状。鸡蛋磕破入碗中，调散，加入25克干细淀粉和3克食盐，搅拌均匀，制成全蛋糊。大葱白洗净，切成葱丝。
　　　　　　🏷把切好的肥肠放在碗中，裹匀全蛋糊，再扑上干细淀粉，放在抄瓢中拼成菊花形。
　　　　　　🏷炒锅置于中火上，掺菜籽油烧至五六成热，把摆有菊花肥肠坯的抄瓢放入油锅中，炸至肥肠定形后，将抄瓢提起。待锅中油温升至七八成热，再把肥肠下锅复炸至金黄酥脆时，捞出摆在盘中。
　　　　　　🏷锅中留油少许，把番茄酱放入炒香，加白糖、白醋，最后用水淀粉勾薄芡，制作茄汁味滋汁，起锅淋在盘中菊花肥肠上，撒上葱丝即可。

特　点 ▦　造型美观，鲜香酥脆，酸甜可口。

要　领 ▦　猪大肠油腻腥臊较重，宜采用盐、醋搓洗法预加工，先用适量白矾揉匀，除去黏液，翻面，撕去油筋，加入姜、葱、醋再揉搓，用清水清洗干净，然后放入沸水中汆水捞出，再用清水冲洗干净。

出　品 ▦　江北／唐麻婆

主　厨 ▦　中国烹饪大师／唐亮

花椒肠头

无意间的邂逅，碰撞出不错的下酒菜

缘 起 ▦ 花椒，除了香麻的味道招人喜爱以外，还具有灭菌、去腥的功能。肠头，软糯中有韧劲、有嚼头，但要把它做得好吃，除去其本来的腥臊味，就成了头等大事。用花椒烹之，花椒的清香与幽麻，正可解肠头之腥，提肠头之香。

猪大肠适于烧、烩、卤、炸，如"辣子肥肠""卤肥肠""炸肥肠""九转肥肠""炸扳指"，等等。花椒肠头这道菜是把猪大肠卤制以后，再加花椒、辣椒、胡椒、豆瓣酱及秘制香辣酱等，与鸭血同烧，其味道更为鲜香厚重、质感香醇。当然，肠头不宜烧得太软，以免失去了韧劲，没有嚼劲，缺少乐趣。

靠卖卤菜"起家"的茅溪家常菜，卤菜品种丰富，原料新鲜，而且无添加剂，用大家的话来说，味道"还可以"，下酒"嘿舒服"，其用卤汁浸煮过的花椒肠头滋味自然不在话下。

232

主 料	鲜猪肠头600克

辅 料	鲜鸭血500克

调 料

秘制香辣酱	100克	辣椒粉	50克	老姜	50克	大葱	30克
混合油	100克	花椒粒	50克	大蒜	25克	鸡精	5克
豆瓣酱	50克	料酒	50克	小葱	15克	味精	5克
胡椒粉	5克	食盐	5克				

制 作

🥢肠头洗净，氽水。老姜25克切成片，25克切成米。大蒜切成米。大葱洗净，切成节。小葱洗净，切成葱花。豆瓣酱剁碎。

🥢锅置于炉火上，掺清水烧开，把肠头放入，加姜片、葱节、料酒，用小火慢煮至熟，起锅晾凉。然后切成5厘米长1厘米宽的条。鸭血氽水，用竹刀划切成小块，放在盘中打底。

🥢炒锅置于旺火上，掺混合油烧至六成热，放姜米、蒜米炒香，再把豆瓣酱、秘制香辣酱、辣椒粉放入，炒至油色红亮，此时掺入鲜汤烧开，烹料酒，下花椒粒30克熬出味，然后将肠头条入锅煮2分钟，下味精、鸡精、胡椒粉及食盐调味，起锅盛在鸭血上面。

🥢另锅放混合油烧至五成热，下花椒粒20克浸炸出香味，起锅淋在肠头上，撒上葱花即可上桌。

特 点	肠头柔韧Q弹，鸭血细嫩滑爽，味道鲜馥醇麻。

要 领	肠头预加工方法：把肠头剪开，加面粉揉转，去除黏液，撕去油筋，加姜、葱、醋再揉搓，用清水冲洗干净，然后放入开水锅中氽水捞出，再次用清水冲洗干净。

出 品	江北／重庆市著名商标／茅溪家常菜馆
主 厨	江湖菜名厨／唐光川／张建

红烧肥肠

时光匆匆过，经典永流传

缘·起 对于红烧之法，宋代的老饕苏东坡很有发言权。他在总结烧肉十三法时写道："黄州好猪肉，价贱如粪土，富者不肯吃，贫者不解煮。慢著火，少著水，火候足时它自美。每日起来打一碗，饱得君家自莫管。"清朝袁枚在其《随园食单》"烧猪肉"一节中亦有描述："凡烧猪肉，须耐性。"一般而言，红烧多使用糖汁或酱油、白葡萄酒提色，顾名思义，要色泽红亮，质地烂软。红烧肥肠与红烧肉略有不同，它须慢火细作，烧熟、烧烂为止。唐肥肠之红烧肥肠1992年曾被载入《中国烹饪大全》，是唐肥肠最受欢迎的著名代表菜肴之一。这正是：五脏六腑皆味道，只待有缘相烹食；时光匆匆转瞬过，传统经典永流传。

主　料 ⚏	肥肠500克

调　料 ⚏	郫县豆瓣50克　　　鸡汤250克　　　老姜15克　　　蒜片15克 干辣椒粉50克　　　花椒 25粒　　　食盐 5克　　　醋　 3克 混合油 100克　　　芫荽 10克　　　料酒50克　　　味精25克 醪糟汁　15克　　　白糖　5克

制　作 ⚏

🏷 将洗干净的肥肠切成块，待用。郫县豆瓣剁细。老姜切成米。大蒜去皮，切成片。芫荽洗净，切成节。

🏷 炒锅置于火上，掺混合油烧至五成热，下豆瓣炒至出色出味，下干辣椒粉炒转，掺入鸡汤烧开，约熬煮15分钟，制成红汤滋汁，用抄瓢去尽豆瓣渣，下盐、姜米、蒜片、白糖调味，然后把肥肠放入锅中，加醪糟汁、料酒，用旺火烧开，改用小火燸炟入味，然后加香醋，下味精炒转，起锅盛碗，撒上芫荽节即可。

特　点 ⚏　肥肠炟软，色泽红亮，油而不腻，咸鲜微辣回甜。

出　品 ⚏	江北／唐麻婆
主　厨 ⚏	中国烹饪大师／唐亮

巴县泡椒小肠

弯弯曲曲的小路，酸酸甜甜的爱意

缘 起 ▦　猪小肠含有人体必需的矿物质，入肴成菜，吃起来非常可口。

泡红辣椒有增色、增香、提鲜、压异味、解腻的作用。现在，重庆烹饪界将泡红辣椒作为一种独立的调味品使用，在泡姜的辅助下，成菜具有色泽红亮、辣而不燥、辣中微酸的特点。重庆江湖菜中的泡椒系列，将这种特殊的酸辣味发挥得淋漓尽致。

巴县，一个因古老而驰名的地方，是曾经的水流沙坝、袍哥人家的诞生地。生生不息、"哗哗"流淌的长江水，似乎在诉说着巴县人世代相传的一个个优美动人的故事。巴人善烹素来有名，以至于巴县有"厨师之乡"的美名。今有胡门厨掌柜之郑氏中亮传承巴人工匠精神，将泡红辣椒用于炒猪小肠，成菜脆嫩有嚼头、酸辣带鲜香，能佐酒，亦能下饭。它点缀了巴渝食坛，丰富了浓厚的重庆饮食文化。

主　料 ▦　猪小肠300克

辅　料 ▦　泡红辣椒200克

调　料 ▦
青、红小米椒100克	野山椒50克	大葱50克
跳水泡菜　50克	蚝油 10克	陈醋 2克
红花椒粒　15克	白糖 2克	味精 5克
色拉油　350克	鸡精 5克	

制　作 ▦　🔖猪小肠洗净，切成1厘米长的小节。泡红辣椒切成末。跳水泡菜切成丝。青、红小米椒去蒂，洗净，切成节。野山椒去蒂，洗净，切成节。大葱洗净，切成粒。
🔖把泡菜丝，青、红小米椒节，野山椒节纳入料碗待用。
🔖锅置于旺火上，掺色拉油烧至八成热，放入猪小肠、泡红辣椒末炒转，再下泡菜丝，青、红小米椒节，野山椒节和花椒粒等调料，快速翻炒8～10秒钟，下味精、鸡精、白糖、陈醋、蚝油、葱粒簸转即可起锅装盘。

特　点 ▦　脆嫩爽口，辣酸鲜香。

要　领 ▦　小肠入烹之前的清理最重要，里外都要清理至少两遍，清理的时候不要放盐，不然吃的时候会发苦，用料酒处理就好。
泡椒小肠是一道火功菜，火候的掌握非常关键，要急火短炒，烹制时间过长，食材将变得绵老，丧失其脆嫩口感。

出　品 ▦　巴南／中华餐饮名店／厨掌柜巴县菜馆

主　厨 ▦　中国烹饪大师／郑中亮

九村招牌烤脑花

一个烤脑花，联想一座城市

缘 起 ▦

九村烤脑花是一家以烤脑花为特色的烧烤品牌。"九村"之名，因其品牌始创于江北大石坝九村而来。品牌创始人但家飞自1997年制作出了麻辣鲜香、软嫩可口的烤脑花后，九村烤脑花的风味历程就开始了。时至今日，九村烤脑花在重庆拥有直营店11家，连锁门店100多家。九村烤脑花在外地名气也不小，已发展到全国20多个地区，上海、江苏、浙江、湖北等地慕名而来的食客也非常多，九村烤脑花已成为重庆网红美食打卡地。

九村沿用传统炭火烧烤，精选上好食材，全程手工制串，充分体现了重庆独有的饮食文化，是众多食客来重庆必吃的重庆江湖烧烤，也创造了"一个烤脑花，联想一座城市"的烧烤界神话。

主　料 ▦　　脑花1个（100克到150克）

辅　料 ▦　　泡萝卜15克

调　料 ▦　　味精孜然混合料5克　　　兰州盐1克　　红油50克
　　　　　　　秘制脑花作料　10克　　　蚝油　5克　　料酒　5克
　　　　　　　秘制脑花腌料　　1克　　　小葱　5克　　老姜　8克
　　　　　　　红油辣子　　　　90克　　　白酒　3克

制　作 ▦　　🥄把脑花放在清水中，浸泡数分钟后取出，一只手托着脑
　　　　　　　花，一只手轻轻在猪脑上拍打，撕去血丝（拍打的目的就是
　　　　　　　让脑花和血丝分离，然后用手指轻轻地抓住血丝往上提，
　　　　　　　注意撕脑花中间两根大血丝时动作要慢，这样脑花才不会
　　　　　　　破碎，才能保证脑花的完整性，同时也可摸一摸是否有骨
　　　　　　　头），整齐放在托盘上。泡萝卜切碎。小葱切成葱花。
　　　　　　　🥄老姜、兰州盐用粉碎机磨成粉，均匀地涂抹在脑花表面，
　　　　　　　再抹上料酒、秘制脑花腌料。
　　　　　　　🥄将脑花放入锡纸碗，放入白酒、蚝油、味精孜然混合料，
　　　　　　　秘制脑花作料，红油辣子及红油。
　　　　　　　🥄把装有脑花的锡纸碗放在烤架铁板上，然后把铁板温度调至
　　　　　　　200摄氏度，待锡纸碗中的调料烤至沸腾后，用夹子夹住锡纸
　　　　　　　碗轻轻摇晃几下（以免脑花粘连和烤煳），再放回铁板上。
　　　　　　　🥄待调料再次沸腾5分钟后，用夹子轻轻把脑花翻面，然后用
　　　　　　　夹子从脑花的中间缝隙把它轻轻分成两半，再烤5分钟，就用
　　　　　　　夹子从一半脑花的中间插下去，分开看一下是否熟透，如果
　　　　　　　熟透，加入泡萝卜、葱花即可上桌。

特　点 ▦　　脑花软嫩，麻辣鲜美，口齿留香。

要　领 ▦　　猪脑的表面血管、筋络密布，剔除起来有一定难度。既要剔
　　　　　　　除血筋，又要保持猪脑的完整，可先把猪脑浸泡在清水中30分
　　　　　　　钟，此时血筋网络会脱离猪脑，这时用手抓几下，就可以把血
　　　　　　　筋全部清除。如果急用猪脑，可以把猪脑在清水中浸泡几分
　　　　　　　钟，拿出，用一只手托住猪脑，另一只手轻轻在猪脑上拍打，
　　　　　　　然后放回水中，轻轻一撕，血筋网络就可以去除。

出　品 ▦　　江北／九村烤脑花

主　厨 ▦　　江湖菜名厨／但家飞

【杂牲单】

牛、羊、鹿三牲，非南人家常时有之之物。然制法不可不知。作《杂牲单》。

——清·袁枚《随园食单》

释：牛、羊、鹿三种肉类，并不是南方人家中常备的食物。但它们的烹饪方法是不可以不知道的，因此作《杂牲单》。

241

清华炒火锅

你知道吗，火锅是可以拿来炒的？

缘 起 ▓▓▓ 中国名菜炒火锅是清华大饭店创新的一种火锅菜制作形式。炒火锅汤汁较少、油脂较多，其制作方式是先在铁炒锅中放入自制火锅底料，将各种火锅食材装好，把铁炒锅置于液化气炉上，一并上桌，上桌后，服务员点燃炉火，当堂炒火锅，放入味精、鸡精、蒜米、香油调味，熟后用小火加热保温供客人食用。为防止菜肴粘锅，炒火锅时需用铲子不时铲动，其烹制方法极具个性化。

炒火锅还是一种新式的火锅服务项目——在餐厅面对食客现场烹制表演。通过服务员的客前表演，既展示其高超技艺，又渲染了就餐气氛。炒火锅具有较高的技术性、表演性和观赏性。

主　料 ▦	毛肚50克　　鸭肠50克　　基围虾100克
	黄喉50克　　牛肉50克　　肥肠　50克

辅　料 ▦	豆芽50克　　莲藕80克　　黄瓜80克

调　料 ▦	秘制香料10克　　芝麻油10克　　料酒50克　　味精5克
	干辣椒　25克　　牛油　250克　　白酒25克　　食盐5克
	红花椒　10克　　胡椒粉　5克　　老姜25克　　鸡精5克
	水淀粉　15克　　大葱　25克　　大蒜15克　　醋　25克
	花椒　　25克　　自制炒火锅底料350克

制　作 ▦

🥢毛肚清洗干净，以一张大叶和小叶为"一连"，顺纹路切断，再将每"一连"叶子理顺摊平，切成片，漂在冷水中。鸭肠去尽油筋，刮洗干净，切成15厘米的节。虾用净水养一下，以去其泥腥气，再将虾须、虾脚剪去洗净，整齐摆入盘中。先将黄喉放在清水中洗净浸泡约半小时，再剖开，撕去内壁上的筋络，开条改片时纵向下刀，改成宽约2厘米、长6～7厘米的条，然后用清水浸泡。将肥牛肉放入冷冻箱冰冻成块，用切片机刨成薄片，加食盐、胡椒粉、水淀粉码味。将肥肠用盐和醋反复揉搓，刮去肠壁上的残渣及油筋，用清水洗净，入沸水锅中氽一次水后捞出，用刀切成4～5厘米长滚刀节。

🥢豆芽洗净，理整齐。黄瓜洗净，切成片。莲藕洗净，切成片。干红辣椒去蒂，切成节。大葱切成节。大蒜切成蒜米。

🥢肥肠放入锅中加清水、姜、葱节、料酒、白酒，加少许香料，煮至耙软，捞出待用。黄瓜片、藕片分别煮至六成熟待用。

🥢铁炒锅中放入自制炒火锅底料，把各种火锅食材装入，堆码整齐，加入牛油、干辣椒、花椒、大蒜和适量鲜汤。然后把铁锅端上桌，置于液化气炉上，点燃炉火，由服务员站在餐桌前，当众堂炒火锅，一边炒，一边加料酒、味精、鸡精、蒜米、芝麻油调味，待食材熟后用小火加温，供食客食用。

特　点 ▦　麻辣鲜香，口感丰富，形式独特。

要　领 ▦　炒火锅烹制表演时，必须注重卫生，包括食材卫生、环境卫生、用具器皿卫生和操作者个人卫生。炒火锅烹制表演要注意安全，在炒制过程中使用明火、烫油时不能有安全隐患，灶具与客人之间要保持一定距离。表演时要准备灭火器具，炒火锅的燃气炉要事先检查。

出　品 ▦	江北／国家五钻级酒店酒家／清华大饭店
主　厨 ▦	重庆烹饪大师／瞿飞

豁飘牛肉

薄如纸片，风吹即动

缘 起 ▦　豁飘，在重庆俗语中是指瘦得可怜、风一吹就要倒或者飘起来的那种弱不禁风的人。"豁飘牛肉"取其语义，指的却不是肉瘦，而是指牛肉切工精湛，其薄如纸，风吹即动。

受气牛肉，一家声名鹊起、如日中天的重庆江湖菜品牌，也是一家非常火的网红店。它在各大网络平台都很火，在什么必吃榜、排队榜、推荐榜它都名列前茅，虽然在重庆已经开有多家门店，但火爆情况依旧，店门口天天都要排长队。

豁飘牛肉是店里的爆款菜品。牛肉片又大又薄，格外显眼，拈起一块，大有风一吹，便会飘动起来的感觉。豁飘牛肉这道菜为清汤型，它粗犷豪放、细嫩耙糯、肉香汤鲜、口感丰富、适应性强，能满足多数消费者的需求，故能走出重庆，红遍江湖。

| 主 料 | 牛腱子肉750克 牛肚200克 带皮牛头肉250克 |

主 料 ▦ 牛腱子肉750克　　牛肚200克　　带皮牛头肉250克

辅 料 ▦ 牛骨高汤2500克　　山药100克　　干黄花50克
甜玉米　500克　　番茄350克

调 料 ▦ 白胡椒粉2克　　老姜25克　　大葱25克　　鸡精10克
大红枣 10克　　香菇20克　　食盐 8克　　枸杞 3克

制 作 ▦ 🔖带皮牛头肉去尽残毛，清洗干净，放在锅中煮熟，切成长6～8厘米，厚0.5厘米，宽5厘米的片。牛腱子肉洗净，切成长8厘米，宽6厘米，厚2厘米的片。牛肚治净，切成长8厘米，宽3厘米的片。甜玉米煮熟，切成短节。山药去皮，切成片。干黄花水发，洗净。番茄去皮，切成片。老姜切成片。大葱切成节。香菇洗净，放在开水锅中汆熟。
🔖牛肉、牛肚分别放入高压锅，掺清水，加姜片、葱节、食盐压制炸糯。
🔖另锅掺入牛骨高汤，把熟牛肉、牛肚、带皮牛肉、熟玉米、山药片、水发黄花、番茄片放入，加姜片、葱节、香菇、食盐、白胡椒粉、鸡精煮5分钟，最后放入红枣、枸杞，起锅上桌。

特 点 ▦ 粗犷豪放，细嫩炸糯，肉香汤鲜，口感丰富。

要 领 ▦ 牛骨高汤制作：将牛筒子骨3000克、牛杂骨2500克用清水冲洗干净。牛筒子骨砸破、牛杂骨剁节，放在清水中浸漂去血水。牛筒子骨、牛杂骨放入锅中，掺清水10千克，下白酒50克、姜片150克、大葱节25克，烧开汆煮10分钟，煮至牛骨血水全部析出，捞出冲洗干净。锅再置旺火上，掺清水40千克，把牛骨放入用旺火烧开，撇去浮沫，放白酒100克改中火熬制5小时，过滤去牛骨和杂质，加食盐20克，制成牛骨高汤。

出 品 ▦ 渝中／受气牛肉

主 厨 ▦ 江湖菜名厨／黄维

特色牦牛肉

肉之美者，旄象之约

缘 起 ▦　牦牛与北极熊、南极企鹅并称世界"三大高寒动物"，它长年生活在海拔3000米以上高寒地带，抗寒能力特别强，体质粗壮结实。由于常年生活在没有工业污染、化学肥料和农药危害的天然牧场，加之逐水草而居的半野生放牧方式、原始自然的生长过程，摄入大量虫草、贝母等名贵中草药，故牦牛肉富含蛋白质和氨基酸，以及胡萝卜素、钙、磷等营养素，脂肪含量特别低，热量特别高，对增强人体抗病力、细胞活力和器官功能均有显著作用。牦牛肉极高的营养价值及独特风味是其他牛肉无法比拟的，《吕氏春秋》中记载的"肉之美者"就有"旄象之约"，"旄"就是指牦牛。

婆婆客大厨制作的特色牦牛肉，色鲜、味美、香嫩、多汁，具有浓郁的"野味"特色。

主 料 ▦ 牦牛排400克 牦牛腩350克

辅 料 ▦ 干豆腐皮200克 黑木耳50克

调 料 ▦ 婆婆客秘制排骨酱50克 生抽30克 料酒25克
婆婆客秘制香料 50克 老姜15克 芫荽25克
菜籽油 100克 食盐 3克 味精 5克
葱油 100克 鸡精 5克

制 作 ▦ 🏷牦牛腩、牦牛排分别用清水浸泡除去血水，牛腩切成块，牛排骨剁成节。老姜切成片。豆腐皮洗净，沥干。黑木耳用清水泡发，洗净泥沙。芫荽洗净，切成节。
🏷牦牛腩、牦牛排放在开水锅中氽水，然后用清水冲净血沫，沥干待用。
🏷锅置于炉火上，掺菜籽油烧热，把豆腐皮放入炸至起泡，起锅。锅内留少许油，下姜片炒香，放豆腐皮、木耳和食盐炒转，掺鲜汤100克煮制豆皮、木耳至熟，起锅放在窝盘中。
🏷锅再置于炉火上，放葱油烧至六成热，下姜片、排骨酱炒香，掺入鲜汤400克，下生抽、味精、鸡精熬成汁。然后把牛腩、牛排放入，烧开，加婆婆客秘制香料，再加料酒，用小火慢炖至牛排熟透。起锅盛在装有豆皮、木耳的盘中，撒上芫荽节即可。

特 点 ▦ 牦牛肉细嫩，有淡淡药香和芫荽清香。

出 品 ▦ 沙坪坝／中国原生态菜馆／婆婆客生态菜馆

主 厨 ▦ 江湖菜名厨／李金华

麻辣牛肉丝

街边挑担起风云，一路麻辣香数代

缘 起 ▦

老四川"灯影牛肉"名动天下。也有人疑问：达县"灯影"是片，而老四川的"灯影"怎么是丝？其实"灯影"一般是透明薄片，老四川这款牛肉本来叫麻辣牛肉丝。20世纪80年代，《红岩》小说改编成了电视剧，收视率非常高。剧中，叛徒蒲志高不按地下党要求撤离，而是临时起意，买了老四川灯影牛肉去和妻子告别而被捕，他被捕时灯影牛肉散落一地，仔细分辨那是一地麻辣牛肉丝。从此，大家提到灯影牛肉，就会觉得应该是丝状的，甚至之后重庆市二商局在拟定"重庆名小吃"目录时，提到灯影牛肉，其照片用的都是麻辣牛肉丝，这一切或许是个美丽的误会吧！

说起达县、重庆传承80多年的这两款名肴，它们也算亲戚，制作方法近似，选料上达州灯影牛肉片更讲究；它们工艺上略有区别，但口感和食用的方便性上，麻辣牛肉丝更胜一筹。

主　料 ▦　　黄牛后腿肉2000克

辅　料 ▦　　菜籽油1000克　　芝麻油20克　　醪糟150克　　料酒25克
　　　　　　　　辣椒粉　50克　　花椒粉15克　　食盐　20克　　白糖50克
　　　　　　　　白芝麻　10克　　味精　10克

制　作 ▦　　🥄选用黄牛后腿肉，片成大片，片肉时要求薄如纸、大如掌、不穿花，整齐方正。
　　　　　　　　🥄牛肉片纳盆，加料酒、食盐腌制3小时，然后取出晾干，再用炭火低温烘烤30分钟。
　　　　　　　　🥄把牛肉片放在蒸笼中，用旺火先蒸30分钟，然后取出趁热改为4厘米长，3厘米宽的小片，再上笼蒸至熟透，取出晾凉。
　　　　　　　　🥄锅置于中火上，掺菜籽油烧至六成热，把牛肉放入锅炸透，取出沥干余油，放凉后把牛肉撕成丝。
　　　　　　　　🥄另锅下少量油烧热，放入牛肉丝，加醪糟、辣椒粉、花椒粉、白糖、味精用小火炒入味，起锅晾干，食用时加少许芝麻油和炒熟的白芝麻增香即成。

特　点 ▦　　色泽红亮，*丝丝*透明，麻辣鲜香，爽口化渣。

出　品 ▦　　渝中／锦禧大酒楼

主　厨 ▦　　中国烹饪大师／刘晓东

醉香牛肉

闻香下马醺，知味停车醉

缘 起

"醉"是一种用白酒、黄酒、啤酒和红酒为调味料，对食材进行腌、渍、浸、泡、蒸、炒、炸的烹制方法，成菜酒香沁鼻，鲜爽适口。适用多种食材。醉又分生醉和熟醉。生醉时将食材放入容器中，用酒和其他调味料浸泡入味的方法，主要用于虾、贝等体积较小的海河鲜食材。熟醉就是将食材加工成条块丝状，经汆汆炸卤煮蒸成熟后，加入酒类和其他调味料兑成的味汁中浸渍入味，或用酒类替代水把食材烧煮入味，这种方法适用于禽畜肉类、鱼类海鲜等。

醉香牛肉选用上等新鲜牛腩肉，由块变条，使其更易入味和食用，改变了牛肉传统的冲洗和汆水方法，整个制作过程中牛肉不沾一滴水，使其口感更有弹性以及更加软糯；加入老姜使其口味及香味有了更多的变化。啤酒和红酒代替水的加入降低了牛肉的燥性，并使整个菜更有特色。

主 料 ▦ 牛腩肉3000克

辅 料 ▦ 土豆3000克

调 料 ▦
菜籽油750克	芫荽节50克	猪油250克	白糖40克
大葱节150克	老姜条40克	料酒300克	啤酒 6瓶
细豆瓣 40克	干辣椒40克	红酒200克	花椒10克
白酒 150克	食盐 适量		

香料配比：
小茴香10克	山奈10克	花椒30克	桂皮15克
草果 25克	陈皮10克	八角10克	香叶 8克

制 作 ▦

🥄牛腩肉用料酒清洗表皮，然后把水分揾干，切成直径4厘米，长8厘米的条，用料酒腌制15分钟。香料用白酒码匀，花椒用开水泡30秒，沥干。

🥄锅置于旺火上，掺菜籽油至八成热，下入牛肉条炸至紧皮，迅速捞出沥干余油。

🥄锅内留油烧热后冷却5分钟，加入猪油，熬化后放入豆瓣，小火慢炒15秒后加入白糖，继续用小火炒至起糖泡，然后加入香料和辣椒，花椒，炒10秒后加入老姜条用中火炒15秒，然后把牛肉放入再炒30秒，加入啤酒烧开后转入高压锅，小火压35分钟。

🥄另锅掺清水烧开，把土豆放入，加适量食盐煮熟，然后放入油锅，用七成热的油温炸至金黄色，起锅放入盘中作为打底用。

🥄把压好的牛肉转入炒锅，选去香料，加入红酒，用旺火收汁至亮油，加入大葱节，再收5秒后起锅，舀在土豆上面，再撒上芫荽节即可。

特 点 ▦ 牛肉软糯，集酒香、肉香与各种香料的味道于一体，辣而不燥，味浓不腻。

出 品 ▦ 北碚／国家五钻级酒店酒家／泉霖饮食

主 厨 ▦ 江湖菜名厨／沈轶

飘香牛肉

齿留余香须尽欢

缘 起 ▦ 当身边的微风轻轻吹起，吹来故乡牛肉飘香……西郊九龙大饭店的中国名菜"飘香牛肉"，其麻辣味浓烈的牛肉香气让人不禁垂涎。

牛肉的做法很多，过去有老四川的"牛肉三汤"——清炖牛肉汤、清炖牛尾汤及枸杞牛鞭汤，今有㸆牛肉、旱蒸牛肉等。而中国烹饪大师沈成兵的飘香牛肉与众不同，独具特色。烹饪时使用的牛油使成菜口味麻辣鲜香烫，牛肉滑嫩爽口，炸过的黄豆清香酥脆，整道菜拥有一种浓烈的复合香气，让人久久不能忘怀。

主 料 ⚏ 牛里脊250克

辅 料 ⚏ 金针菇100克　　黄豆50克

调 料 ⚏
干红辣椒40克	花椒10克	老姜25克	食盐10克
郫县豆瓣10克	大蒜15克	小葱20克	味精 5克
色拉油 150克	牛油40克	料酒 5克	生粉20克
小苏打 5克	鸡精 5克	白糖 3克	

制 作 ⚏

🏷 将牛里脊肉洗净，去筋膜，切成片，用料酒、食盐、小苏打腌制片刻，然后用生粉上浆。金针菇去老根，洗净。黄豆淘洗干净，放在油锅中，制成油酥黄豆。干红辣椒去蒂，15克切成节，25克制成刀口辣椒。郫县豆瓣剁细。老姜切成片。大蒜去皮，切成蒜米。小葱洗净，切成葱花。

🏷 锅置旺火上，加清水烧开，放入牛肉片滑至八成熟起锅待用。金针菇氽水，放入锅仔中。

🏷 炒锅置旺火上，放色拉油烧至三成热，下干红辣椒节炒香，下花椒、刀口辣椒，放豆瓣、姜片，炒至出色出味，掺适量鲜汤烧开，放入牛肉片，下味精、鸡精、食盐和白糖调味，转入锅仔，上面撒葱花、蒜米、油酥黄豆。

🏷 另锅置旺火上，放入牛油烧至七成热，起锅淋在葱花、蒜米上。锅仔配酒精炉上桌。

特 点 ⚏ 麻辣鲜香烫，牛肉滑嫩爽口。

要 领 ⚏ 在切牛肉片时要横切，即：刀与牛肉肌肉纹路成90度直角切割，行业有"横切牛、斜切猪、顺切鸡"的说法。横切使肉类易于成熟，口感好，利于消化吸收；否则，原料经加热后，质地老化，不易咀嚼。

在腌制牛肉时一定要掌握好小苏打的用量，多了，牛肉吃起来有碱味，严重影响口感；少了，牛肉不嫩。另外，用生粉上浆时也不能多用。

出 品 ⚏ 九龙坡／中华餐饮名店／渝维佳餐饮管理有限公司

主 厨 ⚏ 中国烹饪大师／沈成兵

牛皮烧白

胶原蛋白浓，美味又美容

缘 起 ▦ 牛头皮入馔是有先例的，也是十分考究的，传统名菜夫妻肺片便是。夫妻肺片里面其实没有肺片之说，所谓"肺片"乃"废片"也，即不值钱或者丢弃的"废物"之片。这个"废物"其实是个宝，它就是牛头皮。

牛皮烧白依照传统烧白制作方法，只是将猪肉改为牛头皮肉。此菜使用的牛头皮，去掉了第一层，保留了脂肪丰富的第二层，吃起来是又㸆又糯，满嘴生香，与老盐菜配成一对，更有嚼劲。由于富含胶原蛋白，它也被称为美容烧白，爱美的靓女们不妨一试。

主料 鲜牛头皮600克

辅料 宜宾芽菜100克

调料 干红花椒7克 大葱100克 料酒15克 老抽10克
干红辣椒5克 老姜 20克 甜酱15克 味精 3克
色拉油150克 洋葱 25克 白糖 3克

制作

- 将新鲜牛头皮用木炭火烧去残毛，刮洗干净，改切成8厘米宽的长方块牛皮方。老姜10克切成片，10克切成米。干红辣椒去蒂，切成节。大葱洗净，绾结。洋葱切成片。宜宾芽菜淘洗干净切成末，然后下锅加少许干花椒炒香。
- 把牛皮方放在冷水锅中，烧开，加料酒汆水，捞出用清水洗净。
- 高压锅置于旺火上，掺清水烧开，加入干红辣椒、干红花椒、大葱、姜片、洋葱、料酒烧开，再把牛头皮放入，用旺火压煮约10分钟，捞出，用干净毛巾搌干水分，趁热抹上甜酱。
- 炒锅置于中火上，掺色拉油烧至三成热，把牛皮方底面朝下放入锅中，炸至金黄色起泡，然后捞出放入热水中浸泡，待回软后取出，晾干，切成8厘米长的厚片。
- 取蒸碗一个，把牛皮片按梳子背造型摆入定碗，下老抽、白糖、味精、姜米调味，然后铺上芽菜，上笼蒸1小时，出笼翻扣在圆盘中即可。

特点 色泽红润，形态美观，肉质细嫩，炬糯不腻。

出品 渝北／中国生态烧烤美食名店／骏都源烤羊庄

主厨 江湖菜名厨／谭健

粉蒸牛肉

三蒸九扣蕴佳品，江湖依然粉蒸牛

缘 起 ▦

粉蒸就是把原料加上和好调料的米粉上笼一起蒸制，因成菜迅速、适应性广而深受民众欢迎。粉蒸肉又名鲊肉，以带皮猪五花肉加特制米粉和其他调味料经码味、蒸制而成。粉蒸肉糯而清香，酥而爽口，肥瘦相间，嫩而不糜，肥而不腻，米粉油润，五香味浓郁，可辅以青豆、老南瓜、红薯等作为配料垫底，达到荤素搭配，营养合理，丰俭随意。在重庆民间有"咸烧白、甜鲜肉"之说法，就是说凡属粉蒸之类的菜品应吃到回甜的口感，正是这种回甜，使之滑甘味美。

粉蒸牛肉主料是牛肉和大米粉，主要烹饪工艺是蒸。锦禧酒楼推出的粉蒸牛肉是在传统菜品基础上加以创新、加入蚝油等新的复合调料创制的菜品。菜中所用的豆瓣酱经过炼制成熟，牛肉以大片为宜，其味型不再是单纯的麻辣，而是于麻辣中求醇香。成菜色泽棕红、余味隽永，经济实惠，是受大众欢迎的一道兼顾传统与创新的菜品。

主 料 ▦ 牛腰柳肉300克

辅 料 ▦ 红苔600克

调 料 ▦

蒸肉粉350克	红油150克	辣椒粉40克	胡椒粉4克
花椒粉 10克	花椒 10克	老姜 5克	白糖 5克
豆瓣酱 20克	小葱 15克	味精 8克	鸡精 8克
芝麻油 10克	猪油 50克		

制 作 ▦

🏷️牛腰柳肉切成长4厘米、宽2厘米的柳叶形。红苔洗净、去皮，切成2厘米见方的丁。老姜切成姜米。小葱切成葱花。

🏷️牛柳片冲净血水，沥干水分，加味精、鸡精、胡椒粉、白糖码味，然后加姜米、花椒、豆瓣酱、辣椒粉、蒸肉粉、花椒粉拌匀，再加猪油、红油捞匀备用。

🏷️小蒸笼洗干净，均匀地铺上红苔丁，再把码好味的牛肉片均匀地摆在红苔上，然后上蒸锅蒸制45分钟，出笼，撒上葱花。

🏷️另锅置于中火上，下芝麻油烧热，起锅浇在牛肉上即成。

特 点 ▦ 色泽红亮，麻辣味浓。

出 品 ▦ 渝中／锦禧大酒楼

主 厨 ▦ 中国烹饪大师／刘晓东

青菜牛肉

清风淡雅伴欢乐

缘 起 ▦ 蓝天托白云，绿叶衬红花，说的是事物须相互衬托才能看出彼此的优点与优势。在重庆人眼中，位于渝东南的黔江就是鸡杂的代名词。初到黔江的人，常被鸡杂惊艳。泡萝卜的酸味，鸡胗子的脆，土豆片的软糯，再来一碗米饭，安逸得很。

但是，黔江人会告诉你，吃鸡杂，必须有青菜牛肉，牛肉有嚼劲，青菜解油腻，跟酸爽的鸡杂是天生一对，堪称绝配。

主　料 ▦　　鲜黄牛肉600克

辅　料 ▦　　高山青菜1000克

调　料 ▦
菜籽油100克	老姜100克	大蒜100克	花椒20克
藤椒油 13克	食盐 15克	料酒 50克	味精 5克
红油 350克	小葱 50克	蚝油 3克	鸡精 5克
豆瓣 30克	生抽 22克	白糖 3克	

制　作 ▦

🏷 牛肉洗净，切成丝。青菜淘洗干净，切成段。老姜切成米粒。大蒜去皮，切成米粒。

🏷 牛肉丝纳碗，加花椒、菜油、藤椒油、食盐（7克）、味精（2克）、鸡精（2克）、料酒，腌制2分钟，并不停搅拌至肉质软嫩。

🏷 炒锅置于旺火上，掺菜籽油、红油烧至六成热，把腌制好的牛肉丝放入锅中滑散，下姜蒜米、豆瓣、小葱、蚝油，炒至香味溢出，下青菜、食盐（8克）、鸡精（3克）、味精（3克）炒3分钟，加入白糖、生抽后起锅，转入小锅中，配酒精炉上桌，边煨边食。

特　点 ▦　　色泽鲜亮，牛肉口感细腻，青菜脆而香。

出　品 ▦　　黔江／遇东岚

主　厨 ▦　　江湖菜名厨／曾铮

盐煨牛肉

白雪飘飘，牛途漫漫

缘 起 盐，上古即有之，出自巴渝三峡地区的盐泉喷涌如注，滋养一方百姓。盐，本身平凡，却是百味之王，没有它，所有菜肴将黯然失色。

类似盐焗的盐烤、盐煨的烹调方式古来有之，但因为盐在古代是官营货，而盐烤、盐煨又极度费盐，所以盐烤、盐煨菜是古时许多人无法企及的奢侈品。如今，食盐成了寻常物，食客们完全可以"奢侈"一把啦！

煨，在传统烹调方式里举足轻重，不可替代，故有"小火慢慢熟，莫急也不哭；汁稠又炽糯，香醇赛相如"之说。做这道盐煨牛肉，用炒热的盐慢煨盛有牛肉的煨罐，成菜牛肉炽软，略带微辣，酱香浓郁。

主　料 ▦	黄牛牛腩肉750克

辅　料 ▦　胡萝卜75克　　铁杆山药600克　　芫荽头20克
白萝卜75克

调　料 ▦
干辣椒节5克	泡青椒15克	蚝油15克	泡姜15克
色拉油100克	沙茶酱 8克	姜片15克	姜米15克
海鲜酱 10克	葱节 20克	生抽 5克	味精 2克
柱侯酱 15克	老抽 3克	蒜米20克	食盐 2克
水淀粉 25克	香茅草 3克	白蔻 3克	鸡精 2克
八角 2颗	山柰 1颗	香叶 2克	
专用食盐适量			

制　作 ▦

🥄将黄牛牛腩肉洗净，用清水浸泡除去血水，沥干，切成小块，放在开水锅中汆水后捞出，用清水冲去血沫。山药去皮，洗净切成3厘米长的滚刀块，下入锅里滑油，然后掺高汤烧开，下食盐、生抽煨熟。胡萝卜切成块。白萝卜切成块。泡姜切成末。泡青椒切成末。

🥄炒锅置于炉火上，放少许油烧热，下姜片、葱节煸出香味，放入牛肉块炒干水汽，起锅沥油。

🥄炒锅再置其上，放色拉油烧至六成热，下泡姜、泡青椒、姜米、蒜米煸香，掺高汤1500克烧开，去尽浮沫，滤去料渣，加海鲜酱、柱侯酱、沙茶酱、蚝油和香料包（八角、山柰、香叶、香茅草、白蔻等）及胡萝卜块、白萝卜块、芫荽头炒转，然后下食盐、老抽、味精、鸡精调味，再转入煨罐中。

🥄另取砂锅把专用食盐炒热，然后把煨罐放入装有热盐的砂锅，通过盐的受热传导，用小火焖煨3小时。

🥄从焖好的牛肉中，拣去胡萝卜、白萝卜、香菜头和香料包，再放入铁杆山药焖制2分钟，用水淀粉勾芡即可。

特　点 ▦　牛肉炽软，酱香浓郁，略带微辣。

出　品 ▦　沙坪坝／中华餐饮名店／一品红

主　厨 ▦　中国烹饪名师／谢武

脆皮牛肉

幸福有配方，生活回味甜

缘 起 ▦ 牛肉的做法很多，味美的同时兼具营养。带皮的牛肉烫火锅很"巴适"，肉皮的脆糯与肉的化渣，令人一吃难忘。但脆皮牛肉却是在无皮牛肉外面裹一层面包糠后油炸所致，这种脆炸的方法特别适合做下酒菜。除了满足口腹之欲以外，它还很有营养。快炸的方法能保证肉质的鲜嫩，炸得金黄的脆皮包裹住牛肉的汁水，放一块入口，面包糠的芳香与牛肉的鲜香相映成趣，丰富的口感交错在一起，绝对能提升你的幸福指数。由于油炸所用时间很短，也不会破坏牛肉的营养成分。这种外松脆里绵软、微辣酥香的佳肴，再加上新鲜的芹菜和麻辣舒爽的香辣酥，搭配在一起，整道菜层次更加分明，味感更加丰富，男女老少无不喜爱。

主 料 ⊞	牛里脊400克

辅 料 ⊞	香辣酥200克　　　西芹50克　　　土豆15克

调 料 ⊞	面包糠150克　　葡萄酒25克　　食盐10克　　味精10克 混合油250克　　芝麻油50克　　白糖 5克　　鸡精10克 洋葱、胡萝卜各适量

制 作 ⊞

🔖牛里脊洗净，去筋膜，拍松，切成长6厘米、宽1.5厘米条，西芹去叶，取梗，切成粒。洋葱、胡萝卜、西芹叶切成粒，用搅拌器打碎取汁。土豆去皮，洗净，切成薄片。

🔖牛肉条加食盐、蔬菜汁（洋葱、胡萝卜、西芹）、葡萄酒腌码30分钟，取出待用。

🔖炒锅置于炉火上，掺混合油烧至六成热，牛肉条裹上面包糠下锅炸脆，沥干余油。土豆片下锅，炸至酥脆。

🔖锅中留油，烧至六成热，把香酥辣、西芹、牛肉条放入翻炒出香味，下鸡精、味精、白糖、芝麻油调味，翻炒均匀即可装盘，旁边配上炸土豆片。

特 点 ⊞　　外松脆，里绵软，微辣酥香。

要 领 ⊞

香辣酥是一种用辣椒、花生、芝麻，以及香辛料等加工的调味品食材。其制作方法是：锅置火上，掺菜籽油烧至三成热，下蒜末用小火慢慢煸炒，当蒜末炒至开始浮出油面，尚未变色时，下小子弹头干辣椒煸炒。当辣椒炒香，表面稍有变色时，下少许五香粉，再加入花生碎粒和熟芝麻拌炒。把所有原料炒香后，撒入适量盐，拌匀，最后倒入适量芝麻油拌匀，关火晾凉即可。

出 品 ⊞	江北／重庆市著名商标／茅溪家常菜馆

主 厨 ⊞	江湖菜名师／唐光川／张建

沙漠牛肉

每一片"荒漠"都有温暖的诗意

缘 起 ▦ 茫茫沙漠，白沙一片。隐隐约约中，在沙漠深处，点缀着一丛丛碧绿与殷红，那是生命的绿洲与希望的所在。沙漠牛肉，取沙漠绿洲之意境，在白色面包糠、小米锅巴及蒜粒的掩映下，在辣椒与芹菜的点缀间，传来隐约的牛肉香气，需要我们去发现、去寻找——在那"大漠孤烟直，长河落日圆"的傍晚时分，让我们开启一段记忆深刻的美食之旅吧！

周朝勇大厨制作的快河林沙漠牛肉，以精品牛肉为食材，传统调料与外来调料在烹调时彼此融合，成菜外酥里嫩，咸鲜适口，是一道中西合璧的巧妙之作，使人唇齿留香，也给人带来"寻味"的快活，令人难以忘怀。

主　料 ▦　　牛里脊肉350克

辅　料 ▦　　小米锅巴30克　　面包糠200克

调　料 ▦
干红辣椒5克	老抽10克	蚝油10克	蒜粒12克
食用油3千克	白糖 8克	鸡蛋 1个	芫荽10克
芝麻油 5克	食盐 3克	味精 6克	鸡精 6克
生粉　20克			

制　作 ▦

🥄将牛肉洗净，切成0.5厘米厚、4厘米长的肉片，放在清水中浸泡30分钟，去除部分血水，然后取出，用干净纱布搌干。干红辣椒去蒂，切成节。芫荽洗净，切成节。将食盐、味精、鸡精、白糖、老抽、蚝油混合制成秘制酱料。鸡蛋磕破，调散，加生粉和适量清水调成蛋粉浆。

🥄将秘制酱料与调好的蛋粉浆搅拌均匀，制成酱蛋糊，再把牛肉片放入拖上酱蛋糊，然后将牛肉放在面包糠中，两面均匀拍上面包糠。

🥄锅内掺少量食用油，将蒜粒和面包糠炒香至金黄色，起锅待用。

🥄另锅置于中火上，将油烧至三四成热，放入牛肉片，炸至微黄色捞出，待锅内油温升至六成时，再把牛肉入锅炸至金黄色起锅。

🥄锅中留余油，下干红辣椒节、小米锅巴炒香，再把炒好的蒜粒、面包糠和牛肉下锅，加食盐、老抽调味，烹入芝麻油，簸转起锅装盘，撒上芫荽节即可上桌。

特　点 ▦　　外酥里嫩，咸鲜适口。

要　领 ▦　　在炒制蒜粒、面包糠时要掌握好火候，切不可炒煳。

出　品 ▦　　巴南／中国十大文化餐饮品牌名店／快河林

主　厨 ▦　　中国烹饪大师／周朝勇

至尊牛排

吃遍千山万水，唯我独享王者豪情

缘 起 ▦ 牛排，是西人喜欢的美食。西学东渐，牛排也成为国人餐桌上常见的美食。至尊牛排是重庆近代烹饪宗师、业界誉为"七匹半围腰"（意为烹饪全才）的廖青廷大师第二代传人，国务院特殊津贴获得者徐劲大师2002年创制的一款具有江湖豪气的大菜，采用川卤、油炸，再将牛排放在热气腾腾的铁板上煎烤，"嗞嗞"作响、香气袭人，"观之色泽红亮，闻之口舌生津，食之欲罢不能"，是十足契合重庆人味蕾和舌尖需求的江湖菜品。

食客们手持2寸多长，沾满了辣椒面、花椒面的牛肋排骨，大口喝啤酒，大口啃牛排，大快朵颐，豪气顿生。

此菜成型大气，味觉感受丰满独特，因此被称为"至尊牛排"。锦禧酒楼的这道菜已经成为经典，热卖20年，受到广大顾客喜爱。

主　料 ▦　带骨牛肋排1000克

辅　料 ▦　洋葱100克　　青、红小米椒20克

调　料 ▦
细辣椒粉10克	孜然粉10克	鸡汁100克	味精10克
菜籽油1000克	芝麻油10克	老姜 45克	鸡精 8克
辣椒露 20克	红油 100克	大蒜 15克	白糖 5克
胡椒粉 10克	花椒粉 5克	芫荽 20克	

山奈、八角、白蔻、香叶、桂皮、茴香、草果、香茅草各适量

制　作 ▦
🏷 将牛肋排斩成6厘米长的段，清洗干净，漂尽血水。洋葱切成丝。青、红小米椒去蒂，切成细颗粒。老姜15克切成姜米，10克切成片。大蒜切成蒜米。芫荽切成寸段。

🏷 山奈、八角、白蔻、香叶、桂皮、茴香、草果、香茅草、老姜片，加水2000克，用小火熬制成卤水。

🏷 锅置于中火上，将卤水烧开，把牛肋排浸泡锅中，烧开，然后改用小火卤制1小时，再浸泡半小时取出备用。

🏷 锅置于火上，掺菜籽油烧至六成热，将卤熟的牛肋排放入锅中炸制10秒钟。

🏷 铁板烧热，铺上洋葱丝。净锅上火，加入红油、姜米、大蒜，青、红小米椒炒香，下细辣椒粉炒出色泽，下炸好的牛肋排炒转，加味精、鸡精、辣椒露、白糖、胡椒粉、芝麻油、鸡汁调味，然后下孜然粉、花椒粉翻匀，起锅装入铁板中，撒上芫荽即成。

特　点 ▦　色泽红亮，麻辣鲜香，孜然味浓。

出　品 ▦　渝中／锦禧大酒楼

主　厨 ▦　中国烹饪大师／刘晓东

匠人辣味牛骨肉

匠心独运，辣味独特

缘起 ▦ 青海高原牦牛是我国青藏高原牦牛中一个产肉质量较好的地方良种。它对青海高寒严酷的生态条件有着杰出的适应能力，是雪山草地不可缺少的优良畜种。

其肉具有丰富的蛋白质、氨基酸及钙、磷等营养素，其骨髓有补肾益精、养血益气、填髓强骨、润泽皮肤、润肺健胃之功效，故带骨头的牦牛肉营养价值更高。带骨头的牦牛肉可以红烧、可以清炖，也可以烧烤，其味独特。

主　料 ▦	牦牛排1500克

辅　料 ▦	水发笋干350克

调　料 ▦

秘制料包200克	鸡油350克	老姜10克	洋葱10克
干红辣椒 50克	大蒜 5克	芫荽10克	芹菜10克
鲜汤　1000克			

制　作 ▦

🏷 将牛排剁成节，洗净，放入锅内煮去血沫，捞出用清水冲洗干净。将水发笋干洗净，切成5厘米滚刀块。老姜切成片。大蒜切成片。洋葱切成片。芹菜切成节。芫荽切成长节。干红辣椒去蒂，切成节。

🏷 锅置于旺火上，把干红辣椒节放入炒香，用擂钵舂成辣椒粉备用。

🏷 炒锅置于中火上，放入鸡油烧至五成热，下老姜片、大蒜片、洋葱片、芹菜节炒香，掺入鲜汤，下秘制料包烧开，熬制成汤汁。

🏷 将牛排放入熬好的汤汁中，用小火炖2小时左右，加辣椒粉和匀，然后把笋干块放入煲至入味，起锅装盘，撒上芫荽即成。

特　点 ▦ 色泽红亮，肉质细嫩，微辣鲜香。

出　品 ▦	大渡口／中华餐饮名店／红厨食府
主　厨 ▦	中国烹饪大师／郑宏

蜀都丰毛血旺

千年石板路，百年毛血旺

缘起 ▦ 20世纪40年代，在重庆沙坪坝磁器口古镇水码头，有一个王姓屠夫把每天卖肉剩下的杂碎以低价处理。王屠夫的妻子觉得可惜，于是当街卖起了杂碎汤。她用猪骨、猪头肉，加豌豆，辅入老姜、花椒、老酒等，煨制成汤，把新鲜猪血旺入汤锅内烫好，盛在碗里，然后加入糍粑辣椒、姜水、蒜泥、葱花、味精、胡椒粉，最后舀上豌豆，用煮熟的肺片、肚片、肥肠盖在上面。这道菜是将生猪血旺现烫现吃，所以取名毛血旺。

如今，毛血旺已不同于昔日。为顺应潮流，其制作方式也做出了调整：先熬好火锅汤汁，然后把鸭血、鳝鱼片、毛肚、午餐肉等加入，红红亮亮，麻辣鲜烫，味浓味厚，勾人食欲，成为一道风靡全国的江湖美食名菜。

磁器口毛血旺的"毛"，是名词，指的是原材料——用未经加工的鲜生猪血旺直接烫食；而现在毛血旺的"毛"，是动词，指的是烹制方法，毛手毛脚，粗放不拘，把什么都煮成一锅——"猫煞"。

270

主　料 ▦
毛肚120克　　千层肚120克　　黄喉80克　　猪肝50克
鸭血450克　　午餐肉110克　　鸭胗50克

辅　料 ▦
黄豆芽200克　　丝瓜100克　　鲜木耳70克
小麻花100克　　冬瓜100克

调　料 ▦
秘制水煮酱180克　　香辣油50克　　芫荽5克　　小葱7克
秘制调料　20克　　干花椒 3克　　大蒜5克　　芝麻2克
干辣椒节　20克

制　作 ▦
🥄毛肚、千层肚、黄喉、猪肝、鸭胗分别治净，切成片。
午餐肉切成厚片。鸭血切成厚片，入沸水汆煮后捞出。冬瓜
切成块。丝瓜切成条。木耳水发，洗净。黄豆芽切去须根，
洗净。小葱切成葱花。大蒜去皮，切成蒜米。麻花加工成短
节。芫荽切成节。
🥄净锅掺700克清水烧开，依次加入冬瓜、丝瓜、木耳、黄豆
芽，煮熟后捞起，沥水，放入盛器中垫底。
🥄把鸭血、午餐肉、鸭胗、猪肝分别放在开水锅中，汆煮至
七成熟，起锅沥水备用。
🥄炒锅置于旺火上，掺入高汤600克，加秘制水煮酱、秘制调
料烧开，制成红汤汤汁，把鸭血、午餐肉、鸭胗、猪肝放入
汤汁中煮至入味，捞出，放在黄豆芽、冬瓜等素菜上面。
🥄锅中汤汁再次烧开，把黄喉、毛肚、千层肚放入，煮至断
生立即起锅，连汤转入装有鸭血等食材的盛器，撒上葱花、
蒜米及芝麻。
🥄另锅置于旺火上，掺香辣油烧至六七成热，下干红辣椒
节、花椒炸香，起锅淋在毛肚血旺上，加入麻花、芫荽即可
上桌。

特　点 ▦
色泽红亮，口感丰富，麻辣鲜香，味道浓厚。

出　品 ▦　福建福州／福建省100名知名餐饮企业／蜀都丰

主　厨 ▦　江湖菜名厨／冯政丰

271

全牛毛血旺

传统佳肴，创新味更浓

缘 起 ▦

毛血旺，重庆城土生土长的码头饮食，始于千年古镇磁器口，曾经与千张皮、盐花生并称为磁器口"三宝"，流传甚广，全国闻名。"毛"即"生"，毛血旺就是生血旺——由刚刚宰杀完的家禽、牲畜血凝固而成。如果将生血旺现煮现吃，则热络味浓，口感丰盈，于是人们称这种方式为吃"毛血旺"。这个菜名一方面说明血旺新鲜，另一方面也说明这种方式的毛糙与生猛。由于毛血旺，特别是鸭血旺，朴实无华，渐渐为大多数人所接受，逐渐从一道传统菜演变为江湖名菜，可见其味道的"碾压性"极强，让人印象深刻。

全牛毛血旺是对传统毛血旺的全新诠释与改造，增加了牛杂的分量，口感更加丰富，层次更加分明，味道更加浓郁。

| 主 料 ▦ | 毛肚30克 | 鸭血500克 | | |

辅 料 ▦	火腿肠30克	土豆200克	黄喉25克	海带60克
	莴笋头60克	牛肉 50克	牛心30克	牛肝30克
	鹌鹑蛋50克	平菇120克	莲藕50克	木耳60克

调 料 ▦	秘制底料100克	红花椒30克	豆瓣30克	味精30克
	干红辣椒 50克	辣椒粉30克	老姜10克	芝麻 5克
	牛骨汤 5000克	胡椒粉 5克	小葱15克	大蒜10克
	牛油 400克	食盐 20克	鸡精50克	白糖15克
	色拉油 250克	料酒 15克		

制 作 ▦

🏷鸭血切成块。毛肚用清水漂洗干净，切成片。黄喉洗净，用刀轻剞花纹后切成约7厘米长的节。火腿肠切成块。牛心、牛肝、牛肉分别治净，切成片。土豆去皮，切成片。木耳用清水发透，洗净，平菇洗净撕成块。莲藕洗净，切成片。海带水发，洗净，切成片。鹌鹑蛋煮熟，去壳。莴笋头去皮，切成条。大蒜去皮，切成蒜米。干红辣椒去蒂，切成节。小葱切成葱花。

🏷炒锅置于旺火上，放牛油烧化，放入老姜、蒜米炸香，然后放入干红辣椒、红花椒、豆瓣炒香，加秘制底料炒至香味溢出，掺牛骨汤烧开，放入料酒后下鸡精、味精、食盐、白糖、胡椒粉调味，制成汤卤。

🏷把鸭血放入汤卤锅中，同时放入土豆片、藕片、鹌鹑蛋、海带、平菇、木耳、莴笋头等辅料煮至熟透，用抄瓢捞出盛入大钵中。

🏷锅中汤卤烧开，把牛肉放入滑熟，转入大钵。然后把黄喉、牛肝、牛心、毛肚、火腿肠等放入汤卤中煮入味，后转入大钵中，撒上辣椒粉、蒜米。

🏷另锅置于炉火上，掺色拉油烧至八成热，下干红辣椒节和干花椒炸香，倒在毛血旺上，撒上芝麻、葱花即可。

| 特 点 ▦ | 麻辣鲜香，口感丰富。 |

| 出 品 ▦ | 渝中／雾都大少 |

| 主 厨 ▦ | 江湖菜名厨／张铁 |

铲铲牛肝

铁铲担道义，牛肝著食篇

缘起 ▦

铲铲，锅铲也，烹饪之炊具，熟食之神器。此处的"铲铲"其实是指铁瓢——把铁瓢既当成了烹饪的炊具，也当成了盛菜的餐具，有点因地制宜、一肩双挑、为我所用的巧妙。其实，这种方式无疑也是火锅的翻版，类似小火锅。

牛肝，含有丰富的营养物质，具有养血、补肝、明目的保健功效，是理想的食补佳品之一。

将牛肝在铁瓢中炒熟后端上桌，在给人以新鲜、刺激视觉感受的同时，还给人以麻辣鲜香、嫩滑爽口的味觉享受，能激发食客的食欲，拍照的效果也较好。这道菜凸显了乡村农家本色，有一种粗犷、豪迈的气概。

| 主　料 ⸬ | 牛肝400克 |

辅　料 ⸬　大葱20克　　洋葱25克　　鲜红辣椒100克

调　料 ⸬
干红辣椒20克　　胡椒粉2克　　老姜10克　　大蒜15克
菜籽油 200克　　生粉 15克　　味精 5克　　鸡精 5克
干花椒 20克　　料酒 5克　　芫荽 5克　　食盐 5克

制　作 ⸬
🥄牛肝剔去筋膜，切成薄片，加入胡椒粉、食盐、鸡精、味精、料酒码味，然后用生粉上浆。
🥄大葱洗净，切成节。洋葱洗净，切成块。鲜红辣椒去蒂，洗净，切成节。干红辣椒去蒂，切成节。老姜切成片。大蒜去皮，切成片。芫荽洗净，切成节。
🥄铁瓢置于旺火上，加入菜籽油烧至七成热，下姜片、蒜片、干红辣椒节、干花椒炒出香味，然后把牛肝片放入滑散，再下鲜红辣椒、大葱节、洋葱块，快速翻炒，待牛肝刚断生即熄火，撒上芫荽即可上桌。

特　点 ⸬　麻辣鲜香，嫩滑爽口。

要　领 ⸬
此菜忌用冰冻牛肝。冻牛肝的细胞组织在冰冻之后已经被破坏，解冻之后里面的营养成分和水分流失，成菜口感较硬发柴。
制作牛肝要现切现烹，才能保证成菜的细嫩。炒牛肝时要掌握好油温，油温过高，容易将牛肝炒煳；油温过低，炒的时间稍微长，就会使得牛肝变得更加老韧。

出　品 ⸬　渝北／重庆餐饮30年优秀企业／张记兴隆

主　厨 ⸬　江湖菜名厨／蔡龙海

鱼头牛尾煲

鱼头滋润开，牛尾香糯来

缘 起

鱼头富含人体必需的卵磷脂和不饱和脂肪酸，在降低血脂、健脑及延缓衰老方面有显著的作用。牛尾含有蛋白质、脂肪、维生素等成分，营养价值极高。牛尾还富含胶质、风味十足，加在砂锅菜中长时间煲制可完全释放出自身的美味。

煲，就是用文火慢慢地熬煮食物。这本来是粤菜的烹饪方式，现在也被广泛地运用于重庆江湖菜的烹制中，所烹菜品常使人垂涎欲滴。鱼头牛尾煲中，鱼头滋润、牛尾炆糯，香味十足，在冬春季节食用，煲汤既能助人取暖，又能使人的胃口大开。

主 料 ▦ 花鲢鱼头1500克   牛尾1000克

辅 料 ▦ 红苕粉条250克   牛腩500克

调 料 ▦
郫县豆瓣10克   混合油150克   老姜15克   大葱50克
秘制红油50克   香辣酱 30克   蚝油25克   食盐 8克
青小米辣 5克   香料粉 5克   味精 5克   白糖10克
红小米辣 5克   料酒   50克   芫荽15克
蒸鱼豉油10克

制 作 ▦
🥄花鲢鱼头洗净，从鱼头中间剖开（不切断）。老姜切成片。大葱切成节。牛尾洗净，斩成节。牛腩洗净，切成块。红苕粉条用清水浸泡。青、红小米辣洗净切成粒。芫荽洗净，切成节。
🥄鱼头纳盆，用食盐、料酒、姜片、葱节码味，然后用清水冲洗，沥干。
🥄牛尾、牛腩用清水泡尽血水，入开水锅氽一次水，捞出冲尽浮沫，然后放入锅中，掺清水烧开，加姜片、葱节、料酒，煮至八成熟，熄火。捞出牛尾和牛腩，牛肉原汤待用。
🥄炒锅置于旺火上，掺混合油烧至六成热，把鱼头放入，煎至紧皮，捞出，沥干余油。锅中油再次烧至六成热，下郫县豆瓣、香辣酱炒至出色出味。然后转入砂锅。
🥄把牛尾、牛腩、鱼头放入砂锅，掺煮牛肉的原汤烧开，下秘制红油、蚝油、香料粉、蒸鱼豉油，改小火煨制30分钟，加鸡精、味精、白糖和红苕粉条，待汤汁浓稠时，撒上青、红小米辣粒，芫荽上桌。

特 点 ▦ 鱼头肥腴，牛尾炝糯，味道浓厚。

出 品 ▦ 长寿／老陈菜

主 厨 ▦ 中国烹饪大师／陈波

烤全牛

即使倒下，也牛气冲天

缘　起 ▦　　也许你吃过烤全羊，但吃过烤全牛吗？自从北疆烤活羊率先推出烤全牛项目，烤鱼、烤鸡、烤兔、烤全羊都"弱爆"了。烤全牛工艺十分复杂，从杀牛到将牛肉烤香上桌，需要6个人忙活两天时间。要吃烤全牛，至少要50个人以上，还得提前10天预订。你说，烤全牛"牛"不牛？不过，烤全牛再"牛"，也"牛"不过北疆烤活羊老板陈斌的烤牛机。

烤牛机长2米、宽1米、高1.5米，这台机器上有检测温度的电子仪器，能显示烤牛时的温度。达到温度指标，机器会自动停止加温；当温度降下来时，烤牛机又开始运作。烤牛机里有个大型滚筒，牛的前后腿都要用铁丝绑住，烤制时，两名烤牛师傅，一人站在长凳上码料，将辣椒粉等涂抹在牛肉表面，用毛刷沾油涂匀，再撒上芝麻，旁边的师傅观察火势，慢慢翻转，场面非常壮观。

据说，当年陈斌曾为成都一家公司的团拜宴烤了一头半吨重的肥牛，参加宴席的所有人都惊呆了。

| 主 料 ▦ | 活黄牛1头（约500千克） |

| 调 料 ▦ | 洋葱、芹菜、老姜、芝麻、食盐、料酒、味精、鸡精、砂仁、白蔻、橘皮、丁香、香叶、草果、山柰、香果、良姜、花椒、辣椒、芫荽、小葱、芝麻、秘制蛋糊、秘制红油、秘制香料各适量 |

制 作 ▦

🏷 选用海拔1200米高山散放无污染黄牛，经宰杀，去皮、头、内脏、牛蹄。取牛胴体（牛头、内脏、蹄另作他用），用清水反复冲洗干净，沥干血水，然后用木棒捶打，使牛胴体肌肉组织纤维疏松，以便入味。老姜剁成细末。洋葱制成洋葱汁。芹菜洗净，制成芹菜汁。芫荽切成节。小葱切成葱花。

🏷 食盐、料酒、姜末、洋葱汁、芹菜汁、味精、鸡精、胡椒、香料粉（砂仁、白蔻、橘皮、丁香、香叶、草果、山柰、香果、良姜、花椒、辣椒）拌和均匀制成腌料。然后把腌料从里到外抹遍牛胴体，牛腿、牛肩胛、牛臀等肉厚的地方多抹一点，腌制8小时以上。

🏷 把经码味腌制的牛胴体，腹腔朝下，背朝上包裹在圆形专用烤筒架上，把牛四肢用不锈钢丝扎紧固定，再进行背脊固定，把整头牛胴体牢牢固定在滚筒上，注意不能有丝毫松动。

🏷 把绑好的全牛用葫芦吊吊起，放进专用烤牛炉中，架好，点燃果木木炭，先用大火烤60分钟，当牛胴体表面水分烤干，刷遍秘制红油，以后每50分钟刷一次红油。

🏷 当烤至6～8小时，牛肉熟透离骨时，用刀在牛胴体上划上横花刀，然后刷上秘制蛋糊，蛋糊要刷均匀，先刷正面，后刷背面，再用中火烘烤两小时，当牛肉烤干、收水，皮酥肉嫩香糯时，刷一遍红油，撒上秘制香料（可根据客人的口味要求，撒上秘制香辣料或秘制五香料）和芝麻，再刷红油，改小火烘烤至牛肉表面油脂冒泡即可出炉。

🏷 把烤好的全牛肉抬上桌，撒上芫荽节、葱花即可。

| 特 点 ▦ | 色泽光亮，外焦里嫩，肥而不腻，风味独特。 |

| 出 品 ▦ | 南岸／北疆烤全羊烤全牛 |
| 主 厨 ▦ | 江湖菜名厨／陈斌 |

烤全牛头

莫道首创难，抱得四海归

缘 起

烧烤之法，古来有之。人类告别"茹毛饮血"的蛮荒时代，进入文明社会，其标志就是熟食，而最早的熟食之法，就是烧烤法。

传统烧烤中，有烤酥方、烧牛头方等。抗战时期，烟熏火燎的烧烤方式已出现于重庆市肆。在牛角沱，北平清真馆就以其烤肉飨客，虽然烤具粗糙，但用杠炭明火烤的羊肉片、牛肉片，其味也不输当下一些精致烤肉。当时的报道称，"吃起来味道也鲜美无比"，"食客络绎不绝"。

烤全牛头出现于当代重庆，由一位在烧烤界摸爬滚打15年的巴渝汉子首创。他就是谭健，一位执着、专注于美味，不慕虚荣、只看重技术的爽快人，是烹饪江湖的一股清流。他做出的烤全牛头色泽金黄，外酥里嫩，享誉全国。如今，全国各地来骏都源学习烤全牛头者不计其数，学成后每家生意都是"杠杠滴"，这也算是谭健的初心没有白费吧！

主　料 ▦	黄牛头20千克
辅　料 ▦	洋葱、大葱、生姜、色拉油、菜籽油各适量
调　料 ▦	秘制烧烤调料、味精、白糖、食盐、小葱、芫荽、干红花椒、香叶、料酒各适量

制　作 ▦

◈ 将新鲜的牛头去尽残毛，剥去牛头皮，用刀将整只牛头劈开成骨断肉连的两半，再把牛头放入专用洗槽中，在流动的清水中浸泡2小时左右，取出，沥干水分。洋葱切成片。大葱洗净，绾结。小葱洗净，切成葱花。老姜切成大片。芫荽洗净，切成节。色拉油与菜籽油混合。

◈ 牛头放入盆中，加料酒浸泡约15分钟，去腥除膻，然后用料酒、姜片、洋葱、大葱、干红花椒、食盐、味精、白糖、香叶码味30分钟。

◈ 把经码味、去腥的牛头从盆中取出，放在专用烤架上，用不锈钢丝绑好固定。待其表面水分自然晾干后，刷上用色拉油加菜籽油制成的混合油。

◈ 把烤炉中的果树木炭点燃，先用低温烘烤，至牛头表面烤干，此时刷上混合油，再逐步升高炉温，中途不断在牛头上刷油。当牛头烤至七成熟时，用刀在牛头表面划上一字花刀，然后改用中火温把牛头烘烤至熟。烤制全过程大约需要5小时。

◈ 在烤熟的牛头上加入秘制烧烤调料，撒上小葱花、芫荽节即可上桌。

特　点 ▦	色泽金黄，肉质细嫩，麻辣味鲜。
要　领 ▦	烤牛头的最佳食用温度为70～75摄氏度，从牛头调味至食用，时间以不超过5分钟为宜。最好把烤好的牛头架在餐桌上的烤盘上，架下用烧红的木炭保温。

出　品 ▦	渝北／中国生态烧烤美食名店／骏都源烤羊庄
主　厨 ▦	江湖菜名厨／谭健

碗碗羊肉

汤汁浓稠，肉嫩味香

缘 起 ▦　碗碗羊肉是发源于重庆武隆羊角镇的传统名小吃，是重庆市非物质文化遗产之一。羊角周记原味羊肉用家传独门秘方制作的碗碗羊肉非常有名。煮熟的羊肉、羊杂切成薄片，再用红汤浸泡，用正宗的土碗盛上一碗，搁上一撮小葱花、芫荽来点缀，吃时再配以新鲜的时令蔬菜，其色、香、味俱佳。他家还专门备有花椒粉、辣椒粉、调味盐、醋、芹菜末等调料，由食客根据个人喜好自行添加。

碗碗羊肉的吃法讲究，可以吃清汤，也可吃红汤。吃清汤，则原汁原味，一碗羊肉、一碟蘸水、一份米饭，夹一块羊肉，在自己调制的蘸水里一滚一裹，一入口，满口生香；吃红汤，则滋味浓厚，辣味缓缓浸透羊肉每丝纹理，喝一口汤，一头微汗，顿觉周身舒畅。

主　料 ▦　带皮鲜羊肉4500克　　羊杂1500克

辅　料 ▦　猪筒子骨3000克　　羊骨1500克

调　料 ▦

郫县豆瓣600克	白胡椒粉15克	老姜75克	姜米75克
糍粑辣椒450克	料酒　225克	蒜米75克	豆豉75克
菜籽油　300克	花椒　　60克	白糖15克	味精　5克
大葱节　300克	羊油　　75克	料酒　5克	食盐　5克
榨菜条　150克	小葱　　10克	鸡精　5克	芫荽　5克

制　作 ▦

🏷带皮鲜羊肉用水洗干净，放在清水中浸泡12小时，当羊肉中的血水全部浸出，肉质发白时捞出，沥干，切成大块。羊杂洗净，放在开水锅中汆一次水，捞出用清水冲去血沫，然后放在锅里煮炽。

🏷锅置于炉火上，放入羊肉、猪骨、羊骨，掺清水完全淹没羊肉，水一次要掺足，中途不能加水，用旺火烧开，撇尽汤面的血沫，放入适量的老姜、大葱节、料酒、白胡椒粉、花椒（花椒要用干净纱布包好），改用中火炖制40分钟，当羊肉八成炽后熄火，捞出羊肉。

🏷羊肉先按顺筋切成长条，再按横筋切片。羊杂切成片。把羊肉片、羊杂分别盛入钵内。

🏷锅置旺火上，下羊油、菜籽油烧至五成热，放入郫县豆瓣、糍粑辣椒，再放入适量花椒、豆豉、姜米、蒜米，炒至出色出味，掺入煮羊肉的鲜汤烧开，放入羊肉、羊杂煮10分钟，下榨菜，烹入料酒，加食盐、白糖、白胡椒粉、味精、鸡精调味。

🏷把羊肉、羊杂连带汤汁盛在小土碗中，撒上小葱花、芫荽节即成。

特　点 ▦　原汁原味，麻辣鲜香，肉质细嫩。

要　领 ▦　如果碗碗羊肉吃白味，可省去制作红汤炒料环节，直接将羊肉、羊杂在锅里炖炽，起锅切片，然后把胡椒粉1克、食盐1克、味精1克、葱花3克放入碗中，放入羊肉片、羊杂，舀入羊肉白汤，撒上芫荽节，配香辣酱味碟上桌即成。

出　品 ▦　武隆／周记碗碗羊肉

主　厨 ▦　江湖菜名厨／周劲松

同乐羊肉

最适合边吃边聊的乐趣

缘 起 ▦ 同乐羊肉为重庆市非物质文化遗产之一，发源于重庆市涪陵区同乐乡，是当地颇具地域风情的传统民间风味菜。同乐，涪陵最边陲的小城，东与武隆、南同南川相邻。这里夏无酷暑冬无严寒，是全国休闲农业与乡村旅游示范点。同乐羊肉以其肉质鲜美、味道可口享誉涪陵，当地人爱吃的红烧羊肉和羊血也远近闻名。同乐羊肉选用本地农家天然山地所放养的优质山羊为主要食材，羊肉无公害、无污染，富含多种氨基酸和大量维生素，胆固醇含量低，能御寒、益气、补虚，提高身体免疫力，营养十分丰富，属肉中珍品。其肉质鲜嫩、色泽鲜红，通过红烧、火锅、粉蒸、爆炒、烧烤等方法烹饪，在祛除羊膻味的同时还可以祛除羊肉的温热，消除吃得太过导致上火的弊端，不论是羊肉汤锅还是"全羊宴"都能让人垂涎欲滴。

主　料 ▦ 带皮羊肉500克

辅　料 ▦ 大白萝卜500克

调　料 ▦

糍粑辣椒酱30克	豆瓣酱50克	老姜30克	大葱30克
羊骨鲜汤1000克	羊油　50克	啤酒 1瓶	白糖 3克
干红辣椒　20克	食盐　3克	味精 3克	鸡精 4克
干花椒粒　10克	山楂片 3片	芫荽50克	陈皮 8克
白胡椒粒　3克	甘草　3克	肉桂 2克	茴香 4克
菜籽油　150克	砂仁　5克	丁香 2粒	

制　作 ▦

🥢 带皮羊肉剁成5厘米见方的块，放在清水中浸泡，除尽血水，捞出沥干。白萝卜洗净，切成滚刀块。大葱洗净，切成节。芫荽洗净，切成节。干红辣椒去蒂，切成节。

🥢 羊肉块汆水5分钟，去除血沫，捞出，冲洗干净。净锅上火，下菜籽油烧热，放入姜块、葱节爆香，再放入羊肉块，与适量啤酒一同爆炒，去除羊膻味后捞出。

🥢 锅置于旺火上，放菜籽油、羊油烧至六成热，下老姜、葱节、豆瓣酱、糍粑辣椒酱炒转，再下甘草、肉桂、茴香、陈皮、砂仁、丁香、山楂片等香料炒至色红油亮，香味溢出，此时掺羊骨鲜汤烧开，下羊肉块、干红辣椒节、干花椒粒、胡椒粒和啤酒，改用小火炖煮1.5小时，然后放入白萝卜块继续炖煮30分钟，当羊肉火巴软熟透，白萝卜入味熟软，加食盐、鸡精、味精、白糖调好口味，出锅装入碗内，撒上芫荽节即可。

特　点 ▦ 色泽红亮，麻辣鲜香，羊肉软糯，萝卜爽口。

出　品 ▦ 涪陵／龙王坊

主　厨 ▦ 中国烹饪大师／孙朝林

285

安稳羊肉

取之生态，道法自然

缘 起 ⚏

安稳地区山泉密布，泉水富含人体所需的多种矿物质。当地植物的多样性，非常适宜山羊的生长，所以成就了安稳羊肉的优良品质，故有"安稳的山羊，吃的是中草药，喝的是矿泉水"的说法。几百年间，安稳羊肉吸引八方顾客慕名而至。

安稳人祖祖辈辈跟羊肉打交道，摸索、总结出一套烹制全羊宴的独门绝技。他们烹制羊肉时不加任何香精、色素，采集山中一些自然生长的中草药为羊肉压腥提鲜，使羊肉自然清香、肉质软糯、汤鲜爽口。

盛夏时节，由于中草药和羊肉互相作用，此时吃羊肉更适宜人体温补，还可除湿热。安稳羊肉烹饪之法世代相传至今，已成为影响渝黔一带的地域特色美食。2017年，擅长安稳羊肉烹调的吉义食品被评为"重庆老字号"。

主料 ⊞　带皮羊肉750克　　羊杂750克　　羊腿肉200克

辅料 ⊞　羊鞭、羊肾、羊腰、羊肝各适量
　　　　　白萝卜500克　　红枣5颗　　枸杞5克

调料 ⊞　秘制红汤锅底1500克　　胡椒粉15克　老姜60克　味精10克
　　　　　秘制奶汤锅底1500克　　食盐　10克　陈皮25克　鸡精15克
　　　　　秘制蒸肉粉　150克　　大葱150克　料酒50克　花椒20克
　　　　　熟羊油　　　100克　　芫荽10克

制作 ⊞　🥄带皮羊肉用水洗干净，放在清水中浸泡，当羊肉中的血水全部浸出，捞出沥干，切成大块。羊头皮、羊肚、羊肠分别洗净。羊腿肉洗净，切成条。白萝卜去皮，切成厚片。老姜50克拍破，10克切成姜片。大葱130克绾结，20克切成节。羊鞭、羊肾、羊腰、羊肝分别治净，切成片，装盘。芫荽切成节。
　　　　🥄把羊肉、羊头皮、羊肚、羊肠放入大锅中，掺清水完全淹没羊肉等，用旺火烧开，撇尽汤面的血沫，放入老姜块、料酒、胡椒粉10克、花椒（用干净纱布包好）、大葱结、陈皮，改用中火炖制3小时，当羊肉、羊杂炽软，汤汁乳白时捞出，晾凉后切成片。羊腿肉条用秘制蒸肉粉码匀，腌制15分钟，再装入小竹蒸笼蒸熟，待用。
　　　　🥄把红汤锅底和奶汤锅底分别烧开，红汤锅底中加姜片、大葱节10克、食盐5克、味精5克、鸡精7克；奶汤锅底中加熟羊油、大葱节10克、红枣、枸杞、食盐5克、味精5克、鸡精8克、胡椒粉5克调味。红汤、奶汤分别转入专用鸳鸯锅两侧，把萝卜片、羊肉、羊杂分别放入；粉蒸羊肉撒上芫荽节，放在锅中央的圆孔上，然后把锅端上桌置于电磁炉上，开启电源。
　　　　🥄羊鞭、羊肾、羊腰、羊肝同上，置于锅四周，供烫食。

特点 ⊞　羊肉炽软，麻辣味厚，香浓醇鲜。

要领 ⊞　安稳羊肉最大特色是根据山羊不同部位的肉，分开制作不同味道的羊肉菜肴。用羊前腿肉，加秘制麻辣调料、花椒，制作麻辣味；用羊蹄、羊排，加泡椒、泡酸萝卜、秘制调料，制作泡椒味；用颈椎肉搭配羊杂，加胡椒、老姜和秘制调料制作清香味；用腿肉、羊腩，加姜葱、胡椒、料酒和秘制调料制作咸鲜味；用肚、头、舌、心，加糖、醋、泡姜、泡椒、胡椒、啤酒和秘制调料制作酸辣味。

出品 ⊞　綦江／重庆老字号／重庆吉义食品有限公司

万州羊肉格格

麻辣鲜香，随性洒脱

缘 起 ▦

据说，20世纪90年代初，中央某领导视察重庆，路过万州，顺便考察万州的风土人情，由当地官员、记者陪同。领导看见街边一招牌赫然写着"××格格"几个大字，好奇地问："'格格'什么意思？"当地官员表示："'格格'是万县俗语，意即蒸笼。蒸笼蒸羊肉就叫'羊肉格格'，蒸肥肠就叫'肥肠格格'，蒸排骨就叫'排骨格格'，这些统称'格格'，很好吃的。"

万州人喜欢"格格"的味道——麻、辣、鲜、香；喜欢吃"格格"的气氛——随性洒脱。"格格"洋溢着浓郁的市井气息，它不像宴席那般正式，也不如火锅那般热烈。它稍带野性，又稍带豪放、爽朗。

主 料 ▦   羊后腿肉250克

辅 料 ▦   大米150克   玉米100克   土豆200克

调 料 ▦   郫县豆瓣酱10克   花椒粉5克   芫荽10克   小葱10克
    辣椒粉   10克   老姜 10克   味精 2克   鸡精 5克
    芝麻油   25克   白糖 20克   料酒25克   食盐 2克
    胡椒粉   3克   味精 5克

制 作 ▦
🥄羊肉切成条，用水漂洗干净。老姜切成末。芫荽洗净，切成节。小葱洗净，切成花。大米和玉米分别炒熟，磨成粉，然后混合成蒸肉粉。

🥄将切好的羊肉码入食盐、姜末、料酒、豆瓣、胡椒粉、花椒粉、白糖、鸡精、味精，反复抓揉，使之入味。土豆切成块，稍稍码盐至入味。

🥄将码好的羊肉里掺入蒸肉粉，边加适量高汤边搅拌，直到每条羊肉都粘满蒸肉粉，并挤不出水为止。混合米粉必须要湿透，不然蒸时会半生不熟，影响口感。

🥄小竹格格洗净，将削切好的土豆块先装入，铺满格格的底面，然后把裹有蒸肉粉的羊肉装入格格里，不能将整个格格装填得太满，必须与上一个格格底部留有一定的空隙，以免影响水蒸气的流动。

🥄将盛装好羊肉的竹格格叠码在蒸锅上，用旺火蒸大约15分钟至熟，将蒸好的羊肉格格取出，淋上芝麻油，撒上葱花和芫荽节即成。

特 点 ▦   麻辣味厚，鲜而不腻，嫩而不膻。

要 领 ▦   羊肉切条要大小适中，太大不易入味，且不容易蒸熟。大米和玉米，粉颗粒既不能太粗，又不能太细，粗了影响口感，细了会使羊肉之间的缝隙太小，不易于蒸熟。土豆要切成块，不能切成片状，切片不易于水蒸气的流动。用此方法可制作"排骨格格""肥肠格格""粉蒸肉"等。

出 品 ▦   万州／老盐坊棚棚面

主 厨 ▦   江湖菜名厨／尹晶

北疆烤全羊

25年沉淀的美味

缘 起 ▦

25年前，在重庆，烤全羊似乎还不是一个十分清晰的概念。据说，一个叫陈斌的重庆人改变了这种局面。

那一年，陈斌搞了个"回疆烤全羊"。这下让重庆江湖菜界"轰"的一下炸开了锅。这以后，重庆市区"烤全羊"的招牌渐次多了起来。后来，陈斌将"回疆"品牌赠与朋友，又干起了别的营生。

再后来，作为高级培训师的陈斌重回大烧烤行业，一块"北疆烤全羊"的招牌从此响亮。原来，在他"潜伏"的日子里，他又研究起了焖式烤全羊、焖式烤全牛的技艺，这可是一项"独门冲"手艺，你说他精明不精明？

290

主　料 ▦　活山羊1只（15千克）

调　料 ▦
食盐100克	料酒30克	洋葱20克	芹菜25克
老姜 20克	味精 5克	鸡精10克	芫荽15克
花椒 10克	辣椒15克	小葱15克	砂仁20克
白蔻 15克	橘皮 5克	丁香 3克	香叶 6克
草果 3克	山柰 2克	香果 8克	良姜 5克

秘制蛋糊、秘制红油、秘制香料各适量

制　作 ▦

🏷 选用武陵山黑山羊宰杀，去皮、头、内脏、羊蹄，清洗干净，沥干血水，头、内脏、蹄另作他用。老姜剁成细末，制成姜汁。洋葱制成洋葱汁。芹菜洗净，制成芹菜汁。芫荽切成节。小葱切成葱花。砂仁、白蔻、橘皮、丁香、香叶、草果、山柰、香果、良姜、花椒、辣椒等香料用清水浸泡6分钟。上述香料加水用粉碎机打碎，过滤取汁。

🏷 羊身放在盆中，加食盐、料酒、姜汁、洋葱汁、芹菜汁、味精、鸡精、香料汁，从里到外抹遍全身，羊腿等肉厚的地方多抹一点，腌制5～7小时。

🏷 把经码味的羊平铺在专用铁架上，用铁丝固定绑好，然后架在专用烤炉上。点燃果木炭火，先用大火烤至羊体表面水分干燥，刷上秘制红油，以后每25分钟刷一次红油。

🏷 当羊肉烤至七成熟时，用小刀在羊身划上花刀，背脊处划人字花刀，前胛、后腿划一字花刀，然后刷上秘制蛋糊，蛋糊要刷均匀，先刷正面，后刷背面，再用中火进行烘烤，直至羊肉成熟，然后刷红油，撒上秘制香料，再刷红油，改小火烘烤至羊肉表面油脂冒泡。

🏷 把专用铁架连同烤好的全羊抬上桌，架在烤盘上，架下用烧红的木炭保温，撒上芫荽节、葱花即可。

特　点 ▦　色泽红亮，外酥里嫩，油而不腻，鲜香可口。

要　领 ▦

秘制香料制作：桂皮、香果、红扣、姜片、草果、红花等16味香料用粉碎机打成精细粉末，然后加辣椒粉、花椒粉、孜然粉、食盐、味精、鸡精混合均匀即可。

秘制红油制作：色拉油烧至80摄氏度左右，加砂仁、橘皮、千里香、红栀子、紫草、老姜、大葱、洋葱等14味香料，当大葱、老姜水分炸干时熄火，待油温降至70摄氏度时，下辣椒粉浸泡24小时，即成。

出　品 ▦　南岸／北疆烤全羊烤全牛

主　厨 ▦　江湖菜名厨／陈斌

桂花兔

玉兔影蟾宫，吴刚扬桂花

缘 起　唐宋八大家之一的韩愈在其《明水赋》中有"桂华吐耀，兔影腾精"之句，道出了月宫中玉兔与桂花的形影不离，颇富意趣。

泡椒味是重庆江湖菜八大"门派"之一，也是江湖菜主流。桂花兔采用大量泡菜做辅料、调料，其"馋功"自然十分了得，成菜色泽红亮、味浓鲜香、兔肉嫩滑、开胃下饭，再加之白白的兔肉上那星星点点般的桂花，自然令人们想起耳熟能详的嫦娥奔月与吴刚伐木的故事。

此菜极富意境，得造化的意趣，让食客在品尝美味的同时也能领略诗情画意。

主 料 ⊞	去皮仔兔500克			
辅 料 ⊞	四川泡豇豆150克			
调 料 ⊞	干红辣椒25克	青花椒15克	泡姜20克	大蒜15克
	泡红辣椒80克	炒桂花25克	食盐 5克	味精10克
	郫县豆瓣30克	生抽 10克	鸡精 5克	白糖 5克
	菜籽油 200克			

制 作 ⊞

🥄 去皮仔兔洗净,斩成块。泡豇豆切成节,放在清水中,浸泡2分钟,去除部分咸味,沥干。干红辣椒去蒂,切成节。泡红辣椒切碎。郫县豆瓣剁碎。泡姜切成片。

🥄 炒锅置于旺火上,掺菜籽油烧至六成热,把兔块放入,滑至刚断生,起锅沥去余油。

🥄 锅内留油烧热,放青花椒、泡红辣椒、泡姜、郫县豆瓣爆炒出色,再放大蒜、干红辣椒节、泡豇豆,用旺火煸香。然后把滑过油的兔块放入炒香,下生抽、食盐、味精、白糖、鸡精调味。起锅装盘,撒上桂花即成。

特 点 ⊞ 色泽红亮,兔肉嫩滑,味浓鲜香。

出 品 ⊞	渝中／九重天旋转餐厅
主 厨 ⊞	中国烹饪大师／杨长江

馋嘴霸王兔

谁知盘中兔，粒粒皆鲜辣

缘 起

中国名菜"馋嘴霸王兔"，是八滋味江湖菜的招牌菜。大厨使用与兔肉等量的青、红小米椒，合理搭配制成此菜。成菜兔肉细嫩、滑爽，卖相极佳，食客们在青红交织的小米椒中细挑慢选那小如粒豆、嫩如鲜鳇的兔丁，越吃越来劲。兔肉入味，麻辣鲜香嫩吃在嘴里，是一种难得的享受。

霸王兔，据说发端于璧山。馋嘴，就是贪吃或者贪吃的人，即"好吃狗"。当"好吃狗"是要有资格的：一定是能吃、会品、善馔之人。（霸王兔何以称王称霸？我以为：以此等烹饪手段烹调而出之兔肉，用硕大瓷盘端上桌，好吃得让大家嘴馋，想多吃，便可称王；盘子中，菜肴的量大得撑肚子，便可为霸，故其名为霸王兔。）

主 料 ▦ 活兔1000克

辅 料 ▦ 青小米辣700克　　　红小米椒100克

调 料 ▦

秘制酱料30克	藤椒油10克	大蒜50克	大葱25克
野山椒 100克	子姜 100克	老姜20克	小葱20克
鲜花椒 20克	胡椒粉 2克	味精 5克	鸡精 5克
干青花椒25克	食盐 2克	白糖 2克	生粉 5克
菜籽油 500克	料酒 10克		

制 作 ▦

🏷活兔宰杀治净，兔肉去大骨，斩切成小块。青、红小米椒切成节。子姜切成丝。野山椒切成小节。大蒜去皮，切成蒜片。老姜切成姜米。大葱切成节。小葱切成葱花。

🏷兔肉纳盆，加食盐、葱节、料酒码味15分钟，然后放入生粉上浆。

🏷炒锅置于旺火上，掺菜籽油烧至五成热，把码好味的兔肉放入，滑散，起锅沥油待用。

🏷锅中留油烧至六成热，放野山椒、蒜片、姜米、子姜丝、青小米椒、红小米椒炒香，再放入鲜花椒、干青花椒翻炒出味，放入经滑油的兔块，加秘制酱料炒上色，然后加入鸡精、味精、白糖、胡椒粉调味，簸转，下葱花，淋入藤椒油起锅即可。

特 点 ▦ 清香味浓，兔肉滑嫩。

出 品 ▦ 巴南／中国餐饮好品牌／八滋味餐饮

主 厨 ▦ 中国烹饪大师／周伟

五香油烧兔

要长寿，吃兔肉，五香油烧味更厚

缘 起 ▦ 兔肉可以说是大自然献给人类最好的礼物之一，其肉质紧致细腻、口感良好，爱美的女性吃了不怕发胖，老人吃了健康，俗话说"飞禽莫如鸪，走兽莫如兔""要长寿，吃兔肉"。兔肉有"百味肉""多味肉"之美誉。它含蛋白质高、脂肪低、胆固醇低，其蛋白质含量高达70%，其主要特点是肉质细嫩，渗透性好（容易入味），对作料的适应性强，不管是炒、爆还是熘、烧，不管是麻辣还是咸鲜，与其他原料合烹，味道可以随之而变，能调出各种可口的味型。

"老太婆三活春"的中国烹饪大师周辉用油烧方式烹饪的兔肉，辣香扑鼻，味美可口，肉质细腻，入口即化，不留残渣。

主 料 ▦ 活兔1只（约2500克）

调 料 ▦

红油豆瓣100克	大葱100克	大蒜50克	食盐15克
干红辣椒 75克	花椒 25克	老姜75克	鸡精15克
菜籽油 1500克	料酒100克	味精15克	
秘制五香料15克	草果、砂仁、白蔻、香松各适量		

制 作 ▦

🍃活兔宰杀，去皮、头、脚、内脏，切成2.5厘米见方的小块，用食盐、料酒腌制。干红辣椒去蒂，切成节。大葱洗净，切段。老姜切片。

🍃各种香料用开水泡制3～5分钟后捞起待用。

🍃炒锅置于旺火上，掺菜籽油烧至七成热，放入兔肉爆炒至水分干时，放干红辣椒、花椒、姜片、大蒜和草果、砂仁、白蔻、香松等香料，继续翻炒，当干辣椒变成深色后，再放红油豆瓣炒转，烹入料酒，下鸡精、味精、大葱，收干水分，放入秘制五香料炒均匀，然后起锅即可。

特 点 ▦ 色泽红亮，兔肉香辣酥嫩，浓香持久。

出 品 ▦ 铜梁／全国绿色消费餐饮名店／老太婆三活春餐馆

主 厨 ▦ 中国烹饪大师／周辉

丁家兔

借问兔香何处？老饕遥指丁家

缘 起 ▦▦▦

璧山兔很有名气，特别是尖椒兔。曾几何时，但凡挂出"霸王尖椒兔"之类招牌的小餐馆，哪怕店面简陋、地处偏僻，食客也会蜂拥而至。璧山兔好吃，是因为所用兔子产自璧山丁家镇。丁家兔有着280多年的历史，丁家人自古以来就喜欢饲养兔子，这里的兔子兔肉紧实、质地细嫩、炽糯弹牙、味道鲜香，远近闻名。抗战时期，这里的传统名小吃"白砍兔"就为西迁的"下江人"所喜爱，街面上的店铺生意一直很好。周恩来、冯玉祥等在丁家品尝了"白砍兔"后也赞不绝口。至今，丁家兔在南京、上海、苏州、无锡等地仍有名气，可见声名流传之广。这里为大家介绍一种丁家兔做法，风味别具一格。

主 料 ▦	活兔1只（约1500克）	
辅 料 ▦	黄瓜250克	

调 料 ▦

鲜味酱油22克	红油350克	麻油10克	老姜25克
花生碎粒10克	大蒜 40克	蚝油 3克	香醋 8克
青尖椒 20克	大葱 50克	小葱25克	味精 2克
红尖椒 25克	生抽 20克	鸡精 2克	白糖 7克
藤椒油 13克	花椒粉2克	山柰 5克	香叶 3克
色拉油 10克	香茅草3克	八角10克	白蔻 5克
辣鲜露 35克			

制 作 ▦

🥄将活兔宰杀，剥皮，去内脏，清洗干净。黄瓜洗净，切成片。红尖椒15克切成细末，10克切成0.3厘米厚的圈。青尖椒切成0.3厘米厚的圈。小葱切葱花。老姜20克切片、5克切成细末。大蒜去皮切成细末。

🥄老姜片、大葱、山柰、八角、白蔻、香叶、香茅草加水2000克用小火熬制成卤水。

🥄老姜末加鲜汤75克兑成姜汁。红尖椒末加色拉油10克兑成红椒汁。味精、鸡精、辣鲜露、生抽、醋、白糖、鲜味酱油、麻油、藤椒油、花椒粉、蒜末、蚝油加鲜汤75克兑成调味汁。

🥄锅置于中火上，将卤水入锅烧开，先把兔的上半身浸入锅用中火煮开，然后改用小火卤制10分钟，再把兔全身入锅，用中火烧开后改用小火继续卤制15分钟起锅。

🥄将卤制好的兔切成0.4厘米厚的块，取圆形菜盘，用黄瓜片打底，把兔块放在黄瓜片上面，淋入姜汁、红椒汁、调味汁及红油，撒上青、红椒，葱花即成。

特 点 ▦ 色泽红润亮丽，麻辣鲜香脆嫩。

出 品 ▦ 璧山／重庆老字号／大江龙鱼工坊

主 厨 ▦ 中国烹饪大师／龙大江

老来福酸汤兔

古食拨霞供，今品老来福

缘 起 ▦ 兔肉，被称之为"保健肉""美容肉""百味肉""荤中之素"，等等。俗话说"要长寿吃兔肉"，兔肉中富含卵磷脂，有健脑益智的功效。兔肉有助于增强体质，健美肌肉，保护细胞活性，维持身体健康，能使人的皮肤细腻白嫩，保持容颜娇美。兔肉肉质细腻，是儿童、孕妇、老年人的天然补钙佳品。

酸汤兔以兔肉为主料，用农家盐白菜、酸萝卜等为主要配料，经过高汤烹煮后，兔肉嫩滑，汤底鲜美，盐白菜香脆，酸萝卜炟软。兔肉与辅料不相互抢味，食客能够清晰地品尝出各种原材料的原本滋味，喜欢吃辣的朋友还可以用特色蘸料蘸食。

主　料 ▦　去骨兔肉500克

辅　料 ▦
盐白菜150克　　酸萝卜50克　　面筋150克
方竹笋 20克　　鱿鱼 20克　　芋儿170克

调　料 ▦
猪化油 30克　　小葱10克　　生粉36克　　老姜50克
野山椒 10克　　鸡油20克　　味精 5克　　鸡精 5克
松肉粉 2克　　白酒10克　　食盐 6克　　红枣 5个

制　作 ▦
🏷去骨兔肉洗净，切成条。盐白菜洗净，切碎。酸萝卜切成条。野山椒切碎。鱿鱼切成块。芋儿去皮，切成滚刀块。老姜切成片。小葱切成花。方竹笋放在开水锅中氽一次水，切成片。
🏷兔肉加食盐、姜片、白酒、松肉粉腌制5分钟，然后用生粉上浆。
🏷锅置于旺火上，放猪油烧热，下盐白菜炒香，掺高汤3500克烧开。下野山椒、酸萝卜条、鸡精、味精熬煮出味。把面筋、鱿鱼、方竹笋、芋儿放入，熬制成特色底汤，然后用抄瓢把鱿鱼等材料转入火锅盆。
🏷特色底汤烧开，下鸡油，然后把兔肉放入，用中火煮兔肉条至熟，转入火锅盆内，撒上葱花、红枣，配电磁炉上桌。

特　点 ▦　兔肉嫩滑，汤底鲜香。

要　领 ▦
高汤制作：猪筒子骨、鸡骨洗净，氽水，起锅撇去浮沫，放在锅中掺清水，用旺火烧开，加姜片、白酒，花椒，改中火炖制5小时，滤去料渣，制成鲜汤。

出　品 ▦　渝中／老来福酸汤兔

主　厨 ▦　江湖菜名厨／李水清

【海鲜单】

古八珍并无海鲜之说，今世俗尚之，不得不吾从众。作《海鲜单》。

——清·袁枚《随园食单》

释：古代八珍里本没有海鲜，但现在社会大众崇尚海鲜，我也不得不顺应大众，作了《海鲜单》。

303

鲍鱼回锅肉

传统菜玩摩登，口感独特，妙手天成

缘起 ▦ 　回锅肉是一道家常菜肴。在重庆，除了常见的传统回锅肉，还有主料不采取汤煮而用旱蒸的"旱蒸回锅肉"；有用猪腿肉片直接爆炒，加豆豉而不加甜面酱的"盐煎肉"；有把猪肉煮熟切片，调味中少用豆瓣而加重甜面酱的"酱爆肉"，还有烹调方式基本不变，只是俏头不同的青椒回锅肉、苕粉回锅肉、盐菜回锅肉、鲊海椒回锅肉，等等。

鲍鱼，名贵的海中珍品之一，味道鲜美，营养丰富，被誉为海洋"软黄金"。鲍鱼性平、味甘，可明目补虚，清热滋阴，养血益胃，补肝固肾，故有明目鱼之称，是一种高档烹调原料。

如今在江湖菜创新浪潮中，回锅肉这道大众菜也玩起了"摩登"手法，与鲍鱼配伍，制成鲍鱼回锅肉，成菜色泽红亮，肥而不腻，口感丰富，咸鲜浓香。传承不守旧，创新不忘本，大厨们在融合传统做法的同时，结合时尚食材，看似无心，实乃妙手天成，让人拍案叫绝。

| 主　料 ▦ | 鲍鱼500克　　土猪二刀腿肉250克 |

| 辅　料 ▦ | 蒜苗50克　　泡子姜50克 |

| 调　料 ▦ | 秘制回锅肉酱100克　　菜籽油50克 |

制　作 ▦

🏷将鲍鱼宰杀，去内脏，清洗干净，改花刀备用。将土猪二刀肉刮洗干净。蒜苗洗净，切成马耳朵形。泡子姜切成片。

🏷猪肉放在开水锅中煮40分钟至断生，捞出，切成长5厘米，厚0.5厘米的薄片。鲍鱼放在开水锅中快速焯水，捞出冲凉。

🏷锅置于旺火上，掺菜籽油烧至六成热，放入猪肉片爆炒出油呈灯盏窝，下入鲍鱼、泡子姜片和秘制回锅肉酱炒香上色，下入蒜苗炒香装盘即成。

特　点 ▦

口味独特，色泽红亮，肥而不腻，入口浓香。

要　领 ▦

鲍鱼宰杀：先把鲍鱼外壳洗净，为了保证鲍鱼肉的完整，宰杀活鲍鱼时要用力均匀，切忌用力过猛，常用手法是以餐刀刀刃紧贴在鲍鱼内壳，轻轻地来回划动，使其鲍鱼的壳与肉完全分离，然后轻轻取出鲍鱼肉，摘去不可食用的外壳和内脏，切去中间与周围的坚硬组织，用粗盐将附着的黏液清洗干净，然后再将鲍鱼肉放入清水中洗净备用。

鲍鱼烹前焯水：一般去壳的活鲍鱼受热后其肉质变化分为三个阶段：加热3分钟，口感鲜嫩；加热4~10分钟，变硬、变老；加热10分钟之后，鲍鱼又变得软嫩。另外，活鲍鱼还有一个特性：加热后的鲍鱼只要已经取出放凉，它的肉质就定性了，再将其入菜加热，它也不会收缩、变硬了。根据这个特性，可先把鲍鱼快速焯水并冲凉，取其鲜嫩口感。

| 出　品 ▦ | 大渡口／中华餐饮名店／红厨食府 |
| 主　厨 ▦ | 中国烹饪大师／郑宏 |

幺鸡耗儿鱼

打麻将专和老丈人"幺鸡"的，概不接待

缘 起 月亮坝儿耍大刀——明侃（砍）！这里讲的是重庆江湖菜的一段趣事和一位怪人。想当年，"易老头"易旭投身"烹饪革命"时，便开宗明义——只做三样菜：美蛙、鳝段和泥鳅。到后来，食客们不满足这老三样带来的味觉体验及打趣调侃的环境，逼着"易老头"再创佳肴，以解舌尖之急。禁不住食客们的"逼宫"，"易老头"只好打破"画地为牢"的自我禁闭，整日骑着单车到处找寻美味可口的食材，又先后推出了"新三样""冬三样""夏三样""素三样"等回味无穷的菜品，并且顺带写上几句雷人的俏皮话。如，流传甚广的"五不接待"："斗地主赢了钱不说的；买了好车不借的；打麻将专和老丈人的；点菜很积极，买单时上厕所或出门打电话的；穿西装打领带，长得比本店CEO帅的"，在全国刮起了一阵轻松加愉快又美味的"三样菜"食风。

主　料 ⊞　耗儿鱼500克　　鸡爪5只

辅　料 ⊞　莲藕100克　　黄瓜150克　　干红辣椒250克

调　料 ⊞　菜籽油350克　　泡姜50克　　大蒜50克　　鸡精15克
　　　　　　泡青椒 50克　　老姜15克　　大葱75克　　料酒50克
　　　　　　鲜汤 1500克　　生粉50克　　食盐 5克　　味精15克
　　　　　　白芝麻 5克　　小葱15克　　秘制底料适量

制　作 ⊞　🏷耗儿鱼洗净。莲藕切成条。黄瓜切成块。干红辣椒切节。白芝麻炒熟。大葱50克切成节。泡姜切成片。小葱切成葱花。
🏷耗儿鱼、鸡爪分别用老姜（拍破）、葱25克（绾结）、料酒、食盐码味腌制20分钟。
🏷锅置旺火上，加入菜籽油烧至七成热，把经码味的耗儿鱼裹上生粉，入锅炸至干香起锅。再把鸡爪入锅炸透起锅。
🏷锅中留油烧至六成热，下秘制底料炒熟，然后掺鲜汤，烧开，下食盐、鸡精、味精调味，再把耗儿鱼放入，烧开，转高压锅焖压2分钟，熄火待用。
🏷锅中再下油烧至六成热，下秘制底料炒熟，然后掺鲜汤，烧开，下食盐、鸡精、味精调味，然后把鸡爪放入，烧开。转微火煮60分钟，熄火，鸡爪在卤汁中浸泡待冷却。
🏷耗儿鱼、鸡爪装在盘中，锅内掺菜油烧至六成热，下干红辣椒炸至棕红色，然后把藕条、黄瓜块放入，再加泡青椒、泡姜、大蒜、姜片、大葱节炒香出味，浇于盘上，撒上葱花、白芝麻即可。

特　点 ⊞　外焦里嫩，汁浓味足，麻辣酥香。

出　品 ⊞　南岸／中华餐饮名店／易老头三样菜

主　厨 ⊞　江湖菜名厨／易旭

香锅耗儿鱼

三斤，这是你的起点

缘起 ▦ 据说，三斤耗儿鱼是重庆文艺青年必须打卡的地方。关于三斤的来历，有两种说法：一种是创始人小名"三斤"，她姓高，自称"脑壳有包"，特别喜欢吃耗儿鱼，一吃就是三斤；另一种是说一桌人吃耗儿鱼，除其他菜肴外，至少点三斤以上耗儿鱼才合适，不然会吃得"心欠欠"的！正所谓：一斤不够，二斤嫌少，三斤正好。

耗儿鱼，学名绿鳍马面鲀，是生长在太平洋西部的海鱼。沿海一带的人几乎不吃耗儿鱼，但不知何故，在重庆，耗儿鱼却大行其道，颇受青睐，这大概是因为重庆人能吃会做吧！深居西部内陆又善烹美食的重庆人，不仅将其烹制成非常靠谱的水煮、干烧、泡椒味等，还将其作为难得的海鲜，成就一道在麻辣火锅中沸腾沉浮的常点菜。

主 料 ▦	耗儿鱼15条（约1100克）
辅 料 ▦	丝瓜300克　　嫩豆腐250克 莲藕150克　　鲜木耳150克

调 料 ▦

香辣鱼底料650克	泡酸菜50克	鱼香25克
干灯笼辣椒　20克	大葱　50克	食盐10克
秘制腌鱼粉　10克	老姜　70克	鸡精10克
去皮大蒜　35克	白酒　25克	味精10克
干青花椒　　7克	色拉油少许	

制 作 ▦

🔖 耗儿鱼浸没于流水中解冻，治净。丝瓜去皮，洗净，切成条。豆腐切成块，放在开水锅中氽水，沥干。鲜木耳洗净。莲藕洗净，切成片。鱼香洗净，切成节。老姜50克切成片，20克切成姜末。秘制腌鱼粉加温热水调制成糊状。泡酸菜切成块，用清水浸泡5分钟，沥干水。

🔖 耗儿鱼纳盆，下白酒、姜片、大葱节（揉烂）混合均匀，再把腌鱼糊、食盐、清水放入，搅拌均匀，腌制6～8小时。锅中下色拉油少许，烧至五成热，下酸菜块炒香，待用。

🔖 炒锅置于旺火上，掺色拉油烧至四成热，下老姜末、大蒜，炒至姜香、大蒜起虎皮皱，此时加酸菜块炒出香味，掺清水烧开，再下香辣鱼底料、鸡精、味精，熬煮1分钟；然后把耗儿鱼放入锅中，煮至断生，再把豆腐、木耳、藕片放入，煮2分钟，下丝瓜条煮断生，起锅盛入专用锅仔，撒上鱼香。

🔖 另锅下色拉油烧至七成热，下入干红灯笼辣椒、干青花椒炸香，起锅淋在耗儿鱼上即可。

特 点 ▦	色泽红亮，鱼肉细嫩，香味浓郁。
要 领 ▦	香锅耗儿鱼蘸味碟：老咸菜100克切成粒、小葱50克切成葱花、鱼香50克切成节，分别装入10只船形味碟，随香锅上桌，用餐时加锅仔中的红油，调匀即可。

出 品 ▦	渝中／三斤耗儿鱼
主 厨 ▦	江湖菜名厨／钱小虎

沸腾虾

美味盎然，一片红艳

缘 起 沸腾虾无疑来源于沸腾鱼。沸腾鱼是20世纪90年代重庆江湖菜兴起后，随着翠云水煮鱼的兴旺发达而衍生的一种风味吃法，后来"修成正果"，深受北方食客喜爱，大行其道后荣归故里重庆。

沸腾虾借鉴了沸腾鱼的热油浇淋方法，烧热一锅油，浇在新鲜的大虾上，一道清新脱俗的沸腾虾就出品了：瞬间虾身由青变红，但见红油鲜亮，虾肉筋弹的样子非常可人，香气四溢，弥漫空中。颜色的变化也带来了味道的变化，咬一口虾肉滑嫩爽口，肉质紧实而富有弹性，味道香辣鲜美，它们共同演绎了沸腾虾独特的魅力！看到那快要溢出来的美味，朋友们是不是都跃跃欲试了呢？

主 料 ▦ 基围虾250克

辅 料 ▦ 黄豆芽300克

调 料 ▦ 干红辣椒75克　麻辣油200克　青花椒12克　食盐2克
秘制酱料25克　混合油 15克　红花椒12克　味精2克

制 作 ▦ 🔖鲜活基围虾放在冰箱冷藏2小时，取出，去虾壳，从虾背开片，去除虾线，洗净，沥干水分。干红辣椒去蒂、籽，剪成节。黄豆芽去根须，洗净。
🔖虾片用秘制酱料腌码约10分钟。
🔖炒锅置于旺火上，下混合油烧至六成热，投入黄豆芽，加食盐、味精煸炒至八成熟，起锅，放入沸腾虾专用钵垫底，然后把经腌制的虾片均匀地铺在豆芽上。
🔖锅置旺火上，放入麻辣油烧至七成热，投入干红辣椒节、花椒炸香，起锅淋在虾片上面即可上桌。

特 点 ▦ 滑嫩爽口，香辣鲜香。

要 领 ▦ 麻辣油制作：锅置中火上，掺混合油烧至六成热，下干红辣椒节25克炸至棕红色，下郫县豆瓣100克炒至油色红亮，改用小火，下花椒15克、老姜片25克、洋葱片75克、芹菜梗50克、胡萝卜条50克、大葱节50克浸炸出香味，离火放置24小时后滤去料渣，取油待用。

出 品 ▦ 渝北／国家五钻级酒店酒家／顺风123

主 厨 ▦ 中国烹饪大师／邢亮

311

牛蛙爱上虾

摄人心魄的精美，上佳的口感

缘 起 牛蛙爱上虾！乍一看菜名，有点劲爆，还有点趣味。绿军装的"蛙哥哥"爱上了红艳艳的"虾妹妹"，这绝对算是天造地设的绝配——既养眼，也养胃，还养心。正是重庆江湖这一场意外的邂逅，优质的牛蛙和上等的大虾就带给了人们不一样的视觉与味觉体验，特别是那些掉进爱的"蜜糖"罐、正含情脉脉的恋人们。

牛蛙与虾，都富含蛋白质，是养生佳品。蛙肉紧实、鲜嫩，虾肉Q弹、美味，用它们做主料，再加上苕粉、番茄、洋葱、辣椒酱等，菜品更具有了浓浓的江湖味道。

| 主　料 ▦ | 大虾250克　　牛蛙500克 |

| 辅　料 ▦ | 番茄150克　　青柠檬1个 |

调　料 ▦
印尼辣椒酱150克　　洋葱50克　　老姜25克　　大葱25克
青尖椒　　　5克　　白糖 5克　　鸡精 5克　　味精 5克
红尖椒　　　5克　　食盐 5克　　料酒25克
色拉油　　250克

制　作 ▦

🍃牛蛙宰杀，去皮、内脏、头、爪，洗净，大虾去虾脚、虾须，开背，去沙线，洗净。

🍃番茄去皮，切成小块。青柠檬洗净外皮，切成片。洋葱切成片。老姜切成片。大葱洗净，切成节。青、红尖椒去蒂，洗净，对剖。

🍃蛙肉、大虾分别纳碗，用食盐、姜片、葱节、料酒码味腌制10分钟。

🍃炒锅置于旺火上，掺色拉油烧至六成热，把牛蛙、大虾分别下锅滑油，起锅沥去余油。

🍃锅中留油烧热，下洋葱、姜片、番茄、印尼辣椒酱炒至出色出味，掺适量鲜汤烧开，把牛蛙、大虾、青柠檬片放入，煮至刚断生，下食盐、味精、鸡精、白糖调味，加青红尖椒起锅装盘。

特　点 ▦　蛙肉紧实细嫩，虾肉Q弹鲜甜，汤味酸鲜浓郁。

出　品 ▦　九龙坡／杨二娃风味菜馆

主　厨 ▦　中国烹饪大师／杨国栋

生蚝麻婆豆腐

粤菜烹技入渝派，麻婆豆腐传万代

缘 起 ⊞

麻婆豆腐是一道传统川菜，为了满足食客的需要，餐饮界出现了添加各种食材的麻婆豆腐。不但如此，在国内国外还衍生出"新派麻婆豆腐""海派麻婆豆腐""粤派麻婆豆腐""日本麻婆豆腐""韩国麻婆豆腐"等，麻婆豆腐成为中国菜在海外影响最大的一道名菜。

汉代刘安等炼丹术士在淮南炼丹的偶然间创制了豆腐，从此，豆腐成为中国独有的美馔。然而，他们做梦也没想到，两千年后，一位不知姓名的村妇竟然把豆腐做成了风靡世界的名肴。

麻、辣、鲜、香、烫、酥、嫩、浑（方言，音"捆"，形整不烂之意），被称之为麻婆豆腐"八字箴言"。乡邻食风吴云伟大厨在菜品创新的过程中，在麻婆豆腐里加入了生蚝这一高端食材，在保留了经典味道的同时，又提升了菜品的档次。

主　料 ▦　　生蚝150克　　汩水豆腐350克

辅　料 ▦　　牛肉背柳80克

调　料 ▦　　郫县豆瓣50克　　辣椒粉10克　　食盐10克　　料酒20克
　　　　　　　永川豆豉10克　　花椒粉 5克　　老抽10克　　白糖 5克
　　　　　　　水淀粉 100克　　味精 10克　　老姜10克　　蒜苗50克
　　　　　　　菜籽油 100克　　鲜汤 150克

制　作 ▦　　🏷豆腐改刀成2厘米见方的块，放在加了食盐10克的开水锅中
　　　　　　　汆水约两分钟，捞起沥水备用。生蚝洗净，放入开水锅中加
　　　　　　　料酒汆水备用。牛肉洗净，切成大粗丝后，再切成颗粒。蒜
　　　　　　　苗切成1厘米的粒。豆豉剁细。老姜切成米。
　　　　　　　🏷炒锅置于旺火上，掺菜籽油烧至六成热，下牛肉粒炒酥
　　　　　　　后，捞出盛入碗内。
　　　　　　　🏷锅中留余油，把郫县豆瓣放入炒至出色出味，下豆豉、
　　　　　　　辣椒粉、姜米，炒转后掺鲜汤烧开，下豆腐烧入味，再下老
　　　　　　　抽、味精、白糖调味，然后放入生蚝，将锅端起，轻轻旋
　　　　　　　转，当汤汁略干时，把牛肉粒、蒜苗放入推转，分3次用水淀
　　　　　　　粉勾芡，起锅轻轻盛入凹形圆盘，撒上花椒粉即成。

特　点 ▦　　色泽红亮，细嫩鲜香，麻辣味厚。

要　领 ▦　　牛肉要酥香，炒肉时需不停来回铲动。烧豆腐时汤汁要淹过豆
　　　　　　　腐为度。勾芡要分3次下锅，做到亮油汁浓。

出　品 ▦　　巴南／乡邻食风

主　厨 ▦　　中国烹饪大师／吴云伟

馋嘴花甲

是芥辣，更是一股清流

缘 起 ▦

就当前的重庆江湖菜而言，海鲜入馔，多为热菜，而馋嘴花甲是一款带芥辣的爆款凉菜，虽然看不见芥末，却有一股芥末的清新辣味，也许是辣鲜露与鲜露惹的"祸"。这道菜很适宜佐酒，实为海鲜菜品在重庆江湖菜中的一大创新。

一盘经冰镇后淋上作料的花甲上桌，但见层层叠叠的甲壳中，那如玉般洁白而又鲜嫩的甲肉若隐若现，吊足了食客的胃口。几粒鲜红与嫩绿的辣椒、几簇青翠欲滴的鲜花椒点缀其上，清新可爱，卖相十足，食客们忍不住立刻动起手来。鲜嫩的甲肉入口，微辣中有一股清新的口感直抵心灵深处，呷一口酒，吃几块花甲肉，其中的爽快滋味只有食者才能够体会。

主　料 ▦	花甲500克	

辅　料 ▦ 莴笋50克

调　料 ▦

青小米辣10克	辣鲜露15克	酱油25克	白糖25克
红小米辣 8克	鲜露　20克	香醋15克	鲜汤80克
鲜花椒　10克	蚝油　30克	大蒜 5克	

制　作 ▦

🏷花甲洗净。莴笋去皮，切成片。青小米辣去蒂，横切成粒。红小米辣去蒂，横切成粒。大蒜去皮，切成末。

🏷酱油、白糖、辣鲜露、蚝油、鲜露、香醋、青小米辣粒、红小米辣粒、鲜花椒加鲜汤调成味汁。适量纯净水放入冰箱制成冰水。莴笋片用纯净水浸泡5分钟，取出沥干，放在盘中垫底。

🏷炒锅置于旺火上，掺清水烧开，把洗净的花甲放入，煮熟后捞起，放入冰纯净水中冰镇至凉。

🏷把花甲从冰纯净水中捞出，放在盘中的莴笋片上，淋上调好的酱汁和蒜末，拌匀即可。

特　点 ▦ 花甲嫩爽，味道辣鲜。

要　领 ▦ 制作花甲前要把其中的沙子洗净。盆中掺清水，水中放一勺盐，滴几滴芝麻油，把花甲放入盆中，静养1小时后反复搅动，捞出花甲，倒掉泡养的水，再用清水冲洗干净，这样花甲里的沙子基本上也就吐干净了。因为盐的味道和芝麻油的气味会使花甲张口吐沙。

出　品 ▦ 北碚／留恋江湖

主　厨 ▦ 中国烹饪大师／刘小荣

鸡辣子炒花甲

柔嫩细腻、口感丰满的江湖"大戏"

缘起 ▦ 花甲，学名花蛤，由于贝壳表面光滑并布有美丽的红、褐、黑色等花纹而得名，因粤语花蛤与花甲同音，花蛤也就被人写作花甲。花甲肉味鲜美、营养丰富，蛋白质含量高，所含氨基酸的种类及配比合理，脂肪含量低，不饱和脂肪酸含量较高，易被人体消化吸收，还富含各种维生素和药用成分，也含有钙、镁、铁、锌等多种人体必需的营养素，是一种绿色、营养的食品，深受消费者的青睐，重庆餐饮界把它划归为小海鲜类。

贝类中的珍品花甲与土生土长的土鸡牵手，行走渝菜江湖，共同"赴汤蹈火"，演绎了一出柔嫩细腻、口感丰满的江湖"大戏"，其"剧情"颇具鲜辣味美的英雄本色。

主 料 ▦ 花甲500克　　鸡腿肉400克

辅 料 ▦ 青小米椒50克

调 料 ▦

泡青小米椒15克	啤酒300克	泡姜20克	芹菜10克
干红辣椒　10克	高汤250克	花椒15克	老姜　5克
郫县豆瓣　10克	胡椒粉8克	食盐　5克	味精　8克
菜籽油　150克	鸡精　12克		

制 作 ▦

🥄 鸡腿肉洗净，去骨，然后切成小块。花甲放入温水中，加食盐和少许菜籽油浸泡，待花甲吐沙后清洗捞出。青小米椒切成小节。泡姜切成丝。泡青小米椒切成末。芹菜洗净，切成节。郫县豆瓣剁碎。老姜切成片。干红辣椒去蒂去籽，切成节。

🥄 鸡块加姜片5克、啤酒20克、胡椒粉8克和食盐5克，腌制10分钟。

🥄 锅置于旺火上，掺菜籽油烧至六成热，依次下泡姜、花椒、泡青小米椒末、豆瓣、青小米椒炒香，然后加适量高汤大火煮沸，再下鸡腿肉、花甲炒转，加鸡精、味精和少许啤酒收汁，待汁水浓稠后起锅装盘。

🥄 锅洗净，再置于旺火上，加菜籽油10克，烧至六成热，下干红辣椒节炝香，浇在花甲和鸡肉上即可。

特 点 ▦ 鲜辣香嫩，口感醇厚。

要 领 ▦ 要保证花甲的活鲜，才能保证菜肴质量。怎样判别花蛤的活鲜呢？首先，要看它的外壳是否完整。最好选择外壳完整光滑没有破损的花甲。其次，要看能否轻易地将壳给掰开，如果用力都很难将壳给掰开，说明花甲是活的。再次，在四周没人的情况下，花甲会探出身体进行呼吸。这时候我们用手轻轻地去触碰花甲的身体，如果说花甲能快速反应，马上缩进壳里，说明是活的。

出 品 ▦ 江北／中华餐饮名店／百年江湖

主 厨 ▦ 中国烹饪大师／王登体

花甲尖椒鸡

一鲜一辣，一酥一嫩，妙哉妙哉

缘 起 ▦

如今，重庆食风也吹蓝调，与浩瀚无垠的大海有了许多瓜葛。花甲尖椒鸡就是其中的范例，它是一次花甲与尖椒鸡的旅行，也是一场山野与海洋的对话，更是一轮土味与海派疾风暴雨式的激烈碰撞，其结果，自然是山醉了，海乐了，人欢了。

花甲，大海的馈赠，海鲜品的常客，既可独立成菜，也可配伍成肴。尖椒鸡，重庆江湖菜中的良品，以麻辣鲜香著称，曾独领风骚，流行于市肆，尔后不做"大哥"也多年。如今，在大厨们的巧手翻弄下，拿着花甲的"船票"，让人们看到了另一种"风景"——花甲配鸡丁，鲜香椒麻，酥嫩爽口，令人甫一入口即忘我"尖叫"！

320

| 主　料 ▦ | 花甲300克　　　跑山鸡肉400克 |

主　料 ▦　花甲300克　　　跑山鸡肉400克

辅　料 ▦　青小米辣300克　　　红小米椒300克　　　西芹50克

调　料 ▦

红薯淀粉20克	泡青椒50克	泡姜30克	子姜20克
熟白芝麻 5克	辣鲜露20克	大蒜15克	味精30克
菜籽油 500克	白糖　10克	料酒50克	香醋 5克
藤椒油 100克	大葱 15克	蚝油20克	鸡精20克
芝麻油 10克	食盐 10克	老姜15克	

制　作 ▦

🏷鸡肉洗净，剁成指尖大小的丁，加食盐3克、味精、料酒，腌制5分钟，加红薯淀粉上浆。青、红小米辣去蒂，洗净，切成短节。西芹洗净，切成菱形块。泡姜、泡青椒切碎。子姜切成片。老姜切成片。大蒜去皮，切成片。大葱洗净，切成节。

🏷花甲放入加食盐、料酒、姜片、葱节的水里煮熟待用。

🏷炒锅置于旺火上，掺菜籽油烧至八成热，下鸡肉炒散，炸至皮糯呈金黄色后捞起，滤油。

🏷锅内留油少许，下姜片、蒜片炒香，再下泡辣椒、泡姜、蚝油炒香，然后下鸡肉丁、花甲、辣鲜露炒转，下青、红小米椒炒至出色出味，下西芹、子姜炒匀，加食盐7克、鸡精、味精、白糖、醋、料酒调味，最后烹入藤椒油和芝麻油，起锅装盘，撒上熟白芝麻即可。

特　点 ▦　鸡肉酥香，花甲鲜嫩，麻辣味厚。

要　领 ▦　花甲烹制前，要放入温水中，加食盐和少许菜籽油浸泡，待其吐沙后，洗净捞出。

出　品 ▦　石柱／国家三钻级酒店酒家／陈田螺海鲜大酒楼

主　厨 ▦　江湖菜名厨／陈德勇

【素菜单】

菜有荤素，犹衣有表里也。富贵之人，嗜素甚于嗜荤。作《素菜单》。

——清·袁枚《随园食单》

释：菜有荤有素，就如衣服有表有里。富贵人家喜欢吃素胜过吃荤。因此我作了《素菜单》。

垫江石磨豆花

千年岁月，磨出滋味悠长

缘 起 ▦ 豆花是一种特有的传统佳肴。据专家考证，垫江石磨豆花的历史迄今逾千年。相传早在东汉时期，学者尹珍曾拜著名儒学大师、经学家许慎为师，学成后他来到垫江设馆教学，后来成为经学大儒。他就喜欢吃垫江石磨豆花，常吩咐厨子"豆花伺候"。如今，在尹珍设馆讲学的尹子祠内，还存有当年磨豆花的石磨遗迹。

"芝麻、豆豉、花生米、葱花、折耳根、煳辣壳、油辣子、青海椒、糟海椒、胡椒、花椒、山胡椒，样样都好吃……垫江豆花美，垫江豆花香，一副石磨推千年，千年岁月磨出那个滋味长……"这是垫江石磨豆花的真实写照。它以其"一清二白三鲜嫩，四红五绿六麻辣"的独特风味自成一派，在重庆江湖菜中占有一席之地。2017年10月，垫江荣获"中国石磨豆花美食之乡"荣誉称号；2019年6月，垫江石磨豆花的制作技艺被列入重庆市非物质文化遗产目录。

| 主　料 ▦ | 黄豆500克 |

| 辅　料 ▦ | 浊水10克 |

调　料 ▦

煳辣壳海椒50克	烧青椒50克	芫荽50克	葱花50克
花生碎　　50克	榨菜粒50克	菜油50克	味精50克
油辣椒　　50克	折耳根50克	豆豉50克	大蒜50克
辣椒酱　　50克	花椒粉50克	食盐50克	米汤20克

制　作 ▦

🔖选用垫江本地黄豆，经过筛选，去尽灰渣杂物，用清水浸泡（春秋季5小时、夏季4小时、冬季8小时）。水量必须高出黄豆，把豆子泡透。

🔖泡好的黄豆，要用石磨磨成豆浆原浆，添豆子的同时添适量的水，水和豆子的比例要合适。

🔖磨好的豆浆原浆中添加适量开水，搅拌均匀，舀入滤帕，摇动滤架滤去豆渣，即成豆浆。

🔖将滤好的豆浆倒入锅内煮沸，起锅盛在盆中，然后用勺将浊水慢慢点入豆浆中。要从外到内、从内到外均匀点浊水，使豆浆逐渐沉淀凝结、与水分开，至水澄清时，用箅箕轻压，使全盆豆花结为整体，表面光滑绵实，此时舀出部分窖水，用竹刀将豆花切开成若干方块即成。

🔖传统豆花蘸水配制：食盐2克、煳辣壳海椒5克、米汤20克、葱花5克，依次添加在蘸味碟中，吃时拌匀。

🔖咸鲜味蘸水配制：榨菜粒10克、味精3克、菜籽油15克、花生碎10克、葱花5克，吃时拌匀。

🔖自助味碟配制：把烧青椒、油辣椒、煳辣壳海椒、菜油、榨菜粒、花生碎、豆豉、折耳根、味精、花椒粉、食盐、大蒜末、芫荽花、小葱花、辣椒酱等调料摆放在调味台上，由食客根据自己的口味爱好自行配制。

| 特　点 ▦ | 色白绵软，味型多样。 |

要　领 ▦

豆花点制时需要以顺时针方向，由底向上操作。

在点浆时加入青菜末即菜豆花；加入南瓜汁即南瓜豆花。

食客可根据各自的口味自行配制蘸水，这是垫江石磨豆花的一大特色。

| 出　品 ▦ | 垫江／国家三钻级酒店酒家／垫江石磨豆花 |

| 主　厨 ▦ | 中国烹饪大师／袁荣／荣昌华 |

鼎盛活捉莴笋

如果你真喜欢它，快点快点捉住它

缘 起 ▦ 莴笋营养价值丰富，能为人体补充各种维生素，还可以改善人体内糖的代谢能力。

活捉莴笋是一道实实在在的江湖菜，以其味道酸辣浓烈而受到人们的喜爱。活捉莴笋，听起来很有意思，但是，"活捉"二字却令人费解。其实，"捉"字是"浞"字的别字。有"淋"、使之"湿"的含义，"活"就是"鲜活""生嫩"的意思，"活浞"即生拌、鲜拌，即在新鲜的莴笋片或莴笋叶上面淋上兑好的调料，将汤汁"浞"在生菜上食用，属于凉拌菜。鼎盛活捉莴笋造型美观大方，鲜嫩清脆，麻辣酸甜，口感丰富，下饭最为安逸。

| 主 料 ▦ | 莴笋尖150克　　莴笋头200克 |

| 调 料 ▦ | 干红辣椒10克　　白芝麻3克　　大蒜20克　　红油50克
煳辣油　80克　　白糖　40克　　香醋30克　　花椒　3克
生抽　100克　　小葱　15克　　味精　5克 |

制 作 ▦

🥄莴笋尖洗净，用清水泡10分钟，再在淡盐水中浸泡片刻，沥干。莴笋头去皮，洗净，同样用清水泡10分钟，再在淡盐水中浸泡片刻，沥干。干红辣椒去蒂，下油锅制成油酥辣椒。然后切成短节。花椒下锅油酥，晾凉，制成刀口花椒。大蒜制成蒜泥。小葱洗净，切成葱花。芝麻入锅炒熟。

🥄莴笋尖切成长5厘米的段，莴笋头切成长8厘米，厚0.6厘米的薄片。蒜泥、生抽、白糖、香醋、煳辣壳海椒、味精、刀口花椒、煳辣油和红油放在碗中搅拌均匀成味汁。

🥄把莴笋尖、莴笋片放入大碗（下面放莴笋尖，上面摆一圈莴笋片），然后把调好的味汁淋在莴笋上，撒上葱花、熟芝麻即可。

特 点 ▦　鲜嫩清脆，酸辣可口。

要 领 ▦　蔬菜生吃，要注意保证清洁卫生。生拌的蔬菜，以新鲜脆嫩为特色，上桌前可以放冰箱里冰镇一下，口感会更脆爽。

| 出 品 ▦ | 沙坪坝／重庆老字号／徐鼎盛民间菜 |
| 主 厨 ▦ | 江湖菜名厨／徐小黎 |

特色开胃黄瓜卷

个中滋味，岂止"开胃"

缘 起 ▦ 黄瓜，为日常生活中人们常常食用的菜蔬之一，特别是在北方。它具有消炎、祛痰、镇痉的作用。《本草求真》中有记载："黄瓜，气味甘寒，服此能利热利水"，在《日用本草》中也有这样的记载："除胸中热，解烦渴，利水道。"黄瓜生吃十分清香、爽口。

过去，重庆的核心区域在巴县，也就是如今的主城区。老巴县人以黄瓜做菜，多以凉拌为先。凉拌做法在保持黄瓜本身清香的同时，也很容易入味。胡门厨掌柜的特色开胃黄瓜卷就是很典型的一例：它将黄瓜切成薄片，卷成卷状后在特制调料汁中略作浸泡，让调料的味道充分浸入卷片中，端盘上桌前再撒上木耳、小米椒，淋上一层煳辣油，更添浓烈的香味，丰富了味道的层次，十分招人喜爱，"点击率"一直居高不下。

主 料 ⊞	黄瓜400克

辅 料 ⊞	水发木耳50克

调 料 ⊞

特色酸甜味汁1000克	煳辣油100克	味精8克
红小米辣 25克	鸡精 8克	食盐5克

制 作 ⊞

🥄黄瓜洗净，去头，去尾，切成7厘米长的节。红小米辣去蒂，洗净，切成粒。

🥄黄瓜节平放在菜墩上，用刀平行片开成薄片，去籽，再卷成卷，然后放在冷开水中浸泡10分钟，取出沥干。水发木耳放在开水锅中汆一次水，沥干，加食盐5克，增加底味。

🥄把沥干的黄瓜卷放在盆中，加入特色酸甜味汁、鸡精、味精，泡制30分钟待其入味，取出装盘，放上木耳，撒红小米辣粒，浇上煳辣油即可。

特 点 ⊞ 酸甜开胃，清脆爽口。

要 领 ⊞ 特色酸甜味汁制作：锅置于炉火上，掺清水2000克烧开，放生抽1200毫升、鲜味酱油50克、鸡精8克、味精8克、白糖500克，熬制45分钟，制成味汁，起锅冷却。然后在味汁加入香醋210克、对剖的红小米辣150克、拍破的大蒜100克，泡制1小时，即成特色酸甜味汁。在熬制味汁时，需要缓慢搅动锅底，以免煳锅。

出 品 ⊞ 巴南／中华餐饮名店／厨掌柜巴县菜馆

主 厨 ⊞ 中国烹饪大师／郑中亮

蒜香南瓜皮

金黄松脆，自然本味

缘 起 ▦ 南瓜为一年生草本植物，能爬蔓，茎的横断面呈五角形，果实可做蔬菜，种子可以吃。南瓜含有淀粉、蛋白质、胡萝卜素、维生素B、维生素C和钙、磷等成分，营养丰富，不仅有较高的食用价值，而且有着不可忽视的食疗作用。据《本草纲目》载，南瓜补中益气，又据《滇南本草》载，南瓜性温，味甘无毒，入脾、胃二经，能润肺益气，化痰排脓，驱虫解毒，治咳止喘，疗肺痈与便秘，并有利尿、美容等作用。

在常规的烹饪中，人们都将南瓜用来炒、煮汤、熬粥等，本菜品主厨另辟蹊径，大胆创新，将南瓜连皮切片裹上脆炸粉油炸，成菜干香中透着甘甜，与辣椒炝出来的香味和谐地融合在一起，深得女士、小孩的喜爱。

主　料	⊞	带皮南瓜500克			
辅　料	⊞	万用香炸粉80克	吉士粉70克	糯米粉50克	生粉170克
调　料	⊞	干红辣椒10克　　蒜苗20克　　　老姜10克　　　大蒜10克 色拉油1000克　　白糖25克　　　食盐 5克			

制　作 ⊞

🏷 南瓜洗净，连皮切成2毫米厚的片。蒜苗切成粒。老姜切成片。大蒜去皮，切成片。干红辣椒去蒂，切成节。

🏷 吉士粉、生粉、糯米粉、万用香炸粉混合制成脆炸粉。

🏷 南瓜片用食盐和白糖10克腌制至出水，然后用清水冲去多余盐分，沥干备用。

🏷 炒锅置于中火上，掺色拉油烧至四成热，把南瓜片均匀拍上脆炸粉下锅，浸炸至外皮酥脆、水汽干时起锅，沥油。

🏷 锅中留油适量，烧至六成热，把干红辣椒节、姜片、蒜片，蒜苗粒放入炒出香味，然后把炸好的南瓜片放入炒转，撒入白糖15克，起锅即可。

特　点 ⊞　干香甜润，外脆内粉，蒜香微辣。

要　领 ⊞　南瓜片拍脆炸粉时要均匀，做到瓜肉不外露，炸时用中火热油，使粉糊迅速定形，并将南瓜片适时翻动，使其色泽口感一致。

出　品 ⊞　巴南／乡邻食风

主　厨 ⊞　中国烹饪大师／吴云伟

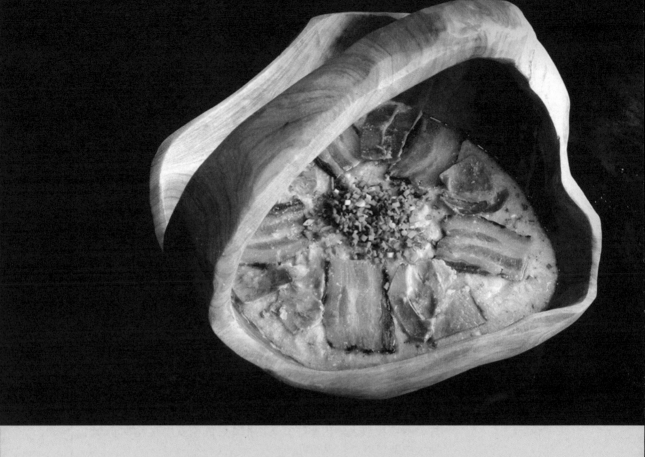

丹乡合渣

质朴的田园风情，浓浓的豆香弥漫

缘 起 ▦

合渣，实际上就是黄豆磨浆后不过滤豆渣，直接加青菜叶制作的豆花，有的地方也叫"菜豆腐""菜豆花"。

合渣的制作比较简单，就是把黄豆用水泡发后，用石磨推出豆浆，然后架起柴火煮沸豆浆后，把洗净切碎的青菜叶倒进锅里拌匀，再次煮沸后熄火，用瓢舀起盐水轻轻地在豆浆中搅动，盐水混合进豆浆里面，一会儿就凝固成一个整体，白绿相间的合渣就做成了。

垫江，中国著名的"牡丹之乡"。丹乡合渣就是在传统合渣的基础上加入鸡脯肉、火腿，经炒制、烫煮而成。合渣端上桌，一股浓浓的豆香弥漫桌面，香气中还夹裹着丝丝的菜叶清香和火腿的腊香，闻着就让人食欲大开。用勺子舀一勺送进嘴里，舒畅的劲儿立刻涌上心头。

| 主　料 | ::: | 黄豆原浆1000克 |

| 辅　料 | ::: | 鸡脯肉100克　　　火腿100克　　　青菜200克 |

| 调　料 | ::: | 芝麻油5克　　　食盐10克　　　鸡精5克　　　水淀粉15克 |
| | | 猪油 50克　　　小葱50克　　　味精5克 |

制　作 :::

🔖 选颗粒饱满的黄豆，去尽杂质，放在容器中，掺清水浸泡一晚上，淘洗干净后换清水兑入，然后用石磨将黄豆磨成黄豆原浆。

🔖 将鸡脯肉洗净，片成片，加少许食盐码味，用水淀粉上浆。火腿刮洗干净，上笼蒸熟，晾凉后切成薄片。

🔖 青菜淘洗干净，放在开水锅中焯水，捞出过凉水，挤干水分，然后切成碎粒。小葱洗净，切成葱花。

🔖 炒锅置于中火上，下猪油烧至六成热下火腿片爆香，再加入黄豆原浆煮熟，加食盐、味精、鸡精调味，然后放上浆后的鸡肉片、青菜粒煮开，下葱花，淋芝麻油，起锅装盘即可。

特　点 ::: 豆香浓郁，鸡片细嫩，火腿馥香，清鲜适口。

要　领 ::: 青菜焯水变色即起锅，时间不宜过长，起锅后马上用清水过凉，这样才能保持青菜色泽的青鲜和味道的清香。

出　品 ::: 垫江／国家三钻级酒店酒家／垫江石磨豆花

主　厨 ::: 中国烹饪大师／袁荣／荣昌华

三珍洪湖莲藕汤

洪湖水浪打浪，三珍藕汤巴嘴烫

缘 起 ▦ 莲藕，是民间最常见的食材，其味甘性寒，生用可清热、凉血、散瘀，熟食则健脾开胃、益血生肌。清代王士雄《随息居饮食谱》说："生食宜鲜嫩，煮食宜壮老，用砂锅桑柴缓火煨极烂，入炼白蜜，收干食之，最补心脾；若阴虚、肝旺、内热、血少，及诸多失血征候，但日熬浓藕汤饮之，久久自愈，不服它药可也。"

洪湖莲藕，品质优良，富含淀粉、蛋白质、维生素等成分，白如玉、壮如臂，汁如蜜，生吃尤甜，熟食特绵。莲藕的吃法除了煎炒、凉拌，就是蒸煮、煲汤。百年江湖的莲藕汤用香菇、玛卡菌、龙骨与洪湖藕为伍，煲出极具滋补养生效果的靓汤，深受食客欢迎。

主　料 ⊞	莲藕1000克　　龙骨800克

辅　料 ⊞	香菇100克　　玛卡菌50克

调　料 ⊞	食盐18克　　味精10克　　鸡精15克 白糖 5克　　小葱 5克

制　作 ⊞

🔖 莲藕去皮洗净，切成块，加食盐10克腌制20分钟，用清水洗净捞出；鲜香菇洗净泥沙，切成小块；龙骨宰成小块，洗净，放在开水锅中汆去血水，捞出用清水冲去浮沫。小葱洗净，切成葱花。

🔖 锅置于炉火上，掺入高汤2500克烧开，放入莲藕、龙骨、玛卡菌、香菇用旺火烧开，然后转小火炖2小时，至莲藕软糯汤味香浓。

🔖 藕汤出锅时放入食盐、鸡精、味精、白糖调味，撒上小葱花即可。

特　点 ⊞ 　　藕糯味浓，汤香悠长。

要　领 ⊞ 　　做三珍莲藕汤选藕是关键，要挑选七孔藕，就是切开有七个大孔的藕，小孔不算。七孔藕糯而不脆，适合蒸煮、煲汤、制泥。九孔藕水分多，脆嫩多汁，适合凉拌和清炒。从外形上看，七孔藕外皮为褐黄色，体形又短又粗；九孔藕外皮光滑，呈银白色，体形细而长。如果买不到七孔藕，用九孔的也可以，但要掌握好炖汤的火候，旺火烧开，小火煨炖。水要一次性加足，中途不再加水。

出　品 ⊞	江北／中华餐饮名店／百年江湖
主　厨 ⊞	中国烹饪大师／王登体

藕王炖排骨

粉箫竖排蕴炊烟，玉笋孔洞藏滋味

缘 起 ▦

借问藕王何处有，酒家遥指洪湖水。湖北省洪湖地区出产的莲藕质地优良，可脆可粉，又香又甜，故称"藕王"。莲藕具有生津、凉血、健脾开胃、美容养颜、减肥、助消化之功效，而且营养素含量丰富。

莲藕炖排骨，既是一道传统菜肴，又是一道江湖传奇。八滋味餐饮的"中国名菜"藕王炖排骨，不仅采用了莲藕及猪排骨，还采用了花生米、干豌豆、玉米、红萝卜及山药等具有滋补作用的食材，是一款以莲藕为主题的养生汤锅菜品，莲藕来自其品牌自有的数万亩生态莲藕种植基地，品种来自洪湖。

八滋味养生汤，营养美味又健康！此菜是藕汤中的佳品，不可不尝。

主　料 ▦　　莲藕6000克　　　猪肋排1000克

辅　料 ▦　　花生米150克　　　干豌豆100克　　　鲜汤2000克
　　　　　　　　胡萝卜200克　　　嫩玉米200克　　　山药　200克

调　料 ▦　　大葱100克　　　鸡精10克　　　味精5克　　　胡椒粉2克
　　　　　　　　鸡油150克　　　枸杞10克　　　食盐2克　　　大枣　10克

制　作 ▦　　🥄将猪肋排斩成30厘米长的段。莲藕去皮，切成滚刀块。嫩玉米切段。胡萝卜切成滚刀块。山药去皮，切成滚刀块。大葱切成节。
　　　　　　　　🥄排骨用清水浸泡，除尽血水，洗净。藕块、嫩玉米、胡萝卜、山药分别洗干净。干豌豆、花生米分别淘洗干净，用清水浸泡18小时。
　　　　　　　　🥄高压锅置于旺火上，掺鲜汤煮沸，把藕块、花生米、豌豆放入，加食盐、味精、鸡精、胡椒粉再煮沸，加盖上汽焖压40分钟后熄火。
　　　　　　　　🥄打开高压锅，把排骨放入锅中，用旺火压20分钟，熄火，转入砂锅，煮沸，下嫩玉米、红萝卜、山药煮熟，然后把葱节放入，淋鸡油，撒上枸杞、大枣即可。

特　点 ▦　　汤浓味美，排骨酥软，莲藕粉糯。

出　品 ▦　　巴南／中国餐饮好品牌／八滋味餐饮

主　厨 ▦　　中国烹饪大师／周伟

腊味荷心

莫道腊香泛滥，且看荷香横流

缘起 ▦ 荷心即莲藕，原产于印度，后来引入中国。由于莲藕生于污泥而一尘不染，"中通外直，不蔓不枝"，自古就深受人们的喜爱。据说，清乾隆皇帝就喜食莲藕。清咸丰年间这种对莲藕的喜爱更是达到极致，莲藕被钦定为御膳贡品。

七孔藕淀粉含量较高，水分少，糯而不脆，适宜做汤；九孔藕水分含量高，脆嫩、汁多，凉拌或清炒最为合适。

用腊肉与素菜配伍的炒菜很多，腊味荷心也是其中一种。腊味荷心，是将莲藕入高压锅压煮至入味、软糯，然后用高油温炸至外皮发黄发紧，再和少许腊肉片同炒而成，成菜口感酥烂、腊香突出，藕香阵阵，回味无穷。

主 料 ▦	莲藕700克		

辅 料 ▦　三线腊肉150克　　蒜苗40克　　二荆条青辣椒10克

调 料 ▦

干红辣椒10克	辣鲜露15克	老姜10克	大蒜10克
秘制炸粉适量	芝麻油 5克	蚝油17克	蒜苗15克
红曲米 适量	花椒油 5克	味精 3克	鸡精 2克
混合油 50克	色拉油500克（实耗200克）		

制 作 ▦

🥄选用洪湖七孔莲藕刮洗干净。红曲米淘洗干净。腊肉烧焦肉皮，刮洗干净。青小米辣去蒂，对剖。老姜切成片。大蒜去皮，切成片。干红辣椒去蒂，切成节。蒜苗切马耳朵形备用。

🥄莲藕放在高压锅中，加混合油、红曲米，掺清水，用旺火焖压15分钟，取出晾凉，然后切成6厘米长、2.5厘米见方的条。腊肉煮熟，切成5厘米长、0.4厘米见方的条。

🥄炒锅置于旺火上，掺色拉油烧至七成热，把莲藕条裹上秘制炸粉，下锅炸至表皮硬挺，起锅沥油。

🥄锅中留油50克烧至六成热，把腊肉条放入炒至吐油，出腊香味，下二荆条青辣椒煸炒至起虎皮状皱，再加姜片、蒜片、干辣椒节略炒，然后下味精、鸡精、蚝油、辣鲜露、蒜苗炒匀，再把炸好的莲藕条放入锅中翻炒均匀，滴入芝麻油、花椒油簸转即可出锅装盘。

特 点 ▦　腊肉鲜香味醇，莲藕外酥内面。

出 品 ▦　合川／重庆餐饮名店／陈蹄花

主 厨 ▦　中国烹饪大师／陈永红

农家锅边馍

袅袅炊烟里，锅边馍馍香

缘起 ▦ 锅边馍是乡村夕阳下、袅袅炊烟中的绝对"爆款"。它摊制简单、上手快捷、酥香甜蜜。灶房里，满满一膛柴火熊熊燃烧，大铁锅中间或蒸或焖着荤素菜肴，锅边金灿灿的玉米馍或面粉馍罗列一圈。当锅中间的菜肴烹熟的时候，也是收获锅边馍的时候了。灶屋中、堂屋内弥漫着菜香、馍香，刺激着人们的鼻腔，一顿简朴的饭菜就着满天的星星拉开序幕，极富田园气息。

锅边馍到处都有，只是说法不同而已，在北方更为知名。过去四川、重庆一带的农家也不少见，只是消失了好长一段时间。随着前几年柴火鸡的兴起，锅边馍也开始走俏、吃香了。重庆婆婆客的"中华名小吃"农家锅边馍独具特色，味醇、色正、香浓，焦黄酥脆，柔软而有韧劲，颇受食客喜欢。每到饭点，围在锅边排队等待吃馍的人不在少数。

340

主 料 ▦	玉米粉450克 面粉200克

调 料 ▦	白糖150克 食盐5克 酵母3克 泡打粉5克

制 作 ▦

🏷 将玉米粉、面粉、白糖、食盐放在盆中和匀，再加酵母、泡打粉，然后分3次掺入清水，充分搅拌均匀成浓稠的面浆，静置饧发2小时左右。

🏷 铁锅加水少许烧开，把一带孔的不锈钢小盆倒扣在锅底，然后在锅边刷上一层油；用勺将和匀的面浆浇在锅边，让面浆自然流下；然后盖上锅盖加热3分钟。

🏷 当锅内饼香溢出，揭开锅盖，用锅铲起锅即可食用。

特 点 ▦

香甜，酥脆，可口。

要 领 ▦

玉米粉、面粉、白糖、食盐等干性材料放入盆中先和匀，注意酵母不要直接接触盐和糖。

制作锅边馍要酥脆兼具软和，面糊的浓稠度和勺子舀的面糊量是关键。面糊太干，在锅边流得慢，烙出的饼子比较厚，口感不酥脆；如果面糊过稀，舀到锅里流得快，缺乏软和的口感。注意铁锅中的掺水量，以水沸腾时不溢出锅底小盆的边沿为度。

出 品 ▦	沙坪坝／中国原生态菜馆／婆婆客生态菜馆

主 厨 ▦	江湖菜名厨／李金华

南川灰粑

热气腾腾，香味十足

缘起 ▦ 灰粑，是南川的一道传统美食，不仅软糯可口，还因其形状呈椭圆形，而被赋予了"团团圆圆"的寓意。所以，逢年过节，南川人都会做灰粑。

灰粑蒸出来晾干后，可以做主菜、做汤，也可以煎炒。比如，南川人习惯的吃法就是将切成片的灰粑淋上一层油辣子，再撒点葱花，吃起来非常开胃爽口。用干辣椒炝炒灰粑，灰粑酥软不腻，味道也是杠杠滴！如果将灰粑与腊肉同炒味道更好。腊肉中裹着米香，灰粑中透着腊香，香味交织在一起，热气腾腾，色泽亮丽，口感细腻，鲜香味浓，绵软柔韧，好吃得"根本停不下来"。

主　料 ▦　灰粑200克

辅　料 ▦　腊肉50克

调　料 ▦

泡红辣椒40克	猪油30克	味精2克	鸡精2克
色拉油 20克	大葱10克	蒜苗8克	酱油2克

制　作 ▦

🏷 将灰粑切成0.3厘米厚的片。腊肉刮洗干净，煮熟，切成0.3厘米厚的片。泡红辣椒去蒂，切成末。大葱切成葱花。蒜苗切成节。

🏷 锅置于中火上，掺色拉油、猪油烧至五成热，下腊肉炒出香味，再把灰粑放入，用小火炒香至熟，然后加入泡红辣椒、鸡精、味精、酱油调味，下葱花、蒜苗，用中火将灰粑炒入味，装入盘中即成。

特　点 ▦　色泽亮丽，口感细腻，鲜香味浓，绵软柔韧。

要　领 ▦　灰粑制作方法：选用当季稻草，用清水洗净，晾干，烧成灰。把稻草灰装入竹编的筲箕或装入布袋，用开水冲淋，过滤，取草灰水。把大米淘洗干净，放在过滤好的稻草灰水里浸泡3~4个小时，然后用石磨磨成米浆。把米浆倒入大铁锅中，用柴火熬煮，同时用锅铲不停地搅拌，至八成熟出锅，稍凉后将其用手团成拳头大小的球形，置于竹编蒸笼中，用猛火蒸熟。刚出笼的灰粑可趁热蘸辣椒当小吃食用，味道清凉中伴有淡淡的碱香味，嚼起来绵软柔韧；也可以将其放凉后切成薄片，加蒜苗炒回锅肉；还可以用其炒鸡蛋或者煮汤，既能饱腹，又能做成佐酒佳肴。

出　品 ▦　渝中／山城老堂口重庆老菜

主　厨 ▦　江湖菜名厨／袁宗强

乡村苕粉膏

儿女碗中膏，慈母心中情

缘起 ▦ 这是一款地道的乡土风味菜，极具巴渝特色。苕粉，一是指用红苕淀粉制成的粉皮，是一种传统的食材；二是指红苕磨制后未经过滤的淀粉。纯手工打造的苕粉皮非常好吃，外滑里嫩，久煮不断，味美、汤鲜、健康。苕粉膏，即用红苕淀粉制作的浓稠、透明糊状物，经冷却凝固后的产品。红苕，世界上不少国家称其为"长寿食品"，1593年传入中国。其功能在于，能迅速中和米、面、肉、蛋等物质在人体内所产生的酸性物质，维持人体血液弱碱平衡，将摄入人体的胡萝卜素转化为维生素A。

乡村苕粉膏，名字很乡土，食材很乡土，味道也很乡土，它晶莹剔透，嚼起来很有弹性，吃起来有红苕香，以软糯筋道的武隆苕粉制作的苕粉膏为佳。

主 料 ⊞	干红苕淀粉500克

辅 料 ⊞	蒜苗粒20克

调 料 ⊞

青小米辣10克	芝麻油5克	大蒜10克	鸡精5克
红小米辣10克	猪油 25克	老姜 3克	味精5克
辣鲜露 5克	食盐 2克		

制 作 ⊞

🏷 选用优质武隆红苕淀粉，把清水徐徐加入，并用木棒不断地搅拌，制成粉浆。

🏷 把调匀的粉浆倒入锅内，先用大火煮开，再用小火煮约20多分钟，当粉浆呈膏状，用竹片入锅提起"成牌"（行业术语，即用竹片插入热凉粉锅内搅动后提起，看竹片上的熟浆流动，离竹片2~4厘米时不掉下去，即为成牌）时，起锅盛装在盆中放凉。待其凝固后切成2厘米见方的苕粉膏块。

🏷 青、红小米辣去蒂，洗净，切成粒。蒜苗洗净，切成粒。老姜去皮，切成片。大蒜去皮，切成片。

🏷 锅置于炉火上，放猪油烧热，下姜片，蒜片、蒜苗粒，青、红小米辣炒香，再把苕粉膏块放入，下鸡精、味精、食盐、辣鲜露调味，掺少许清水，用小火收汁，淋芝麻油起锅装盘。

特 点 ⊞	软糯筋道，口感鲜辣。

要 领 ⊞

红苕淀粉制作：优质红心红苕，去皮，洗净，切碎，磨成浆液。把浆液装入布袋进行过滤，使皮渣和淀粉分离，然后将滤液放入盆中静置沉淀1天，滗出上面一层清水，制成湿粉。把湿粉置于干净的白布口袋中，悬挂6小时脱水，待淀粉干涸后取出，切成小片放在盘中，置于日光下晾晒，并随时翻动，晒干后碾碎即可。

出 品 ⊞	渝北／重庆餐饮30年优秀企业／张记兴隆
主 厨 ⊞	江湖菜名厨／蔡龙海

红糖阴米稀饭

内有乾坤，速来

缘 起 ▦ 阴米是具有地域特征的食物，通常在重庆、四川、湖南、湖北等地可以见到。作为一种特殊的"米"，阴米是食品再加工的产品。其过程看似仅仅是生米蒸成熟饭，再转化成熟米，但也是一个阴阳转换的过程，内有乾坤——阴则生阳，一颗颗晶莹饱满的阴米中蕴藏着耐人寻味的玄机。阴米具有暖脾、补中益气、清热解毒、清火解暑、清胆养胃的作用。坊间流传着这样一个故事：明朝年间，建文帝朱允炆遭到燕王朱棣追杀，一路逃难，因奔波劳累染上恶疾，每到深夜就流汗不止，十分痛苦，随行下属一筹莫展。经过龙兴古镇时，房东老丈怜其遭遇，端来了一碗用阴米和冬寒菜烹煮的稀饭，朱允炆食后第二天病就好了一半。从此，阴米成为龙兴镇的特产和传统美食，几百年不衰。

主 料 ⊞	阴米500克		

辅 料 ⊞	红糖100克	冰糖50克	桂圆干15克
	红枣100克	枸杞15克	

调 料 ⊞	猪化油50克		

制 作 ⊞

🥄阴米用清水淘洗，沥干。桂圆干洗净，切成小粒。红枣洗净，去核，撕成四瓣。枸杞用清水淘洗干净。

🥄锅置于炉火上，下猪化油烧至七成热，放入阴米炸至膨大成米花状，起锅沥去余油。

🥄另锅置于炉火上，掺清水用中火烧开，放红糖、冰糖熬成糖水，下炒阴米，搅拌均匀，然后放入桂圆干、红枣、枸杞，用小火熬煮至黏稠即可。

特 点 ⊞　口感软糯细滑，味美营养丰富。

要 领 ⊞

阴米制作方法：将糯米精选除去杂质，用清水浸泡7~12小时，沥干。将其放入木甑子，用旺火蒸40分钟，待糯米蒸熟透后，倒在簸箕里，用筷子将蒸熟的糯米慢慢分开，当饭团冷却干缩后，揉搓成粒状，置于太阳光不能直接照射的通风处晾晒，让其慢慢阴干，待其干燥无水分后即可贮藏。

出 品 ⊞	渝北／重庆老字号／杨记隆府
主 厨 ⊞	中国烹饪大师／王清云

山珍野菌粥

清甜细腻，滑嫩弹牙，荡漾在灵魂深处

缘起 ▦ 养生已经成为人们茶后饭余的话题，食疗、食补与食养更是得到重视。
朕之味养生粥的山珍野菌粥就是养生食补很好的典范。

野菌归山珍一属，种类繁多，能美容养颜、强身健体，具有很高的营养
价值，与米中精品——东北大米一起熬粥，其保健作用和营养价值都是
粥中上品。东北大米由于其种植地环境生态好、日照时间长，植株充分
吸收与积累营养成分，其质量上乘恒定，香糯爽口，味感舒适，成为新
时期中国餐桌上的新宠。野菌与东北大米两者结合，咸鲜相宜，浓稠适
度，口感细腻，既养胃又养心。

主　料 :::	东北大米75克　　　牛肝菌30克　　　松茸菌30克	
辅　料 :::	老母鸡2500克　　　鲜白灵菇20克 筒子骨1500克　　　鲜杏鲍菇20克	
调　料 :::	老姜50克　　食盐5克　　胡椒粉5克　　芝麻油25克	

制　作 :::

🏷 东北大米淘洗干净，沥干。牛肝菌、松茸菌去老茎，洗净泥沙，用温水泡发。鲜白灵菇、鲜杏鲍菇洗净，切片，汆水备用。老姜40克拍破，10克去皮切成姜米。

🏷 母鸡治净，剁成大块，入锅汆水，用清水冲尽血沫。筒子骨洗净，汆一次水。炖锅置于中火上，放入鸡块、筒子骨（捶破）、姜块，烧开后用小火慢慢煨炖至鲜香。捞出炖料另作他用，汤汁待用。

🏷 炖锅置于中火上，掺入适量鸡汤烧开，下大米、牛肝菌、松茸菌烧开，改小火煨熬至浓稠适度，加入汆水的鲜白灵菇、鲜杏鲍菇，下姜米、食盐、胡椒粉、芝麻油调味即成。

特　点 :::
浓稠温润，糯香爽口，美容养颜，强身健体。

要　领 :::
炖鸡要冷水下锅，一次加足，中途不掺水；汤要保持微开，慢炖至鸡肉离骨，保持原汁原味。

出　品 :::
九龙坡／中华餐饮名店／渝维佳餐饮管理有限公司

主　厨 :::
中国烹饪大师／沈成兵

后记：
这是重庆人的菜

江湖菜，你是重庆人的菜！

重庆，一座有着悠悠千年历史的文化古城，中国美食之都。

在这里，对麻辣的迷恋流淌在人们的血液里，成为美好生活的一部分。每到夜幕低垂、华灯初上，大街小巷的火锅店、江湖菜馆、小面馆里面，一幕幕美食大戏就会浓情上演、沸腾起舞，巴人"好辛香""尚滋味"的美食传统就会在这饕餮之夜绚烂绽放，充满激情、充满欢乐。

重庆，是中国江湖菜的发祥地。重庆江湖菜以麻、辣、鲜、香、烫五大特征闻名遐迩，深受中外人士的喜爱。三十多年前，正是在乡土文化的哺育下，在两江四岸的喧嚣中，在车水马龙的洪流里，新时期重庆江湖菜横空出世，成为特立独行的地方美食标杆。三十多年来，正是一代代江湖菜传人及重庆人民的精心呵护、执着坚守与智慧创新，成就了重庆江湖菜在中华美食大家族中的独特地位，至今不衰，光照寰宇。

经过三十多年春夏秋冬的历练和酸甜苦辣的煎熬，重庆江湖菜已成为承载重庆市社会经济发展的强大基石，成为亮闪闪的重庆城市名片和响当当的重庆饮食文化符号。

江湖菜注定是上天赐予重庆人的恩物。当我们看到江湖菜的众多"第一"均出自重庆，了解到重庆江湖菜的前世今生及文化密码，一种崇敬与自豪的情感就会油然而生，一句由衷的话语就会喷薄而出：江湖菜，你是重庆人的菜！

那么，什么是江湖菜以及重庆江湖菜呢？

简而言之，江湖菜即民间菜，就是流行于民间的家常菜、乡土菜。

重庆江湖菜，即根植于重庆本土，由重庆人发明创造、改良创新，在重庆乃至全国、全世界流行的民间菜。

其实，对江湖菜的具体含义，恐怕没有人能够解释清楚，不过说不清也没有关系，许多事不说透比说透了更好，不说透似乎更有意味，留下的是一种悬念和猜想，激发人们的好奇心，让大家去猜想、去行动、去追求。用"江湖菜"来定义民间乡土菜、家常菜，可谓匠心独运，其内涵丰富，外延宽泛。它适应性极强，任何人都可以按照自己的意思去解说，按照自己的理解去玩味。正所谓：每个人心中都有属于自己的江湖，味道江湖任我们自由体验、慢慢品尝。

在重庆，有哪些江湖菜、哪些品牌值得提一提、说一说呢？就让我们在自己的土地上走一走、看一看吧！

一、来凤鱼，一条有故事的鱼

璧山来凤。晨曦中，大江龙鱼工坊迎来了新的一天。一大早，重庆市非物质文化遗产来凤鱼制作技艺第十一代传承人龙大江就来到自己古色古香的餐馆中。作为中国烹饪大师，他要为一天的美味营造做好准备，对烹制来凤鱼的每一道工序，他的把关是出了名的认真。

来凤鱼，已传承三百年，发展至今，经改革、创新，特别是20世纪80年代以来的大变革，现在来凤鱼菜品已达二百二十二种。它们讲究精湛的刀工、适度的火候、艳丽的色彩、浓郁的香气、鲜美的滋味及可观的形状，并形成了16种烹饪技艺。只有熟练掌握这些技艺，一盘色香味俱全的佳肴才会呈现在您的面前，让您能够大快朵颐、齿留鱼香。

二、辣子鸡，歌乐山上的状元红

此时，在50公里以外的歌乐山林中乐辣子鸡餐馆，创始人朱天才的两个儿子朱俊雄、朱俊峰正在后厨忙碌着。如今，林中乐辣子鸡不仅要满足每天来店的食客一品歌乐山"状元红"的要求，还要发送快递，满足冲着这道火辣辣的"中华名菜"而来的全国辣子鸡爱好者的胃。尽管曾经轰动一时的"歌乐山辣子鸡一条街"几乎消失，但人们对林中乐的爱却不减半分。中午时分，色泽鲜艳、麻辣鲜香、鸡肉酥脆、诱人食欲的辣子鸡端上桌，食客们便开始了"统一"行动，在"山丹丹开花红艳艳"的辣椒堆里开始了快乐寻找之旅——搜寻黄豆大的爆脆鸡丁，这是吃辣子鸡的最大乐趣。

三、翠云水煮鱼，红透华夏的江湖名片

"中国水煮鱼之乡"渝北有两路翠云，紧邻重庆江北机场，一条公路穿街而过。"华夏烹饪四海称誉，美馔纷呈花繁锦簇"的翠云水煮鱼就出自这里。风雨三十年的田氏翠云水煮鱼餐馆里挤满了全国各地慕名而来的食客。翠云水煮鱼为田氏家族所创，如今的当家人田利在堂前后厨招呼着，唯恐怠慢了慕名前来的"上帝"们。这道"中国名菜"渗透着田家几代人的心血与智慧，正是因为他们的贡献，中国大江南北才又多了一道传扬久远的"重庆制造"——行走全国的美味佳肴，也才有了在北京"沸腾"够了，再回到故乡重庆继续闹腾的沸腾鱼。

四、泉水鸡，蹿响南岸一座山

南山，重庆人的后花园，这里森林茂密，风光明媚，繁花似锦，流泉潺潺。曾几何时，风味别致、醇浓鲜香的南山泉水鸡搅动着人们的舌尖之欲。假日里，盘山公路上，小车"拥堵"的壮观场景仍历历在目、记忆犹新。只是"三十年河东，三十年河西"，如今的"一条街"境况却让人唏嘘。但仍有一批人在这条街上执着地坚守。今天，在塔宝花园来了一大拨登山爱好者，他们是南山泉水鸡的"忠粉"，一日不食泉水鸡，如隔三秋兮。杨山——塔宝花园的老板，一次又一次为他们端上香喷喷的泉水鸡……"还是那个味道，还是那样有滋有味！"客人们老到地点评着。餐后，他们留下一大堆赞誉，欣然下山。

五、太安鱼，小镇蕴藏大江湖

在重庆的"边陲"小镇潼南太安，一道美食，众多商家，满街飘香，久负盛名。历史上的"坨坨鱼"，如今摇身一变成为香饽饽——名

扬四海的太安鱼。潼厨的老总石卓文守在灶台前，目不转睛地看着麾下太安鱼做得最好的厨师们操作。还是傍晚，已经五十多桌的翻台让他招呼得吃不消，但内心的喜悦却让他顿时有了精气神。又一盘麻辣十足、香气四溢的太安鱼端上客人的桌子，几分钟后就传来"啧啧"的赞叹声："鱼肉口感就像豆腐一样细嫩，轻轻用筷子一夹就碎！" "就是，尝一口，鱼肉爽滑，皮糯汁浓！" "真的是麻辣烫、细嫩鲜呀！"听着食客们的夸奖，忙得瘫坐在后厨的石总脸上露出了满足、开心的微笑。

六、黔江鸡杂，中国菜省籍地域代表菜品

离重庆城三百公里以外的黔江，是中国菜省籍地域代表性菜品"黔江鸡杂"的诞生地。巴蜀印象老总苏康刚刚送走一拨客人，一辆大巴就停在了大门前。"又是5桌，我的妈呀！今天已经是全店翻台三次啦！"大堂经理惊呼道。"来的都是客！满足他们是我们应尽的责任！"年过半百的重庆市非物质文化遗产"黔江鸡杂传统制作技艺"第6代传人苏康又返回了厨房。五盘黄橙青白相间的鸡杂上桌，尝其味，麻、辣、酸、甜涵盖无限之养；咀其质，脆、嫩、疏、实兼顾老少之享。客人们品尝时，服务员又端来五钵青菜牛肉，这可是黔江鸡杂的绝佳搭配呀！味重的鸡杂，清新的青菜牛肉，一唱一和，满足了食客们挑剔的舌尖。出门时，他们齐刷刷竖起大拇指，怎一个"赞"字了得！

七、活鲜，天子呼来不下船

北滨路，重庆美食的新天地，集万千宠爱于一身的老宋家河鲜馆就坐落于此。品种丰富的老宋家河鲜馆从一个曾经的江边渔船——老宋家小渔船"搬迁"上岸，实现了精彩的"蝶变"。河鲜馆每天顾客盈门，到店里消费的男女老少不计其数，一拨接着一拨，如过江之鲫。河鲜馆主人、中国烹饪大师、"70"后生人宋彬有着重庆人的典型性格——耿直豪爽。平时，只要没有重大的事，他都亲自上灶，为客人们烹制一道道鱼肴美味。泡椒鳊鱼是宋彬的拿手菜之一。为做好这道菜，他在远离市区的崇山峻岭中开辟出一处属于自家的泡菜基地。这里山清水秀，空

气洁净，山泉淙淙，泡制的辣椒口感脆爽、味道适中，用这样的泡椒烹制出来的泡椒鳊鱼肉质细嫩、鲜香十足，装在硕大的不锈钢盆端上桌，霸道的江湖气满足了食客们味蕾的"快意恩仇"。

八、烧鸡公，一样可以"雄起"二十年

江北观音桥，商圈繁华地段，每日车水马龙，热闹非凡，五钻级的清华大饭店就屹立在此。大厅里，重庆江湖菜发展促进会会长、做火锅出身的老总曾清华，以及行政总厨、全国五一劳动奖章获得者张钊两个人正忙活着。今天，他们要招待几位"重口味"的客人，指名道姓要吃饭店的招牌江湖菜烧鸡公、椒麻鱼头与"不炒不知道，一炒就热闹"的炒火锅。烧鸡公，重庆江湖菜曾经的"一哥"，驰骋江湖多年，但能"雄起"二十年且至今不衰的，非清华烧鸡公不可。客人到了，麻辣鲜香、形式独特的炒火锅，滋糯腴美、滑润鲜香的椒麻鱼头被端上了席桌。最后，由既是行政总厨，也是中国烹饪大师的张钊端上"压轴菜"——一锅汤汁红亮的烧鸡公上场了。只几分钟，麻辣味鲜、鸡块耙糯的美味便让客人惊呼连连！

九、茅溪菜，小店也有大气象

江北茅溪，现代化的钢筋混凝土住宅拔地而起。在高楼大厦的钢铁"丛林"中却隐藏着一个美味的秘密——茅溪家常菜。不起眼的街道角落，写着"茅溪卤菜"与"茅溪家常菜"的两块招牌并排悬挂着。它明白地告诉了我们茅溪菜的来龙去脉：茅溪家常菜的前身即为茅溪卤菜，经过董事长李震三十年的努力打拼，一家以卤菜为基调，兼营重庆江湖菜的餐馆勇立潮头，生意做得风生水起，远近闻名，所创制的卤水鱼因其卤味飘香更是成为人们餐桌上的必备品——谁叫现在流行卤菜（非四大菜系之鲁菜也）呢！

十、龙汹鸭，一生只为一只鸭

"一生只为做好龙汹鸭！"——这句话出自中国烹饪大师龙志愚之

口，真一句激情四射、汹涌澎湃的誓言呀！为了这从祖辈处传承下来的花椒鸭，他也是拼了！龙汹花椒鸭属于民间私房菜。曾几何时，龙家祖上的龙家庄园因为这道菜方圆几百里是无人不知，无人不晓。在衣钵相传过程中，龙志愚把家传花椒鸭技艺发扬光大，还入选了非物质文化遗产传承技艺。龙汹花椒鸭的原料只选山林中野放一年左右的土鸭子，重量控制在三斤半到四斤的范围，保证了鸭皮酥糯、鸭肉紧实，成菜麻味突出、香气浓郁，让人印象深刻。这正是：百年品牌百年梦，龙汹土鸭永传承！

十一、邮亭鲫鱼，一股乡土味的念想

大足邮亭，昔日的古驿站，在落花流水、风吹雨打中已褪去曾经的繁华，古道亦不复存在。二十世纪九十年代，一条宽阔的公路却将历史与当下连接起来，成为市区和我国其他地区通往世界文化遗产——大足石刻的必经之道。就在来来往往的游客休息与停顿的身影中，刘著英——刘三姐发现了商机。她将先辈曾经的家传手艺——邮亭鲫鱼搬上公路边开店营业，获得满堂彩。随后，她的店铺带活了公路两旁的一条街涌现众多店家。鱼肉细嫩、麻辣鲜醇的邮亭鲫鱼一时风靡山城。虽然随着公路的改道，此处盛景不再，炊烟已稀，繁华落尽，英雄白头。但是，刘三姐邮亭鲫鱼仍然守望着。不管你来还是不来，刘三姐都在这里！

十二、三样菜，依然遵循老规矩

一阵风驰电掣，一辆单车急停在了易老头三样菜大门外。一位骑士装扮的帅气非"油腻男"走进了大门，他就是易旭，易老头三样菜的创始人。大门旁张贴的《以下五种人恕不接待》告示吸引了客人们的眼球："一、吃饭谈工作的；二、不给女士夹菜的；三、打麻将专和老丈人的；四、穿西装打领带长得比本店CEO帅的；五、点菜很积极买单上厕所或出门打电话的。"读完这些幽默的"怪招"，人群中传来一阵会心的大笑。1992年，易旭以"重庆江湖菜"的店招，推出了干烧鳝段、水煮美蛙和炻泥鳅三样菜品，开始了他"三样菜"的江湖轮回——老三样、新三样、大三样、小三样、春三样、夏三样、秋三样、冬三样。他周而复始地进行着"三样菜"的坚持与创新，似乎决不轻言放弃。

十三、三活春，周家的独门绝技

在铜梁，因村里人爱吃"活鸡、活兔、活鱼"而曾经被食客戏称为"三活村"的乡村——南门村，如今早已成为热闹街区。后来，为感谢好政策带来的春天，"三活村"被富起来的村民自发改名为"三活春"。老太婆三活春老总、中国烹饪大师周辉在传统医学与重庆市非物质文化遗产"三活春"技艺中找到了灵感，质朴、好学的他将一些具有保健功能的天然香料合理搭配，融进食谱，成为一道道既养生又好味并被人们交口称赞的美食。油烧兔子，周辉的拿手菜，以其辣香扑鼻，味美可口，咀嚼过程中质感细腻、入口即化、不留残渣和营养健康而大受欢迎。这不，又有一群食客高声叫着"油烧兔子、油烧兔子"跨进店门来了。

十四、顺风123，江湖中的"高大上"

顺风123，重庆江湖菜的标杆之一，名头很响亮。虽然目前食风有所改变，趋于"高大上"，却抵挡不住浓浓的江湖义气，故成为"重庆市民最热捧酒楼"之一。看着重庆江湖菜发展促进会的征稿通知，行政总厨、中国烹饪大师邢亮在考虑拿怎样的菜品与大家分享。的确，顺风123的菜品体系丰富得有些庞大，并还在不断调整与变化中，令人难以取舍。考虑再三，邢总决定拿出青元粉蒸肉、沸腾虾、烧椒鳝片、顺风冷面鸡与大家分享。这几样菜或有家居的味道，或有江湖的影子，或有传统的技法，或有借鉴的成分，内外兼修、拿捏有度，风味迥异、吃法各殊，能满足不同嗜好之人的需要。

十五、缙云醉鸡，山醉了，鸡醉了，人也醉了

历史上巴渝十二景之一的"缙岭云霞"说的就是北碚缙云山。那

时，如果有人站在山峰上，无论是日出还是日落，都有红霞相伴，故名。山下，有着硕大穹顶的北碚体育馆显得有点冷清，但每到夜晚，这里一定有一场饕餮盛宴浓情上演。留恋江湖餐馆里，中国烹饪大师刘小荣用他的巧手与美味主宰了这里的一切。其中，那一道传说最早由轩辕黄帝命名、传承千年的米酒烧鸡——缙云醉鸡，因其鸡肉弹牙、炟糯、香味十足而成为镇店之宝，也成为人们茶余饭后津津有味地追忆祖先神明的谈资。

十六、花甲与鸡，在百年江湖的艳遇

江湖不远，近在咫尺。百年前的重庆，正值清朝晚期，撑起历史上川菜半边天的渝派川菜在那时基本定型。渝派川菜来源于官府菜、会馆菜、家常菜及乡土菜，开拓了自己独特的江湖领域，传承至今百余年，经历沧桑巨变，发展惊人。百年江湖餐馆坐落于江北大竹林，古色古香、灯火辉煌的就餐环境使人对食坛百年风云追思无限、浮想联翩。行政总厨、中国烹饪大师王登体今天也在忙着安排人员及时上菜。在客人的来来往往中，"进来是朋友，出去是江湖"的人间大戏每天都在上演着、延续着……

十七、老陈菜，老陈家的味道

长寿，鱼米之乡。在三千多平方米的老陈菜餐馆，热情的行政总厨陈波接待了两位"不速之客"——《重庆江湖菜大典》（以下简称《大典》）的编著者林文郁、陈小林。两人此行风尘仆仆，专程来到长寿，是为采编具有长寿当地特色的江湖菜。中国烹饪大师陈波本是巴南人，但在长寿已经十多年，一直在陈家菜馆，先后担任厨师长、行政总厨及总经理，以其专业、认真和善于创新的精神赢得了陈老板的重用。在陈波的主持下，老陈家的菜品成为长寿地区的风向标，食客如云。特色香辣虾、鱼头牛尾煲、老陈铜锅鱼及重庆名菜过江茄脯最受青睐，特别是食风强悍的老陈铜锅鱼，仪式感特别强：由两人抬着铜锅上桌，锅里面是滚烫的火山石，生鱼片下锅，一阵噼里啪啦后，再倒入高汤，顷刻间翻江倒海，热闹至极。客人们见此，纷纷惊叹不已，为之动容。

十八、水滑肉，别有滋味在民间

方寸之间，也是江湖。在长寿城区一处不起眼的旮旯拐角，隐藏着一处食客"打拥堂"的美味源，它就是张记水滑肉，一家名不见经传的江湖小店。这是一家从做快餐饭——水滑肉而成长起来的特色餐馆，其绝味爆款如井喷般层出不穷，泡椒酸菜鱼、干咸菜腊肉、凉拌翘壳鱼、热拌臊子空心菜、水豆豉南瓜、番茄水滑肉、糯米小肚及老咸菜土飞鸡等众多招牌菜，让食客眼花缭乱、应接不暇。一个仅十几桌的"苍蝇"馆子，能在每天的中午、晚上都爆棚满座，翻台总数达七十多桌，屋里屋外挤满食客，这是许多老板梦寐以求却难以企及的目标，而十六岁就当学徒，如今已浸淫厨坛二十年的张波及妻子却做到了。善于钻研的张波生长于长寿湖边，对烹鱼的痴迷，使他琢磨出了最好的去腥方法——泡椒酸菜烹鱼法。如今，他的泡菜坛子虽然多达一千多个，却依然供不应求，对付自己小店的需求都捉襟见肘。找一处更开阔的场地，安排更多的泡菜坛的心思已在他心中酝酿。

十九、霹雳火，重庆江湖菜的一团烈焰

渝中区一号桥，重庆老字号霹雳火老总雷开永笑眯眯地站在小货车后，指挥着员工搬运食材。新鲜的食材散发着诱人的清香，食材新鲜、货真价实——是雷开永走过风雨二十多年的制胜法宝。霹雳火烧烤闻名巴渝，为了振兴重庆江湖菜，他将霹雳火这世代传承的技艺交到了儿子手上。雷开永如今担任重庆江湖菜发展促进会秘书长，为了一心一意做好促进会秘书处工作，他终日奔走于山巅水湄，不辞辛劳地服务着一家家江湖菜企业。虽然雷开永不再过问自家生意，但那一拨一拨的老顾客却没有忘记霹雳火，仍有不少人向往着霹雳火从刘伯承元帅家厨阳炳春大师处传承而来、历经三代人之手的豆腐烤鱼。上百年的历史为这道重庆人最爱吃的豆腐烤鱼烘烤出迷人的芬芳。

二十、烤全羊，静寂中等待冬天的一把火

六月，尽管是夏天"打烊"季，但热情、好客的北疆烤全羊老总陈斌还是在他十几亩地的"烧烤基地"接待了《大典》编撰人员——只为那一幅烤全羊的照片。此时，正值"烤全羊休眠期"，基地概不对外接待。尽管重庆有吃"伏羊"的习惯，但"怕上火"早已成为重庆人拒绝夏季吃烤羊的理由。于是乎，大多数"烤全羊"店铺在夏季悉数"关门闭户"。作为一个接待顾客达二十五万多人次、常年吟诵"烧烤经"的高级培训师，也是原回疆（现北疆）烤全羊创始人，陈斌对烤全羊细节的把控，让人感动又佩服，他发明的焖式烤羊法，改进了设备，降低了劳动强度，提高了菜品烤出率。

陈斌手上拿着两本重庆市烹饪协会的《重庆市烤全羊培训课程讲义》为大家讲解着。讲义中的分类、定义、工序、步骤等体现了他二十五年来对烧烤的坚持和追求，如此规范、严谨、系统、全面的"烤全羊讲义"，如果没有陈斌对美味的沉淀与把握，定然难以挥就成章。

二十一、唐肥肠，曾经的传说，如今的传奇

唐肥肠，大名唐亮，中国烹饪大师，重庆烹坛一代宗师曾亚光的高徒、关门弟子。三十年前，就是他凭借一己之力，硬是将一个单品菜——猪肥肠做得是高潮迭起、风行天下。1995年，唐亮率先在中餐行业开展连锁经营。一时间，"唐肥肠"的招牌驰名全国，这道菜也香飘华夏。最有文艺范的是，他还开创了以电视连续剧来反映重庆美食的先河——电视连续剧《唐肥肠传奇》在1992年播出后，收获赞誉良多，反响惊人。由此，"唐肥肠"不仅在川渝两地家喻户晓，更是在全国范围内一炮而红。此事亦被称为重庆餐饮界最早、最为成功的品牌营销典范。如今，唐亮这位曾经的江湖传说仍在延续着传奇，为他自己新创建的品牌"唐麻婆"而精耕细作、风雨兼程、不舍昼夜。我们祝愿他为重庆江湖菜再创佳绩。

二十二、渝味佳，出自金牌大师之手

金牌大师，中国烹饪大师沈成兵是也，旗下管理着渝维佳餐饮管理有限公司，品牌众多。他的厉害不在于此，而在于他是一位因把小面做到极致，而被授予重庆市五一劳动奖章的名师大厨。他司厨三十年来，获奖无数：2003年第四届中国美食节上"红烧蟹粉豆腐"和"飘香牛肉"再次获得"中国名菜"的称号；2004年第五届中国美食节"金沙龙虾球"和"酸汤嫩牛肉"获得"国际美食大师"金奖；同年，"锅贴银鳕鱼"和"金沙龙虾球"获得"中国名菜"称号；2005年，"鸿运手撕鱼""原汁排骨"等获"中国名菜"称号；2015年重庆美食节上"蒜香烤鱼"获"中国名菜"称号。在他所获得的荣誉面前，我们只能击节赞叹！

二十三、重庆啤酒，重庆人与美食江湖相伴的朋友

常言道，一方水土养一方人，一方人物制一方酒。重庆啤酒，是中国驰名商标，也是一张令重庆人记忆深刻且骄傲自豪的城市名片。在重庆，哪里有美食江湖，哪里就有重庆啤酒，这是绝对的！

南滨路烟雨公园，人潮涌动，由重庆啤酒领衔，引入10余家国际啤酒品牌参与的啤酒节正在欢乐举行，星罗棋布的数十堆散装重啤醇生啤酒摆放在广场上，供前来参与此次盛会的宾客们竞相取饮。一杯入口，极致醇香充溢人们的大脑，令人"只为骄傲时刻"而心旷神怡。硕大的"国宾醇麦"啤酒瓶里盛满诱人的金黄酒液，酒沫雪白。来自四面八方的"啤友"们随着激荡的音乐节奏摇摆起舞。大家端起斟满甘洌啤酒的大号酒杯激情碰撞。他们享受着绚丽的夜晚风景与清凉的江风，不禁赞叹："麦够多，真醇！"一时间，整个啤酒节现场，到处都弥漫着啤酒花与麦芽交织而成、沁人心脾的浓香。

"重庆啤酒，知心朋友，够朋友，够懂你！"一句耳熟能详、亲切无比的告白，道出了重庆啤酒与重庆人乃至重庆美食血浓于水的亲密关系。大口吃菜，大口喝酒，这种豪迈之气最对重庆人豪情万丈的胃口，而说到大口喝酒，唯有重庆啤酒最有感觉！火锅店里，大排档上，总是

会传来重庆人那一嗓子："老板，来瓶啤酒，要山城的！"重庆人、重庆美食与重庆啤酒之间的情深意切、爱恋缠绵，可以说是"山无陵，江水为竭，冬雷震震，夏雨雪，天地合，乃敢与君绝"！

二十四、馨田，芝麻成熟的季节，
田野上飘来的馨香，你闻到了吗？

馨：崇高的道德品质像芬芳怡人的香味远播；田：粮食的源头、健康的源头、生命的源头。"馨田"的含义，就是从源头抓起，做一个有崇高道德品质的良心品牌。曾有人说，重庆火锅是重庆最大的江湖菜。重庆老字号馨田，以生产火锅油碟著称。此时此刻，为了探寻最好、最原生态的优质芝麻源，馨田董事长汪成正带领科研、技术推广的合作机构及有关下属在巫山县崎岖的乡村山路上艰难跋涉着。他们终于到达蓝天碧水、林木森森、山泉淙淙的芝麻种植地，望着一垄垄在原生态环境下生长且丰收在望的芝麻田，品鉴着手上一粒粒饱满油亮、醇香浓郁的白芝麻，汪成脸上露出了满意的微笑，一个宏大的计划也顿时在胸中诞生：何不在此建立一片原生态芝麻种植基地呢？这不仅满足了企业需要，还可以带动当地农民增收，为精准扶贫亮出企业应该有的担当和气概。说干就干，一行人马立刻驱车赶往有关部门……

二十五、剑南珍品，巴蜀名酿，酒香扬千年

巴山钟灵，蜀水毓秀。剑南春，一家具有1500多年酿酒历史的中国大型白酒企业，因始于唐代的"剑南烧春"而闻名华夏、流芳世界。剑南烧春很早就被作为宫廷御酒而载于《后唐书·德宗本记》。它是唯一被载入正史的四川名酒，也是中国至今唯一尚存的唐代名酒，是绵竹酒文化史上一个了不起的成就。

如今，延续千年的剑南春不仅是四川白酒史的重要组成部分，也是我国珍贵的文化遗产。剑南春有许多主导产品，剑南珍品特曲就是其中的重要品牌。剑南珍品特曲采用剑南春酒的传统工艺精酿而成，具有窖香浓郁、绵柔甘洌、醇厚净爽、余香悠长的独特风格。其突出的特点正

好对应了重庆人脾性，仿佛专门为爱吃江湖菜的人群量身打造。它全面释放了白酒的原味浓香，为品饮者带来舌尖上的曼妙感觉，其味温润优雅，不喧宾夺主，而又存在感强烈，成为重庆江湖菜首选的佐餐酒。这正是：百年江湖菜，千秋剑南情；双骄共添彩，携手世纪行。

二十六、秦妈，China火锅的传人

秦妈火锅，出自秦妈——秦远红女士之手。秦妈火锅，不仅是重庆响当当的老字号，更是中国驰名商标。说到中国火锅，人们自然想到了重庆火锅，重庆火锅也责无旁贷地成为中国火锅的代言人，秦妈火锅就是这些代表中举足轻重的重要成员。

在重庆渝北一个静谧之地，占地数十亩的秦妈火锅底料生产基地车间中，整洁、高效、科技感十足的底料生产线正在按照电脑控制的程序规范地生产着一批批秦妈火锅底料。董事长秦远红、总裁李杰检阅着一条条生产线，不时观察产品的各项数据及运转情况，对底料质量的要求，两口子的认真与严格是出了名的。

如今，秦妈火锅推出了一款神奇的秦氏老火锅底料，它不仅仅适用于烫火锅，而且还能够用来做红烧牛肉、红烧羊肉、红烧排骨以及毛血旺，等等。一包底料，多种"江湖"，统统搞定，你说神奇不神奇！

二十七、张鸭子，"一年卖出百万只，三代祖传更好吃"的江湖传奇

重庆梁平，是著名江湖菜、中华老字号"张鸭子"的故乡。在梁平新城工业园区"重庆市梁平张鸭子食品有限公司"的生产厂房里，重庆市非物质文化遗产"张鸭子传统制作技艺"第三代传承人刘昌仁、张恒琼夫妇正在忙碌着，全国每天需要的大批量出货，累坏了喜欢亲力亲为、对家族传承技艺珍爱有加的夫妇俩。

20世纪90年代末，夫妇俩接管"张鸭子"后，在原家族作坊经营方式上，引入现代管理制度，建立了食品加工厂，每年可产卤烤鸭系列产品几百万只，在产品口味、产品种类、售卖方式、管理模式等方面都

有了质的飞跃。如今，作为梁平三大名产之一的"张鸭子"，选用老麻鸭和中药材为原料，采用独特的卤烤技艺，形成干、香、瘦的特点，味道醇正、浓厚，更香更有嚼劲，入口后有异香，肉质细嫩松酥，油而不腻，口味独特，受到消费者们的广泛欢迎，现已成为在全国都有影响力的品牌。

在重庆的江湖上，我们已经匆匆地走了一遭，虽然是走马观花，但也知微见著、略知一二了。的确，江湖菜还有无数精彩，我们只能暂时省省笔墨，将精彩留待下一段江湖传奇吧！

食在何处？味在哪方？

有人说食在中国，味在重庆。这之前，也有很多地方的人表示味在自己家乡，有人说"味在四川"，也有人说"味在广州"，各抒己见，众说纷纭。也许他们是因为对家乡的爱而有些忘情，也许他们家乡的菜肴的确不错，但若要问改革开放以来，重庆的什么菜在全国影响最大，我们以为除重庆火锅外，非重庆江湖菜莫属！

说起重庆江湖菜，名声大得"嘿死人"，举凡全国，是无人不知、无人不晓，在全国开店开得"昏天黑地"；因此，没吃过的听说过，没听说过的"啄梦脚"吃过。

历史上的川菜，一直是花开两朵，以重庆菜和成都菜各为一枝。在众人看来，重庆属于"维新派"，以坚持创新为要；而成都属于"保守派"，以恪守传统为本。重庆，总是在不断推陈出新，哪怕困难重重。正是不拘一格的重庆江湖菜做法与重庆传统菜（渝派川菜）相异趣，正是重庆江湖菜加入了司厨者自由奔放而又不失滋味的情怀，才有了"新派川菜""创新川菜"等概念的出笼。它们是重庆江湖菜撞击出来的一个个新概念。毋庸置疑，在历史的演变中，由于食客、物料、信息等原因，重庆江湖菜继承与融入了川菜乃至全国其他地域风味菜的调味方式和烹制方法。

相较于其他菜系分支，重庆江湖菜口味明显偏重、突出，且干脆、清爽，放的配料、作料以及俏头等都明明白白，吃起来也有滋有味，很好地体现了重庆人耿直、豪爽以及不羁的性格特征。

重庆江湖菜脍炙人口，是重庆人的骄傲，它是二十世纪八十年代改革开放初期对重庆传统菜、重庆火锅的一场大刀阔斧的变革与复活，更是为当时极受冲击、处于困窘中而停滞不前的川菜带来的一次凤凰涅槃。可以说，川菜因有了重庆江湖菜而获得了新的生命与延续。

琴瑟和鸣，岁月静好；江湖菜肴，精妙绝巧。对中国时下食坛风向及地标的定位，或许可以用一句话概括：食在重庆，味在江湖。就让这一本带着江湖菜馨香的食谱，温暖你的心田，让你为江湖而醉！为重庆而狂吧！

编后语

经过一年时间的准备、采编、撰写，《重庆江湖菜大典》系列丛书之《每天一道江湖菜——必吃的159道网红重庆江湖菜》终于付梓。

重庆江湖菜"地标"特点明显，一是重庆江湖菜地域符号、地域特征、地域情结十分突出，如璧山来凤鱼的"来凤"、沙坪坝歌乐山辣子鸡的"歌乐山"、潼南太安鱼的"太安"、綦江北渡鱼的"北渡"、黔江鸡杂的"黔江"、万州烤鱼的"万州"，等等，无不是一个个地域名称或地域符号；二是主厨中的"中国烹饪大师"可以说明传统大厨已经融入到重庆江湖菜洪流中；三是主厨中的"江湖菜名厨"则说明江湖菜的一些名厨不乏非专业厨师，具有浓郁的地方特色。

本书以图文并茂、言简意赅、雅俗共赏的形式编著。在编写过程中，我们参考、借鉴了三大标本：首先是中国饮食文化高峰、清代袁枚的《随园食单》。我们借用了其编排体例与菜品分类，如须知单、戒单、江鲜单、羽族单等，希望借此"靠近"巍峨的文化高峰，让重庆江湖菜沾点"仙气"与"文气"。其次是20世纪60年代初出版的《中国名菜谱》《重庆名菜谱》的编辑内容。这两本在新中国建立后出版最早、最重要的名菜谱中，均有对重庆著名餐馆、著名厨师及著名菜品的介绍，开重庆菜谱之先河。故本书也取其名店、名师、名菜之体例，争取成为重庆江湖菜"三名"文化的初次归纳与总结，其精彩程度与菜品优劣自然可鉴。

在未来，我们或许将涉及如下内容：重庆江湖菜之"一大现象"、重庆江湖菜之"两大主力"、重庆江湖菜之"三大特点"、重庆江湖菜之"四大基因"、重庆江湖菜之"五大特征"、重庆江湖菜之"六大潜质"、重庆江湖菜之"七大招数"、重庆江湖菜之"八大门类"、重庆江湖菜之"九大创新",等等。

本书中所收录的菜品,其主厨们所获的社会荣誉太多,不便一一列出。因此,本书收录的众位主厨的荣誉称号除中国烹饪大师、中国烹饪名师、重庆烹饪大师、重庆烹饪名师标识外,其余均统一按"江湖菜名厨"示之。

此外,一道相同菜品,主厨不同,店家有别,其制作方法多样,灵活多变,故凡有菜品同名但制作方法差异者,本书均一一列出,除方便读者借鉴、参考其中差异外,也有以示丰赡与公允之意。

限于编著者之水平,本书错误难免,敬请批评、指正。

《重庆江湖菜大典》编委会
2019年10月6日